储能技术发展及路线图

陈海生　吴玉庭　主编

化学工业出版社

·北京·

内 容 简 介

本书共 11 章，主要介绍了储能学科基础、锂离子电池技术及金属锂电池、压缩空气储能技术、液流电池储能技术、高温钠电池、新概念储能电池、铅蓄电池储能技术、电容及超级电容、飞轮储能、抽水蓄能技术、储热（冷）技术等的国内外最新进展、存在的关键科学与技术问题，以及 2025 年、2050 年储能技术发展路线图。

本书以项目研究成果为基础，细化和明确了储能学科的关键科学问题与技术挑战，预测未来的重点发展方向、关键技术及其优先程度，力图发挥高屋建瓴，引领储能学科发展的作用，可为广大开设储能学科的高等学校、科研机构提供学科规划的重要参考和清晰指引，也可以为相关政府部门确定科技支持重点领域和创新项目及为科技、人才、资金等创新资源向我国储能产业进行有效集聚提供参考借鉴。

图书在版编目（CIP）数据

储能技术发展及路线图/陈海生，吴玉庭主编. —北京：化学工业出版社，2020.10（2022.11重印）
ISBN 978-7-122-37440-0

Ⅰ.①储…　Ⅱ.①陈…②吴…　Ⅲ.①储能-技术-研究　Ⅳ.①TK02

中国版本图书馆 CIP 数据核字（2020）第 133231 号

责任编辑：郝向丽　　　　　　　　　文字编辑：董小翠
责任校对：赵懿桐　　　　　　　　　装帧设计：韩　飞

出版发行：化学工业出版社（北京市东城区青年湖南街 13 号　邮政编码 100011）
印　　装：北京虎彩文化传播有限公司
710mm×1000mm　1/16　印张 16½　字数 248 千字　2022 年 11 月北京第 1 版第 4 次印刷

购书咨询：010-64518888　　　　　　售后服务：010-64518899
网　　址：http://www.cip.com.cn
凡购买本书，如有缺损质量问题，本社销售中心负责调换。

定　　价：98.00 元

《储能技术发展及路线图》
编写人员名单

主　　编：陈海生　吴玉庭

副 主 编：王保国　李　泓

主　　审：华　炜　黄学杰　来小康　马紫峰
　　　　　朱庆山　戴国庆

编写人员（以姓氏拼音为序）：

曹余良	陈海生	陈人杰	戴兴建
丁玉龙	韩晓刚	贺凤娟	纪　律
蒋　凯	金　翼	李　泓	李　丽
李　文	李宝华	刘　畅	鹿院卫
乔志军	阮殿波	沈浩宇	索鎏敏
王保国	王康丽	王婷婷	王振波
温兆银	吴玉庭	夏云飞	徐玉杰
许晓雄	严川伟	杨汉西	于学文
袁利霞	张灿灿	张　强	张华民
郑　超	左志涛		

前 言

　　储能技术在促进能源生产消费、开放共享、灵活交易、协同发展，推动能源革命和能源新业态发展方面发挥着至关重要的作用，将成为带动全球能源格局革命性、颠覆性调整的重要引领技术。储能设施的加快建设将成为国家构建更加清洁低碳、安全高效的现代能源产业体系的重要基础设施。《储能技术发展及路线图》源自中国化工学会承担完成的"中国科学技术协会储能技术学科方向预测及技术路线图"项目。该项目由中国化工学会动员超过100位来自储能一线科研及生产领域的专家、学者参与，历时三年完成。项目从学科发展的角度探讨了储能技术学科的发展趋势及技术路线图（2025年及2050年），涉及动力工程、凝聚态物理、固态化学、电化学、化工过程、新材料等领域与储能技术相关的科学问题，以及在新能源并网、分布式发电、微网及离网、电力输配、建筑、社区及家用储能、电力调峰/调频辅助服务、电动汽车、轨道交通等领域应用的关键技术之国内外发展趋势。从应用角度，储能技术是不可缺少的国家战略高技术，储能技术发展方向众多，有很大的发展空间，项目明确了储能技术学科未来发展的关键所在，将会推动储能技术的大规模应用及相关科学问题的解决，促进我国储能技术学科的建设和发展。为加快培养储能领域"高精尖缺"人才，增强产业关键核心技术攻关和自主创新能力，以产教融合发展推动储能产业高质量发展，教育部、国家发展改革委、国家能源局决定实施储能技术专业学科发展行动计划（2020～2024年），并于2020年1月17日发布，这一行动计划的发布标志着我国着手全面布局储能学科。

　　本书包括11章，分别介绍了储能学科基础、锂离子电池技术及金属锂电池、压缩空气储能技术、液流电池储能技术、高温钠电池、新概念储能电池、铅蓄电池储能技术、电容及超级电容、飞轮储能、抽水蓄能、储热（冷）技术等的国内外最新进展、存在的关键科学与技术问题，以及2025年、2050年储能技术发展路线图。

本书在项目的基础上细化和明确了储能学科的关键科学问题与技术挑战，预测未来储能技术的重点发展方向、关键技术及其优先程度，具有起点高、引领的特色，可为广大开设储能学科的高等学校、科研机构提供学科规划的重要参考和清晰指引，也可以为相关政府部门确定科技支持重点领域和创新项目及为科技、人才、资金等创新资源向我国储能产业进行有效集聚提供参考借鉴。

本书由陈海生、吴玉庭任主编，王保国、李泓任副主编，第1章由王保国、丁玉龙、严川伟、张强、韩晓刚、李泓编写，第2章由李泓、李丽、索鎏敏编写，第3章由陈海生、刘畅、贺凤娟、徐玉杰、纪律、左志涛、李文编写，第4章由张华民编写，第5章由温兆银编写，第6章由蒋凯、许晓雄、李宝华、王康丽、袁利霞、曹余良、陈人杰、杨汉西编写，第7章由沈浩宇、夏云飞、王振波编写，第8章由阮殿波、郑超、乔志军、于学文编写，第9章由戴兴建编写，第10章由王婷婷编写，第11章由吴玉庭、金翼、张灿灿、鹿院卫、陈海生、丁玉龙编写，详见编写人员名单，感谢参与编写的全体同志！

限于编者理论水平、实际经验及编写时间，书中难免存在不足和疏漏之处，恳请读者批评指正。

编者
2020 年 3 月

目 录

第1章　储能学科基础　　①

第2章　锂离子电池技术及金属锂电池　　45

第3章　压缩空气储能技术　　91

第4章 液流电池储能技术   **108**

第5章 高温钠电池   **126**

第6章　新概念储能电池　　149

第7章　铅蓄电池储能技术　　175

第8章　电容及超级电容　191

第9章　飞轮储能　210

储能学科基础

1.1 储能促进能源可持续发展

1.1.1 储能技术与产业的重要性

储能科学与技术是一门具有悠久历史的工程交叉学科，进入 21 世纪以来，呈现快速发展的态势。发展的驱动力主要归结为全球能源可持续发展的需要，实现可再生清洁能源结构转型，增强能源安全性，提升能源经济性。解决能源领域所面临的问题的 4 种途径，即先进能源网络技术、需求响应技术、灵活产能技术和储能技术。

在能源革命的驱动下，可再生能源开发利用力度持续加大，接入电网的比例和在终端能源消费的占比将不断提高。根据国际能源署的研究，为满足新能源消纳需求，预测美国、欧洲、中国和印度到 2050 年将需要增加 310GW 的并网电力储存能力，为此至少需投资 3800 亿美元。麦肯锡的研究则将储能列为到 2025 年将产生颠覆性作用、对经济发生显著影响的技术，预测市场价值将达 0.1 万亿～0.6 万亿美元。世界许多国际组织和国家把发展储能作为缓解能源供应矛盾、应对气候变化的重要措施，并制定了发展战略，提出了 2030 年、2050 年的明确发展目标和相应的激励政策。

以电力系统为例，储能技术的主要功能如图 1-1 所示。储能应用于电网领域，可以提供频率调整、负载跟踪、削峰填谷和备用电力等作用。传统能源的日益匮乏和环境的日趋恶化，极大地促进了新能源的发展，其发电规模也快速攀升。以传统化石能源为基础的火电等常规能源通常按照用电需求进行发电、输电、配电、用电的调度；而以风能、太阳能为基础的新能源发电取决于自然资源条件，具有波动性和间歇性，其调节控制困难，大规模并网时需要大容量储能过程，进行电力质量调节与控制[1-3]。

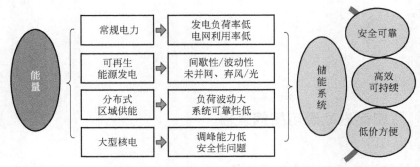

图 1-1　储能在电力系统中的功能

通过大规模导入能源转化与存储技术，能够在很大程度上解决新能源发电的随机性和波动性问题，使间歇性的、低密度的可再生清洁能源得以广泛、有效地利用，并且逐步成为经济上有竞争力的能源。储能技术的应用将贯穿于电力系统发电、输电、配电、用电的各个环节，可以缓解高峰负荷供电需求，提高现有电网设备的利用率和电网的运行效率；可以有效应对电网故障的发生，可以提高电能质量和用电效率，满足经济社会发展对优质、安全、可靠供电和高效用电的要求；储能系统的规模化应用还将有效延缓或减少电源和电网建设，提高电网的整体资产利用率，彻底改变现有电力系统的建设模式，促进其从外延扩张型向内涵增效型的转变[4-6]。

能量虽然可以以机械能、声能、化学能、电磁能、光能、热能及核能等多种形式存在，但在人类的活动中，绝大多数能量是需要经过热能的形式和环节被转化和利用的，尤其是在我国，这个比例达到90%以上。正因如此，储热技术最为简单和普遍，它的应用也远远早于工业革命尤其是电力革命后才出现的其他储能技术，如我国北方地区的烧炕取暖即是利用储热技术解决热能供求在时间上的不匹配。随着人类的发展和对能源利用技术的不断改进，储热技术也不断发展，而且在人们的生产和生活中，在能源的集中供应端和用户端，都发挥着日益重要的作用。

目前，储能技术与装备主要应用在以下技术领域，并逐渐向其他相关领域延伸。

（1）输电领域

储能技术在输电领域的技术需求主要体现在以下两个方面。①由于电源与负荷的实时波动，电网会有一次调频的需求，电网调度希望调频电源能够快速精确地响应调度下发的出力指令。同时，传统调频电源作为旋转电源由于惯性和控制精度问题，会出现延迟等情况，而且火电机组参与调频会降低其经济运行效率，并不是理想选择。②由于电网的负荷每天周期性波动，自然形成了高峰负荷区与低谷负荷区，需要电力系统配置调峰电源根据负荷变化情况跟随出力，来维持电力系统电压和频率的稳定。电网希望调峰负荷能够快速根据调度指令及时投入、切出系统，并根据指令快速改变其出力水平。

（2）配电领域

供电可靠性是配电网必须要保证的供电指标，当配网出现故障时，需要有备用电源持续为用户供电。配电网的电能质量经常受到用电负荷特性的影响，电网希望系统中有可控电源能够对配电网的电能质量进行治理，消除电压暂降、谐波等问题。

（3）用户侧储能

很多电力用户由于用电负荷的不同特性，对于重要负荷有特殊的供电可靠性要求和电能质量要求：一方面可能是对供电质量有更高要求，另一方面可能是防止负荷向电网回馈谐波等电能质量问题。电动汽车是当前快速发展的特殊用户，大量的车载电池存量以及为满足电动汽车快速充电要求设立的储能充电站，既是电网的负荷，也可以为电网提供储能服务。通过用户侧储热（冷）能源站的建立，可满足电网用户侧虚拟调峰和弃风弃光电消纳的需求，也是解决我国大面积雾霾的主要技术途径。自从 2013 年以来，我国大力推广实施煤改电工程和火电厂灵活性改造，为大容量储热（冷）技术提供了巨大的市场空间。

（4）微电网领域

微电网系统要求配备储能装置，并要求储能装置能够做到以下几点：①在离网且分布式电源无法供电的情况下提供短时不间断供电；②能够满足微网调峰需求；③能够控制和改善微网电能质量；④能够完成微网系统黑启动；⑤平衡间歇性、波动性电源的输出，对电负荷和热负荷进行有效控制。

（5）应急电源领域

日本福岛核电站发生事故后，世界各国对于应急电源的需求日益迫切。灾难发生时需要为灾难中的人们和重要设备提供电力和热力，以保证必需的救灾、生活用能。

（6）太阳能利用领域

太阳能具有清洁、普遍、巨大和长久的特点，是人类的主要能源之一。太阳能是随时间变化的不稳定能源，昼夜交替还会造成每日数小时至十多小时的太阳能中断，太阳能还会受到阴雨天气和季节变化的影响。为了使太阳能成为连续、稳定的能源，从而最终成为能够与常规能源相竞争的替代能源，就必须很好地解决蓄能问题。太阳能热发电、太阳能热水、太阳能建筑和工业供热制冷都需要配备大容量的储热系统才能使用。

（7）余热（冷）利用

余热资源利用率低造成工业能耗高、能源资源浪费问题严重，能源生产端和消费端之间的匹配问题制约着余热资源的利用，发展具有高储热密度的储热技术，实现余热资源在空间和时间上的有效调度，将为工业节能提供重要帮助。此外，LNG 冷能的高效存储和利用也对不同品味的储冷技术提出了相关的要求，以我国 2017 年 LNG 进口量 3789 万 t 计算，余冷量可达 87 亿 kW·h。

1.1.2 储能是能源互联网的关键技术支撑

国家发展改革委颁布的《关于促进储能技术与产业发展的指导意见》（发

改能源〔2017〕1701号）明确指出，储能是智能电网、可再生能源高占比能源系统、"互联网＋"智慧能源的重要组成部分和关键支撑技术。储能能够为电网运行提供调峰、调频、备用、黑启动、需求响应支撑等多种服务，是提升传统电力系统灵活性、经济性和安全性的重要手段；储能能够显著提高风、光等可再生能源的消纳水平，支撑分布式电力及微网系统，是推动主体能源由化石能源向可再生能源更替的关键技术；储能能够促进能源生产消费开放共享和灵活交易、实现多能协同，是构建能源互联网，推动电力体制改革和促进能源新业态发展的核心基础[7,8]。

（1）概述

能源互联网是将各种一次、二次能源的生产、传输、使用、存储和转换装置，以及它们的信息、通信、控制和保护装置，直接或间接连接的以电网为主干的物理化网络系统。该系统具备如下基本特征：①实现可再生能源优先、因地制宜的多元能源结构；②集中分散并举、相互协同的可靠能源生产和供应模式；③各类能源综合利用、供需互动、节约高效的用能模式；④面向全社会的平台性、商业性和用户服务性。

能源互联网是以面向能源的互联互通、管理与使用为对象，以智能电网为基础，以接入可再生能源为主，采用先进信息和通信技术及电力电子技术，通过分布式动态能量管理系统，对分布式能源设备实施广域优化协调控制，实现冷、热、气、水、电等多种能源互补，提高用能效率的智慧能源管控系统。

（2）储能技术的支撑作用

能源互联网以储能装备作为技术支撑，将太阳能、风能、生物质能、水能和地热能等多种可再生能源的互补生产，与多种多样的消费需求灵活地结合在一起。所生产的电力和冷热能源，首先满足本地用户的需要，富余部分电力可以通过智能电网提供给邻近用户。将包括储能在内的多种能源、资源和用户需求进行优化整合，可实现资源利用最大化，有效提高综合能源系统的效率。利用各种可用的分散存在的能源，包括本地可方便获取的化石能源和可再生能源，因地制宜、统筹开发、互补利用传统能源和新能源，优化布局建设一体化集成供能基础设施，实现多能协同供应和能源综合梯级利用，提高能源系统效率，增加有效供给。

电力系统的储能应用可以分为：电-能-电（具有调节特性）、电-能（具有负荷特性）和能-能-电（具有电源特性）三种场景，分别在电力系统中承担不同的作用。储能的出现增加和丰富了电力系统的有功调控手段；储能的技术指标已经能够满足电力系统暂态、动态、稳态全过程的功率调节需求。系统调节应用面临的科学问题包括基于储能的系统有功功率调控技术和智能电网环境下的协调控制体系。

能源互联网充分利用多能源发电过程互补特性，在一定区域内集成风力发电、太阳能发电、火力发电、储能等构成虚拟发电单元，形成多源互补、源网协调、安全高效的新能源电力开发利用整体解决方案。

（3）能源互联与储能技术协调发展

由于风力发电、光伏发电具有强波动性和不确定性，可再生能源大规模并入电网为储能在电力系统中的规模化应用提供了新的机遇。功率型和能量型两类储能设备对电力系统的安全性和充裕性具有不同的作用。在储能的规模化应用之前势必存在过度限制可再生能源并网的问题，在可再生能源渗透率达到何种水平时，储能才会成为最为经济的解决措施，需要根据应用场景进行具体分析。储能的规模化应用将取决于2个关键因素：①储能的各种功能对于电网的经济价值的量化；②储能技术本身安全可靠性的提高及成本的降低。

随着清洁能源发电占比增高以及电网规模加大，电力系统存在巨大的能量调节和功率调节需求。储能技术可应用于电力系统可再生能源接入、削峰填谷、调频调压、提高系统稳定性和能源利用效率、微网及需求侧管理、电能质量控制等方面，覆盖系统发输配用各环节。在可再生能源接入比例较高的局部电网和末端电网中，对储能技术的近期需求尤为迫切，远期需求将进一步扩大。

1.1.3 储能在不同场合的应用

不同存在形式的能量具有不同的能级，再加上不同应用的驱动，导致了储能技术发展的多样性。根据功率与容量，储能技术与应用场合匹配关系如

图 1-2 所示。

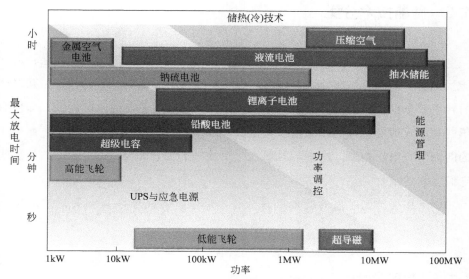

图 1-2 各类储能技术的充放能时间及功率范围

需要指出，尽管储能技术具有多样化和潜在应用，其发展与应用应遵循以下 2 个原则：①能量应尽可能根据需要，按"能源质量（能级）"存储和释放；②所有储能技术都包含热力学中的不可逆过程，发展新型技术，增大过程可逆性，对于提高储能过程效率具有重要意义。

按照不同应用对储能时间长短需求的不同，可以分为短时高频次储能（<2min）、中等时长储能（2min～4h）、长时间储能（>4h）。应对电压暂降和瞬时停电、提高用户的用电质量、抑制电力系统低频振荡、提高系统稳定性、能量回收等属于短时高频次储能。多数储能需求在小时级以上，例如电网调峰、大型应急电源、可再生能源接入、分布式能源、微网离网、数据中心等。较长时间的储能，主要为削峰填谷、可再生能源接入、家庭储能、通信基站。随着动力电池循环寿命、安全性和能量密度的提升，电动汽车的续航里程将显著超过日常使用需求，可以发展电动汽车和电网之间的能量双向流动。通过有序充电和智能控制，改革用电结算方式和提高响应速率，电动汽车有望发展成为重要的分布式储能载体。

1.2　储能技术分类

能量是物质做功能力的体现，其形式众多，包括电磁能、机械能、化学能、光能、核能、热能等。不同形式的能量能级（或能质）不同，其相互之间的转换效率也各异，例如电能、磁能的能级最高，而热能的能级最低；即使对于同一形式的能量，其能级也存在差别，例如热能的能级与温度相关，而电能的能级则与电压相关。这些不同形式的能量在本质上可以归类为动能、势能或它们之间的组合。

以下根据储能对象的能量形式与技术原理，对储能装备和关键技术进行分类[9]。

1.2.1　物理储能

物理储能是一种利用物理量的变化，实现能量储存与释放的过程，包括抽水储能、压缩空气、飞轮、超导磁储能、电介质储能等[10]。

1.2.2　电化学储能

电化学储能是一种通过氧化还原反应实现电能与化学能相互转化的过程。目前，以锂离子电池、钠硫电池、液流电池为主导的电化学储能技术在安全性、能量转换效率和经济性等方面均取得了重大突破，极具产业化应用前景。电化学储能可以同时向系统提供有功和无功支撑，因此对于复杂电力系统的控制具有非常重要的作用[11-13]。

1.2.3　储热和储氢

储热和储氢分别属于物理储能和电化学储能，但更强调电能与其他能量形式之间的大规模转化和直接利用。储热和深冷储能技术的系统反应时间约为

2.5~10min，适用于电力系统中大规模能量型的储能应用和分布式能源系统。其在太阳能热发电、核电大幅度调峰、燃气调峰电站更大幅度低成本调峰等方面是其他储能技术不可取代的[14-16]。氢气作为能源载体，具有储能容量大、清洁环保，可以通过管道远距离输送等技术特征。氢储能既可以促进可再生能源的高效储存利用，又能够促进交通能源结构调整，成为发展氢能经济的重要方向。

1.2.4　电场储能

(1) 物理电容器

在两金属板之间存在绝缘介质的一种电路元件。电容器利用两个导体之间的电场来储存能量，两导体所带的电荷大小相等，但符号相反。电极本身是导体，两个电极之间由被称为绝缘体的介电质隔开。

(2) 电化学电容器

它是一种将物理电容器和电池相结合形成的储能器件。该器件工作过程包含两种原理：①利用电极和电解质之间形成的界面双电层来存储能量。当电极和电解液接触时，由于库仑力、分子间力或者原子间力的作用，在固液界面上出现稳定的、符号相反的界面双电层；②在电极表面或体相中的二维或准二维空间上，电化学活性物质进行欠电位沉积，发生高度可逆的化学吸附、脱附过程，产生与电极充电电位有关的电容。电化学电容器的储能过程不发生化学反应，具有物理可逆性，可以反复充放电数十万次。与传统的电容器相比，电化学电容器具有更高的比容量；与电池相比，具有更高的比功率、可瞬间释放大电流、充电时间短、充电效率高、循环使用寿命长、无记忆效应和基本免维护等优点[17]。

(3) 超导储能

超导储能是利用超导体的电阻为零特性制成的储存电能的装置，它不仅可以在超导体电感线圈内无损耗地储存电能，还可以通过电力电子换流器与外部系统快速交换有功和无功功率，用于提高电力系统稳定性、改善供电品质。超导储能的优点很多，主要是功率大、质量轻、体积小、损耗小、反应快等[18]。

1.3 储能技术发展现状

当前，发达国家已经走在储能技术与产业发展的前列，通过政府扶持、政策导向、资金投入等多种方式积极促进产业发展，意图建立行业技术标准，抢占全球储能技术和市场制高点。欧盟许多发达国家和东南亚的多个国家也出台了一系列投资补贴和税收优惠等政策，鼓励投资和引进储能技术、建设各类储能项目，研究和开发前沿储能技术，并在发电及输配电、离网孤岛应用及智能微电网中积极推广和应用储能技术。以美国、德国、日本为代表的海外储能市场已全面启动，开始进入第一轮爆发增长期。

根据中关村储能产业技术联盟全球储能项目库的不完全统计（图 1-3），截至 2019 年 12 月底，中国已投运储能项目累计装机规模为 32.4GW（含物理储能、电化学储能和熔融盐储热），同比增长 3.6%。其中，抽水蓄能的累计装机规模最大，为 30.3GW，同比增长 1.0%，其次是电化学储能，累计装机规模为 1709.6MW，同比增长 59.4%，熔融盐储热项目的累计装机规模位列第三，达到 420MW，同比增长 90.9%。在不同种类的储能技术中，由于电化学储能具有响应时间短、反应灵敏度高、容量规模覆盖度宽的技术特征，近年来得到产业界大量关注与积极应用，呈现出快速增长的发展趋势。

世界上第一个有记载并且有实物存在的电化学储能装置，是由 Alessandro Volta 于 1799 年发明的一次电池——伏特电池。该电池分别以铜和锌层作为正极和负极，中间以浸泡在盐水中的厚纸板或布层隔开。伏特电池能够产生稳定电压和电流，虽然续航时间短、电解液易泄露、内阻较大，但为后续一次电池（如锌铜电池、锌锰干电池）的发明奠定了基础。由于一次电池的续航能力较短，1859 年，Gaston Planté 发明了第一个二次电池，即铅酸电池。该电池以铅化合物和金属铅分别作为正极和负极材料，硫酸溶液作为电解液。此后，人们还在传统铅酸电池的基础上对负极进行了改进，在铅膏中加入了活性碳材料使其成为铅碳电池，提高了充放电速度、比容量和循环寿命。随着人们对能量密度需求的不断提高，多种二次电池被开发出来，如镍基电池、镍铬、镍

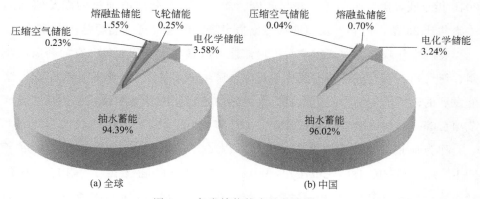

图 1-3 各类储能技术的装机情况

（数据来源：中关村储能产业技术联盟项目库，截至 2019 年）

铁、镍锌和镍金属氰化物等；锌/氯、锌/溴电池；金属空气电池；1912 年，Gilbert Newton Lewis 提出了锂电池概念，但是直到 20 世纪后期，第一批锂电池才开始商业化；1966 年，福特汽车公司提出了钠硫电池的概念；1973 年，NASA 的研究人员探索铁铬液流电池技术，到目前为止液流电池超过二十多个种类，逐渐从实验室规模发展至商业化。

1.3.1 国际储能产业技术与各国产业政策

（1）美国储能产业现状

美国典型的储能产业公司及产品首推 Tesla 和其商业、公共事业用锂离子电池储能设备 Powerpack。Powerpack 系列产品的成功应用项目包括 2016 年底安装完成随即投运的位于安大略湖的米拉洛马变电站项目和夏威夷考艾岛的光储项目等。前者由共计 600 余万节 21mm×70mm 锂离子电池组成，装机规模 20MW，可为约 1.5 万家庭提供 4h 电力；后者装机规模 13MW，配合光伏使用可为全岛约 6 万居民提供电力保障。另外，Tesla 正在打造的包括动力电池车辆、锂离子电池储能电站和光伏在内的"可再生能源生态系统"，可以认为是美国储能应用的重要发展方向。

美国及时的政策配套成为储能应用的极大助力。根据 DOE 统计，截至

2016 年年底，美国由国会、联邦政府、能源部以及州政府通过的涉及储能的法案共计 23 条，内容涉及储能参与电力市场、配套可再生能源等多个领域。

美国联邦政府多次通过法案以使储能可以参与市场调频。已有加利福尼亚州、纽约州、得克萨斯州、夏威夷州、马萨诸塞州等多个州政府出台了支持储能发展的政策，包括自发电激励、配电网改造强制配备储能设施、补贴储能示范项目等。这些激励政策和联邦政府的政策共同促进了储能技术的实际应用。

作为加州主要公用事业公司之一，PG&E 自 AB2514 法案颁布后开展了 EPIC 项目（EPIC 1.01 Energy Storage for Market Operations）。EPIC 具体包括 Vaca-Dixon BESS 和 Yerba Buena BESS 两个钠硫电池储能项目，规模为 2MW/14MW·h 和 4MW/32MW·h，分别于 2014 年 7 月和 10 月并网运行。二者可以同时参与 CASIO 的调频、日前和实时能量、旋转备用等多个电力市场获取多重应用收益。案例报告显示，参与调频是该储能项目获取经济收益的最有效的途径，而当前的峰谷差尚不足以支撑储能设施在日前、实时市场有效套利，旋转备用的获利空间也非常有限。

可见，美国的储能产业发展一方面有赖于技术实力，另一方面也和政策支持密不可分。

（2）日本储能产业现状

与美国相比，日本在钠硫电池、液流电池和改性铅酸电池储能技术方面处于国际领先水平。日本受地震核泄漏事故影响，早期出台的能源政策包括《短期电力供应稳定对策和中长期能源政策纲要》《关于电力企业采购可再生能源电力的特别措施法》《节能法修正案》《能源及环境战略基本方针》《农山渔村可再生能源发电促进法案》等，这些方案均支持储能技术的发展。日本经产省在 2014 年发起了针对锂离子电池储能系统的补贴计划，划拨 100 亿日元给予购买者购买储能系统价格 2/3 的资金补贴，并通过新能源与工业技术开发组织（NEDO）的项目支持储能示范电站。2016 年住友电工（株）建成 15MW/60MW·h 的全钒液流电池储能电站，用于电网的频率特性调节控制，是目前国际上成功应用的案例。

目前，日本在锂离子电池家庭储能、规模储能、钠硫电池储能方面的技术处于世界领先水平。2018 年 7 月，日本经济产业省发布了《第五期能源基本计划》，提出降低化石能源依赖度，举政府之力加快发展可再生能源；NEDO 通过了"创新性蓄电池-固态电池"开发项目，联合 23 家企业、15 家国家研究机构，投入 100 亿日元用以攻克全固态电池商业化应用的瓶颈技术，为 2030 年左右实现量产奠定技术基础。

（3）韩国储能产业现状

韩国输电和配电公司 Kepco 公司在 2014 年确立了了自己的储能目标，那就是在四年内达到 500MW。2017 年，韩国在四个储能项目中安装了 112MW 的容量，累计达到 370MW。主要的使用案例是用于电网频率调节。韩国储能行业的不利之处在于，Kepco 公司确切知道了辅助服务需要多少储能容量，而且其构建也是如此，这不可能成为储能持续发展的商业机会。与之相反，能源开发商将着眼于可再生能源整合的长期项目。

韩国储能系统部署的特点在于其作为国家经济发展计划的一部分。所有电池和电源转换设备都来自韩国本土厂商。这并不是说 Kepco 公司优先考虑本土厂商，而是由于韩国是一些全球顶级电池公司的所在地，其中最著名的是 LG Chem 和三星 SDI 公司。而这也说明了韩国将电网政策与就业政策合并出现的可能性。

（4）欧盟储能产业现状

在 2009 年，由 11 个国家的 36 个主要欧洲能源相关机构召开了欧洲储能专题讨论会，最终向欧盟委员会提交了储能领域研发和工业政策方面的若干发展建议。2018 年 5 月，欧洲电池联盟发布战略行动计划，提出六大战略行动，将启动预计规模为 10 亿欧元的新型电池技术旗舰研究计划，打造一个创新、可持续、具有全球领导地位的电池全价值链；同年 6 月，欧盟在"地平线2020"计划基础上制定了"地平线欧洲"框架计划，明确支持"可再生能源存储技术和有竞争力的电池产业链"。

2018 年 9 月，德国公布《第七期能源研究计划》，在未来 5 年投入 64 亿欧元，支持多部门通过系统创新推进能源转型，明确支持电力储能材料的研究。德国政府鼓励本国企业参加和实施 SET-Plan，主要包括电网、可再生能源、储能系统、能源效率和 CCS 等研究。目前，德国完成了至少 20 个燃料电池及其他形式的储能示范项目（包含部分蓄氢储能）。法国 SAFT 是世界领先的先进高科技工业电池的设计开发及制造商，其锂离子电池系统（广泛应用于民用、军事等许多终端市场）的设计、开发和生产方面位于全球领先地位。该公司开发的"Synerion 高能锂离子电池"系统，主要应用于家庭或社区光伏离网电站，帮助客户实现谷电峰用。另外还有其开发的"IntensiumMax"集装箱式大规模锂离子电池储能系统，主要应用于 MW 级的光伏电站并网系统，有助于实现光伏发电的平滑并网。

纵观全球储能项目的实施情况，整个产业总体在向前发展，市场也逐渐扩大，成为各国关注的重要的新兴产业。储能技术和储能项目受到各国政府和大型企业、新型技术企业的高度重视。当前，欧美及日本已将储能产业上升到战略新型产业的层面加以发展并开展全球性竞争，在技术研发与商业化应用上给予重要的资金扶持和政策支持。我国正处在经济发展转型的关键时期，要想打破能源瓶颈，实现经济可持续发展，应大力发展储能产业。

1.3.2　我国储能技术现状与产业政策

2016 年国家发展改革委、国家能源局联合印发《能源技术革命创新行动计划（2016—2030)》，将储能技术创新作为重点任务。2017 年 10 月，国家发展改革委、国家能源局等五部门联合印发《关于促进储能技术与产业发展的指导意见》，"支持在可再生能源消纳问题突出的地区开展可再生能源储电、储热、制氢等多种形式能源存储与输出利用；推进风电储热、风电制氢等试点示范工程的建设"。2018 年 10 月，国家发展和改革委员会、国家能源局印发《清洁能源消纳计划（2018—2020 年)》，提出"探索可再生能源富余电力转化为热能、冷能、氢能，实现可再生能源多途径就近高效利用"。2019 年 4 月，国家发展和改革委员会发布《产业结构调整指导目录》中，进一步强调储能技术在未来能源可持续发展过程的战略地位。2020 年 1 月，国家能源局综合司、应急管理部办公厅、国家市场监督管理总局办公厅联合制定了《关于加强储能标准化工作的实施方案》，进一步推动落实《关于促进储能技术与产业发展的指导意见》（发改能源〔2017〕1701 号)，加强储能标准化建设工作，发挥标准的规范和引领作用。目前，储能产业政策逐渐与电力辅助服务、电力现货市场建设以及用户侧需求响应等有关政策结合起来，共同促进储能产业高质量发展。

锂离子电池方面，截至 2018 年年底，锂离子电池全球累计装机容量占比 82%，钠基电池、铅蓄电池和液流电池紧随其后。全球电化学储能市场累计装机功率规模为 6058.9MW，2019 年复合增长率 62%，继续保持高速增长态势。目前，锂离子电池是最成功的便携式储能电池，但其使用仅限于小型电子设备。在大规模储能中，锂离子电池受到性能、成本和安全性等方面的限制，亟须进一步技术突破。

液流电池方面，国内有中国科学院大连化学物理研究所、清华大学、中国科学院沈阳金属研究所、中南大学、大连融科储能、北京普能、北京低碳清洁能源研究院、承德新新钒钛储能、银峰新能源、乐山伟力得等多家研究单位和企业从事液流电池的研发和产业化工作。在关键材料基础研究和电池系统集成及应用示范工程方面取得了重大突破。中国科学院大连化学物理研究所牵头国际相关标准的制定，该团队实施了包括 2012 年全球最大规模的 5MW/10MW·h 全钒液流电池储能系统商业化应用示范项目在内的近 30 项应用示范工程，应用领域涉及分布式发电、智能微网、离网供电及可再生能源发电等领域。近年来，通过电池关键材料和电堆结构设计创新，工作电流密度提高到 120～150mA/cm^2，从而使电堆功率密度显著提升，成本显著降低。

压缩空气储能方面，中国科学院工程热物理研究所、华北电力大学、西安交通大学、华中科技大学等单位对压缩空气储能电站的热力性能、经济性能、商业应用前景等进行了研究。2013 年，中国科学院工程热物理研究所完成了 1.5MW 先进压缩空气储能系统示范，并于 2016 年完成了 10MW 先进压缩空气储能系统关键技术研发和示范。在 2015 年，由清华大学、中国科学院理化技术研究所及中国电力科学研究院共同研制的 500kW 级非补燃压缩空气储能发电示范系统在安徽芜湖实现发电出功 100kW 的阶段目标。

飞轮储能技术方面，2016 年 12 月 15 日，我国首台兆瓦级飞轮储能电源工程石油钻井工程飞轮储能样机在河南省濮阳市中石化中原油田卫 453 井现场成功示范。具有储能和限流两种功能的 1MV·A/MJ 超导储能-限流系统样机自 2017 年 1 月 6 日在玉门低窝铺风电场 10kV 电网系统并网运行，其并网谐波畸变率为 2%，率响应时间 0.8ms，在储热储冷方面，熔盐蓄热已在美国、西班牙、中东、北非等国的二十多座太阳能热发电中得到了规模化应用，总装机容量约为 300 万千瓦，我国 2018 年先后有青海德令哈 50MW 槽式、50MW 塔式和甘肃敦煌 100MW 塔式三个千兆瓦级大容量熔盐蓄热太阳能热电站相继投运，在河北也分别建成了 37MW·h 和 20MW·h 的低熔点熔盐储热谷电供暖示范工程；水、固体和相变蓄热已在建筑空调、太阳能热利用、清洁能源供暖、热电厂储热、供冷等领域得到大规模商业化应用，我国以华能长春热电厂、丹东金山热电厂为代表的一批蓄热容量高达 1000MW·h 的数个大型固体蓄热电锅炉相继投入运行，在北京、天津、固安、青海果洛州等地相继建成了数百 MW·h 的大容量相变储热谷电和弃风电供暖示范工程，世界有 100 万 kW 以上的冰蓄冷空调工程在运行，中国从 20 世纪 90 年代初，开始建造水蓄冷和冰蓄冷空调系统，至今已有建成投入运行和正在施工的工程 833 项。有效提高了电能质量和低电压穿越能力，综合技术性能达到国际先进水平。

　　总体而言，近年来我国已经形成了锂离子电池、超级电容器储能产业链，研发实力和产品竞争力明显提高，储能产品已开始批量进入国内外市场。先进液流、超临界压缩空气等储能技术成熟度显著提高，进入大规模示范阶段，为后续产业化奠定了良好的基础。从示范应用效果看，储能的应用能够给电力系统、分布式能源、可再生能源带来包括经济、环境和社会效益的综合价值。但由于目前还未形成衡量这种综合收益的商业模式，储能产业链尚未完全形成。与此同时，各类储能技术仍然在快速发展，新的更具竞争力的储能技术也在进一步涌现，智能电网整体技术和路线尚不清晰，储能国家发展政策尚未形成，市场驱动力尚显不足。

　　在"十三五"期间，国家科技部、学术界和产业界的专家学者认识到，通过加大技术开发投入力度、提高现有储能技术水平、发展新型储能技术、提高储能的技术经济性、扩大储能示范应用规模，从科学和技术上为我国大规模储能技术的发展，支撑能源结构转型、能源产业升级奠定一定的基础，研究开发适合我国国情的储能技术，以及相应的商业盈利模式，对于在新一轮能源革命中占据先机，具有重要战略意义。表 1-1 为我国现行储能产业相关政策，这些政策的出台极大地促进了储能的发展。

表 1-1　我国现行储能产业相关政策

政策名称	发布时间	内容概要
能源发展战略行动计划	2014 年 11 月	储能技术属于重点创新领域、方向之中
关于促进抽水蓄能电站健康有序发展有关问题的意见	2014 年 11 月	加快抽水蓄能电站建设
关于进一步深化电力体制改革的若干意见	2015 年 3 月	分布式电源融合储能
中国制造 2025	2015 年 5 月	推进储能装备发展
关于推进新能源微电网示范项目建设的指导意见	2015 年 7 月	新能源微网融合储能
关于推进"互联网＋"智慧能源发展的指导意见	2016 年 2 月	作为能源互联网重要环节的各方面储能研究、示范、推广
中华人民共和国国民经济和社会发展第十三个五年规划纲要	2016 年 3 月	构建现代能源储运网络
关于推动电储能参与"三北"地区调峰辅助服务工作的通知(征求意见稿)	2016 年 3 月	电储能参加调峰辅助服务
能源革命创新行动计划(2016～2030 年)	2016 年 4 月	明确先进储能技术创新属于能源技术革命的重点任务
国家创新驱动发展战略纲要	2016 年 5 月	明确储能技术属于现代能源技术与颠覆性技术
关于促进电储能参与"三北"地区电力辅助服务补偿(市场)机制试点工作的通知	2016 年 6 月	电储能参加调峰调频辅助服务
"十三五"国家战略性新兴产业发展规划	2016 年 11 月	高效储能技术的发展进步、"储能＋"
可再生能源发展"十三五"规划	2016 年 12 月	支持储能技术示范应用
能源技术创新"十三五"规划	2017 年 1 月	支持储能与能源互联网、电池材料技术与应用等
关于促进储能技术与产业发展的指导意见	2017 年 10 月	明确了促进我国储能技术与产业发展的重要意义、总体要求、重点任务和保障措施
关于创新和完善促进绿色发展价格机制的意见	2018 年 7 月	促进电力储能设施参与削峰填谷,试行电价补贴机制
绿色产业指导目录(2019 年版)	2019 年 2 月	列入高效储能设施项目建设和运营、新能源与清洁能源装备制造、充电站、换电及加氢设施制造等
贯彻落实《关于促进储能技术与产业发展的指导意见》2019～2020 年行动计划	2019 年 7 月	涵盖电化学、抽水储能、物理储能、新能源汽车动力电池储能等多项技术规划和应用场景

1.3.3 储能技术评价准则

储能技术作为战略性新兴产业之一，得到世界各发达国家和经济体，以及相应的学术界、工程界、产业界高度关注，从新技术开发到产业示范，呈现欣欣向荣的发展态势。另一方面，由于储能技术种类繁多，应用场景与需求千差万别，关于储能技术发展方向的判断，往往表现为众说纷纭、见仁见智的现状。以下在结合大规模储能技术的需求和前人研究的基础上，提出评价与比较储能技术和产品的 4 个方面评价准则，有助于理解和判断储能产业发展态势。

(1) 安全性原则

指在储能装备正常使用条件下和偶然事件发生时，仍保持良好的状态并对人身不构成威胁。安全性是储能技术评价的第一要素，也是基本要素。储能应用不同于移动通信、电子产品和汽车等领域的电池应用，最主要的区别是其规模大，电池数量多且集中，控制复杂，并且投资巨大，一旦发生安全问题，造成的损失巨大。因此，安全必须作为评价电池储能的首要指标。安全是一个系统工程，包括零部件安全、电气结构安全、火灾/爆炸风险控制、功能安全、运输安全等指标，需要系统性的研究并建立储能安全评价体系。

(2) 资源可持续利用准则

指组成储能产品的资源是否可以持续循环利用。储能是资源密集型行业，储能的载体是化学物质，尤其对于电池储能，更是涉及多种元素。然而各元素在地壳中的含量不同，比如钒元素在地壳中的含量为 0.002%，但分布较散，几乎没有含量较多的矿床；钴元素在地壳中的含量为 0.001%，多伴生于其他矿床，含量较低，随着动力电池的猛增，消耗逐渐增多。尽管如此，在电池储能技术中，这些贵重金属均具有可回收性。例如，全钒液流电池电解液回收率高、工艺简单；动力电池中提高钴的回收率、简化工艺流程也是目前的研究热点。

(3) 全生命周期环境友好准则

储能装置运行过程，往往伴随与环境的相互作用，包括废水、废气、噪声、废热，以及固体废弃物等方面。一方面要减少储能系统在建设和使用过程中对环境的破坏，另一方面要做好储能系统中材料的回收再利用，如锂离子电池中金属离子，电极和隔膜等材料，全钒液流电池中钒电解液等的回收再利用。

（4）技术经济合理性准则

储能系统的技术性能往往与项目的经济收益密切联系，在满足客户使用功能前提下，如容量、功率、循环效率、寿命、放电深度等因素，需要通过储能提高经济效益。这种经济性因为涉及复杂的能源定价机制，受国家政策等多方面因素影响，或者表现为潜在的社会边界成本，往往难于直接体现，成为储能产业发展的阶段性障碍。

一般来讲，储能成本可以这样定义：储能系统全生命周期内，千瓦时电成本（针对容量型储能应用场景，连续储能时长不低于 4h）和里程成本（针对功率型储能应用场景，连续储能时长 15～30min）。储能系统的成本及经济效益，是决定其是否能产业化及规模化的重要因素。储能技术只有在安全基础上实现低成本化，才可以具备独立的市场地位，成为现代能源架构中不可或缺的一环。

$$度电成本 = \frac{总投资}{总处理电量} = \frac{安装成本 + 运行成本}{循环寿命 \times 放电深度 \times 系统能量效率 \times 等效容量保持率}$$

$$(1\text{-}1)$$

$$里程成本 = \frac{总投资}{总调频里程} =$$

$$\frac{安装成本 + 运行成本}{有效调频响应次数 \times 调频出力系数 \times 系统能量效率 \times 有效\ AGC\ 调频响应次数}$$

$$(1\text{-}2)$$

总而言之，需要采用多维角度来评价储能技术，将储能技术安全性置于首位考虑，见图 1-4。通过发展高效储能技术，合理优化配置储能装备，实现降低成本目标。需要对各种储能技术的具体特性进行综合评价，根据应用领域选出合适的技术。

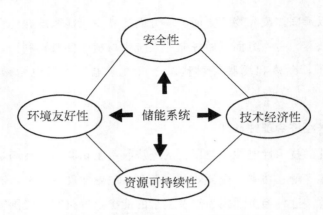

图 1-4　储能技术评价的四项指标体系

1.4　储能技术学科的基础科学问题

　　储能过程的本质是进行不同能量形式之间的转化，实现时间和空间的分离。利用储能过程，把分散的、低密度、波动的能量，转化为可调、可控、可利用的能源，从而大幅度提高能源的价值，或者提高能源系统的安全性。在不同能源转化过程，无论是能源形式，还是能源的数量，均遵守能量守恒原理和熵增原理等基本科学规律。所有的储能技术与储能装备研究开发过程，都需要以科学规律为指导，在此基础上发展高效率转化技术，才能在工程领域取得成功。

　　半个多世纪以前，原子物理学家揭开了物质结构的奥秘，将存在于原子核内部的能量进行可控释放，形成了今天规模庞大的原子能工业，核能开发与利用在国家能源结构中正在占据越来越重要的地位。介于原子核间的强相互作用，普遍存在于物质间，使离子相结合或原子相结合的化学键作用力，成为大规模储能科学研究的聚焦点。该相互作用属于分子层次或离子团范畴。例如，氧气分子中的 $O=O$ 双键的键能高达 $498kJ/mol$，燃烧过程就是通过氧化反应把化学键能转化为热能释放出来。

　　为了将可再生能源产生的电力有效储存，人们寄希望于可逆化学反应。利用化学键的形成与断裂，将电能转化为化学能储存在化学键中，需要的时候定量释放出来，让化学键成为能量的载体。然而，要实现这样的过程，必须满足以下几方面条件：①化学反应的可逆性；②化学反应的可控性；③化学反应物质和产物（或者称能源载体）安全、环保、价廉，易于大量获取。

例如：可以将氧化还原反应中的氧化过程、还原过程分离开，在两个不同的电极上进行，由此构成得失电子过程，将其组合成电化学池（电池），完成电能与化学能的相互转化与储存。将这种科学原理进行工程化放大，形成一门崭新的学科——电化学储能科学与工程。

一般来讲，电化学储能科学与工程可以认为是利用可逆的电化学反应原理，完成电能和化学能的相互转化，进行能量高效管理和利用的技术。所涉及的主要科学领域包括：电化学、电池材料学、化学工程等科学与工程技术。

1.4.1　储能过程基础原理

在能量转化与储存过程，遵守普遍的客观规律。能量转化和储能过程的一般规律决定技术与产业发展的总体方向。

（1）能源转化过程守恒原理

能量的转化和守恒定律是自然界的基本规律之一。能量既不会凭空产生，也不会凭空消失，它只能从一种形式转化为其他形式，或者从一个物体转移到另一个物体，在转化或转移的过程中，能量的总量不变。所谓能量守恒，不是一种静态的不变，而是一种动态的不变。不同的能量形式之间可以相互转化，在空间位置上可以进行转移。在这种"转化"和"转移"的动态过程中能量的总量保持不变。因此，在进行储能装备设计与过程分析时，能源转化过程守恒原理是储能技术学科所遵循的基本规律。

（2）能源转化方向与判据

热力学第二定律规定能量转化过程的方向，可以表述为：不可能把热从低温物体传到高温物体而不产生其他影响；或不可能从单一热源取热使之完全转换为有用的功而不产生其他影响；或不可逆热力过程中熵的微增量总是大于零。

能量不仅有数量多少的问题，还有品质高低的问题。也正是由于能量的品质有高有低，才有了过程的方向性和热力学第二定律。电能和机械能可以完全转换为机械功,属于较高品质能量;热能只有部分可以转换为机械功,能量品质较低。随着能量传导,能量的数目可能不变,但能量品质只能下降,在极限条件下,品质不变,此即能量贬值原理,是热力学第二定律更为一般、更为概括的说法。

(3) 能源转化过程速率与效率

热力学第一定律和第二定律构成了储能过程分析的基本工具,所有的能量转化过程均遵守该基本规律。

在表征储能过程效率时,首先需要依据热力学定律来确定转化过程的理论值,或者称作过程的极限。任何实际过程所转化的能量,均小于该理论值;将能量的实际转化量与理论值相比,可以确定能量转化效率。

能量转移或转化过程需要克服一定的阻力,因此,转移或转化过程的速率成为重要的特征参数。往往使用功率进行表征。

(4) 储能系统运行与维护

通过一定的技术措施,利用智能化能源转化管理装置,使储能系统运行在接近技术原理所规定的最大效率与速率区间,进行能量高效率存储与释放。

1.4.2 储能过程的共性技术

(1) 储能过程管理装备

对于分布式电网系统,包含可再生能源为主的电源、储能和电能管理系统,在运行过程中需要保证各个单体的稳定,与此同时,还要维持各单体的差异在一定范围内,避免单体的过充过放对设备造成损害。储能系统管理设备用于实时监测各个功能单元的工作状态,维持各单元的能量平衡,提升储能装置的充放电利用效率。

(2) 储能系统协调运行技术

随着储能技术不断进步和新型储能装备的引进,储能装置呈现多样性、复杂化趋势,由于它们自身的输入-输出特性不同,需要更为可靠的能量管理技术,快速响应的智能化装备,来保证系统的稳定运行。对于配电网中的多个分布式储能装置，其区域分布广阔，需要采取合适的方法，将其进行合理整合，统一调度，统一管理，服务于电力系统而不对其产生危害。因此，充分发挥信息互联网数据传输量大、公共资源共享、灵活机动等技术特点，建立起分布式储能的统一管理调度平台，开发针对区域性储能系统的能量管理与实时调节技术。

（3）能源转化过程的接口技术

电化学储能装置以直流电进行工作，而目前的大多数电网均采用交流电运行，因此，在储能装置与电网之间，需要双向换流器进行连接，形成直流/交流转换界面。面向正在快速发展的分布式发电、多能互补等新型能源网络系统，往往包含电能、化学能、热能、机械能等多种能源形式。工程热力学理论指明能源自发转化的方向，过程动力学为发展不同种类的能源转化装置奠定技术基础。因此，积极采用新原理、发展新技术、开发新装备，形成完整的能源转化接口技术，才能满足日益复杂的综合能源系统需求，提高能源供给和保障水平。

1.5　储能技术"十三五"及"十四五"规划解读

发展新能源是应对气候环境变换，保证能源安全和经济社会可持续发展的重要战略举措。由于风力发电、太阳能发电为代表的新能源具有间歇性、波动性和随机性，其大规模消纳已成为世界性难题。储能技术是提高电力系统消纳新能源能力的重大关键技术。因此，发达国家先后将储能产业升级为国家战略。

储能技术的主要应用领域是智能电网，动力电池在新能源汽车重点专项中获得支持，"十三五"期间国家对储能方向的支持与智能电网合并，储能作为其中的基础支撑技术获得产业研究，设立了三个任务，包括大规模储能关键技术研究任务、新型储能器件的基础科学与前瞻技术研究任务，海水抽水蓄能电站前瞻技术研究任务。

大规模储能关键技术研究任务属于重大共性关键技术，其重点研究内容包括：适合大规模储能的锂离子电池、液流电池、压缩空气储能技术、梯次利用动力电池规模化工程应用关键技术。研究提升储能单元使用寿命、能量转换效率、能量密度、安全性能的关键材料及创新结构，研究降低储能单元、模块、系统成本的关键技术，以及动力电池的梯次利用关键技术。

新型储能器件的基础科学与前瞻技术研究任务属于基础研究，重点研究内容包括开发能显著提升和超越现有储能技术水平，针对大规模储能、分布式储能等不同的能量级别、功率级别、应用场景的多种新型储能技术。支持储能技术的共性基础科学问题研究，包括储能新原理、能量储存与转换过程中的热力学、动力学、稳定性、失效机制、关键材料匹配等。研究开发具有更高性能的新材料、新结构、新设计。探索、研究和筛选适合智能电网各类应用的新型储能技术。

在基础科学方面，掌握新型储能技术中关键材料设计、结构优化设计/器件响应行为，掌握储能器件服役过程中性能演化行为及其演化机理；完成对新型储能器件的综合技术指标、技术经济性评价和在规模储能中的应用前景分析；新型储能技术的核心材料、器件、应用、关键制造技术形成完整的自主知识产权体系。

"十三五"期间安排了钠离子电池、锂离子电容、储能型固态锂电池、液态金属电池 4 个项目，项目结束后，都要求实现千瓦时级以上验证，并突破相关关键技术。海水抽水蓄能电站前瞻技术研究任务属于共性关键技术，研究内容包括对沿海地区海水抽水蓄能资源、开发潜力和生态环境影响进行评估，电站建设规划和选址的要求，水轮机设计与制造技术，水轮发电机组变速技术的应用，海水抽水蓄能电站与可再生能源联合运行技术，海水抽水蓄能管道防腐蚀与生物附着问题，电站坝体防浸袭技术，进行海岛小容量海水抽水蓄能电站试验。具体目标为掌握海水抽水蓄能与可再生能源的优化运行技术，研制适用于海水抽水蓄能水轮变速机组样机，初步提出发电设备、水路装置防腐蚀、防止以及清除海生生物的附着、防止海水渗透、防止漂砂流入等措施，建设 $200kW \sim 1MW$ 海水油水蓄能试验电站，建立我国小型海水抽水蓄能电站试验研究平台。预期成果为完成我国海水抽水蓄能资源评估报告，提出海水抽水蓄能电站建设环境和经济效益评估方法和海水抽水蓄能与可再生能源优化运行方案，提出海水抽水蓄能建设防腐蚀、渗透、海生生物附着等问题的解决方案以及防海生生物附着的技术措施，完成适用于海水抽水蓄能的 MW 级水轮变速机组样机研制，建成 200kW～1MW 海水抽水蓄能试验电站。

目前各类规模技术仍然在发展阶段，总体而言，不断提升储能技术的安全性、循环寿命与服役寿命、能量效率、响应速率、可靠性与智能化水平，降低初次采购成本和度电使用成本，减少储能装备的制造和使用对环境和资源的压力是总体发展目标。通过市场和各类商业应用检验，在不同应用中具有技术经济性，并能形成完整产业链的储能技术将逐渐明确。2017 年，国家发展和改革委员会、财政部、科技部、工信部、能源局联合发布了《关于促进储能技术与产业发展的指导意见》，进一步确定了未来 10 年的发展目标，共分两个阶段：第一阶段实现储能由研发示范向商业化初期过渡；第二阶段实现商业化初期向规模化发展转变。"十三五"期间，建成一批不同技术类型、不同应用场景的试点示范项目；研发一批重大关键技术与核心装备，主要储能技术达到国际先进水平；初步建立储能技术标准体系，形成一批重点技术规范和标准；探索一批可推广的商业模式；培育一批有竞争力的市场主体。储能产业发展进入商业化初期，储能对于能源体系转型的关键作用初步显现。

未来的"十四五"期间，储能项目将广泛应用，形成较为完整的产业体系，成为能源领域经济新增长点；全面掌握具有国际领先水平的储能关键技术和核心装备，部分储能技术装备引领国际发展；形成较为完善的技术和标准体系并拥有国际话语权；基于电力与能源市场的多种储能商业模式蓬勃发展；形成一批有国际竞争力的市场主体。储能产业规模化发展，储能在推动能源变革和能源互联网发展中的作用全面展现。今后需要针对不同的应用，进一步加快发展先进的化学、物理储能技术，建立国家级大型储能系统公共测试分析平台、完善与规范相关标准、检测与认证体系；通过进一步示范，尽快全面掌握适合我国国情、针对多种应用场景、不同规模的储能本体和系统集成技术，提高各类储能技术经济性。

1.6 储能名词与术语

本部分内容主要涵盖大规模电能储存技术领域的名词与术语，主要包括电化学储能、物理储能的名词术语。

1.6.1　电化学储能

（1）铅蓄电池

一种以不同价态的铅作为电化学活性物质，以硫酸水溶液作为支持电解液的可充电二次电池。铅酸电池荷电状态下，正极主要成分为二氧化铅，负极主要成分为铅；放电终止状态下，正负极的主要成分均为硫酸铅。铅酸电池的标称电压为2.0V，可以放电到1.5V，充电到2.4V。近年发展起来的铅炭电池是一种电容型铅酸电池，是从传统的铅酸电池演化出来的技术，它是在铅酸电池的负极中加入了活性炭，能够显著提高铅酸电池的寿命。

铅炭电池是一种新型的超级电池，它将铅酸电池和超级电容器两者合一：既发挥了超级电容瞬间大容量充电的优点，也发挥了铅酸电池的比能量优势，且拥有非常好的充放电性能。由于添加了碳，阻止了负极硫酸盐化现象，改善了过去电池失效的一个因素，更延长了电池寿命。

（2）锂离子电池

锂离子电池是指以锂离子嵌入化合物为正极材料电池的总称，它是一种依靠锂离子在电池正极和负极之间移动，通过正极和负极上发生的锂离子嵌入/脱出可逆电化学反应进行工作的储能器件。在充放电过程中，Li^+在两个电极之间往返嵌入和脱嵌：充电时，Li^+从正极脱嵌，经过电解质嵌入负极，负极处于富锂状态；放电时则相反。

锂原电池：负极为锂，且被设计为不可充电的电池。包括单体锂原电池和锂原电池组。

单体锂离子电池：锂离子电池的基本单元，由电极、隔膜、外壳和电极片等在电解质环境下构成。

锂离子电池组：装配有使用所必需的装置（如外壳、端子、标志或保护管理装置）的一个或多个单体锂离子电池构成的组合。

金属锂蓄电池：电池中负极侧含有金属锂的锂蓄电池。也叫可充放金属锂电池。

液态锂蓄电池：电池中只含有液体电解质的锂蓄电池。

非水有机溶剂锂蓄电池：电解质为有机溶剂的液态锂蓄电池。

水系锂蓄电池：电解质为水溶剂的液态锂蓄电池。

混合固液电解质锂蓄电池：电池中同时含有液体和固体电解质的锂蓄电池。

全固态锂蓄电池：电池中只含有固态电解质的锂蓄电池。

凝胶聚合物锂蓄电池：电池中的液体电解质与聚合物高分子形成凝胶态电解质的锂蓄电池。

半固态锂电池：电池中任一侧电极不含液体电解质，另一侧电极含有液态电解质。包括半固态锂原电池和半固态锂蓄电池。

半液流锂蓄电池：电池中任一侧电极参与电化学反应的物质可以流动，另一侧电极不可以流动的锂蓄电池。

液流锂蓄电池：电池中两侧电极参与电化学反应的物质都可以流动的锂蓄电池。

软包装锂电池：采用塑封膜作为外壳的锂电池。

阳极：通常指发生氧化反应的电极。

阴极：通常指发生还原反应的电极。

电极片：由集流体和活性物质、黏结剂、导电剂等构成的电池的电极。
注：电极片的集流体可以采用金属箔、网等形式。

负极片：通常指含有在放电时发生氧化反应活性物质的具有低电势的电极片。

正极片：通常指含有在放电时发生还原反应活性物质的具有高电势的电极片。

极耳：连接电池内部电极片与端子的金属导体。

活性物质：在电池充放电过程中发生电化学反应以存储或释放电能的物质。

隔膜：由可渗透离子的材料制成的，可防止电池内极性相反的电极片之间接触的电池组件。

电池外壳：将电池内部的部件封装并为其提供防止与外部直接接触的保护部件。

铝塑封装膜：用于软包装锂电池封装的，由塑料、铝箔和黏合剂组成的高强度、高阻隔、耐电解液的多层复合膜材料。

电池盖：用于封盖电池外壳的零件，通常带有注液孔、安全阀和端子引出孔等。

负极端子：便于外电路连接电池负极的导电部件。

正极端：便于外电路连接电池正极的导电部件。

安全阀：为能释放电池中的气体以避免过大的内压而特殊设计的排气阀，具有特有的泄放压力阈值。

连接件：用于电池电路中各组件间承载电流的导体。

电池保护板：带有对电池起保护作用的集成电路（IC）的印制电路板（PCB），一般用于防止电池过充、过放、过流、短路及超高温充放电等。

电池管理系统：连接电池和设备的电子管理系统，主要功能包括：电池物理参数实时监测，电池状态估计，在线诊断与预警，充、放电与预充控制，均衡管理和热管理等。

方形锂电池：各面成直角的平行六面体形状的电池。

圆柱形锂电池：总高度等于或大于直径的圆柱形状的电池。

扣式锂电池：总高度小于直径的圆柱形状的电池。

（3）锂硫电池

锂硫电池是一种以硫作为电池正极活性物质、金属锂作为负极活性物质的电化学储能器件。锂硫电池的理论放电电压为 2.287V，理论放电质量比能量为 2600W·h/kg。放电时负极反应为锂失去电子变为锂离子，正极反应为硫与锂离子及电子反应生成硫化物。在外加电压作用下，锂硫电池的正极和负极反应逆向进行，成为充电过程。

（4）锂空气电池

锂空气电池是一种以锂作负极，空气中的氧气作为正极活性物质的电池。该电池放电时，金属锂释放电子后成为锂阳离子（Li^+），Li^+ 穿过电解质材料，在正极与空气中的氧气，以及从外电路输入的电子结合生成氧化锂（Li_2O）或者过氧化锂（Li_2O_2）。锂空气电池的开路电压为 2.91V。理论上，由于氧气作为阴极反应物不受限，该电池的容量仅取决于锂电极。在已知的金属-空气电池中，锂空气电池的比能量密度最高达到 $5200W \cdot h/kg$。目前，锂空气电池尚处在研究开发阶段。

（5）镍氢电池

镍氢电池是有氢离子和金属镍参与氧化还原反应的一种电化学器件。该电池负极为储氢材料，主要由金属（或合金）组成。储氢材料是一种能与氢反应生成金属氢化物的物质；它必须具备高度的反应可逆性，至少循环次数超过5000次才能在电池中使用。该电池的能量密度比镍镉电池高，使用寿命更长，对环境无污染。

（6）可再生燃料电池

可再生燃料电池将溶有氧化还原电对物质的正极溶液与负极燃料以单液流的形式供给到电池正极发生电化学反应；负极燃料通过隔膜扩散到负极发生氧化，实现能量从化学能到电能的转化，是一种新型的电池技术。放电结束后，在电池的负极一侧通入空气，利用空气中的氧气作用实现正极高价氧化物再生。单极可再生燃料电池的典型实例为 Fe^{3+}/Fe^{2+} 液流/甲醇燃料电池。

（7）锌空气电池

锌空气电池是一种金属/空气电池。正极使用空气中的氧作为活性物质，利用活性炭吸附空气中的氧或纯氧作为正极活性物质，负极使用锌或者锌合金作为活性物质，以氯化铵或苛性碱溶液为支持电解液。目前市售均为原电池，包括中性和碱性两个体系的锌空气电池。此外，人们正在研发可再充电的锌空气燃料电池，一般采用机械式直接更换锌板或锌粒和电解质的方法，使锌空气电池得到完全更新。化学可充电的锌空气电池二次电池是未来重要的发展方向之一。

（8）钠硫电池

钠硫电池属于高温型电池，通常是以金属钠为负极、硫为正极、陶瓷管为电解质隔膜的二次电池。在300℃附近，钠离子透过电解质隔膜与硫之间发生的可逆反应，实现能量的释放和储存。该电池由熔融液态电极和固体电解质组成，构成其负极的活性物质是熔融金属钠，正极的活性物质是硫和多硫化钠熔盐。由于硫是绝缘体，通常将硫填充在导电的多孔炭或石墨毡中，使用 β-Al_2O_3 陶瓷材料制备钠离子传导膜分隔正极与负极活性物质，一般用不锈钢等金属材料制备外壳。该电池理论比能量为 $760W \cdot h/kg$。钠硫电池已经成功用于削峰填谷、应急电源、风力发电等可再生能源的稳定输出以及提高电力质量等方面。但是，由于高温条件下的金属钠与硫相遇会发生火灾，电池的安全性一直存在潜在"隐患"。在保证电池安全前提下，已存的各种先进二次电池中，钠硫电池是相对成熟并具有一定市场潜力的电池品种。

（9）全钒液流电池

它是一种电化学储能装置，利用溶解在酸性水溶液中的钒离子作为电化学活性物质组成电解液，当电解液流过电池时通过电能与化学能相互转化完成能量储存（充电过程）与释放（放电过程）。单电池理论电压为 $1.26V$。由于电池在常温下以水溶液作为电解液，钒离子对环境影响小，储能系统具有安全、环保、长寿命的技术特点，成为各种液流电池中最接近产业化应用的大规模储能备选产品，是电化学储能领域重要的装备方向之一。

（10）锌溴液流电池

它是一种电化学储能装置，分别以锌和溴作为负极和正极电化学活性物质，需要使用络合剂与溴形成络合物，保证元素溴稳定存在于水溶液中；当电解液流过电池时通过电能与化学能相互转化完成能量储存（充电过程）与释放（放电过程）。

（11）全铅沉积型单液流电池

它是一种电化学储能装置，属于液流电池系列。该电池以酸性甲基磺酸铅水溶液作为电解液，充电时正负极分别在惰性基体上沉积金属铅和二氧化铅；放电时沉积物溶解转化为 Pb^{2+} 回到溶液；采用同一种元素构成电对，可以避免使用离子传导膜隔离不同价态离子。当电解液流过电池时通过电能与化学能相互转化完成能量储存（充电过程）与释放（放电过程），电池开路电压 $1.69V$。

（12）锌镍单液流电池

锌镍单液流电池正极是固体氧化镍电极，负极是在惰性集流体上发生沉积/溶解的锌电极,电解液是流动的碱性锌酸盐溶液。充电时,固体氧化镍电极中 Ni(OH)$_2$ 氧化成 NiOOH,锌酸根离子在负极上沉积成金属锌。放电时发生其逆过程。电池的开路电压为 1.7V,极化较低,平均放电电压达到 1.6V。

(13)锌空气单液流电池

锌空气单液流电池是以空气电极取代锌镍单液流电池中的氧化镍电极,构建成的一种新型的单液流电池。该电池的正极为双功能层复合氧电极,负极和电解液与锌镍单液流电池相同,开路电压为 1.65V。该电池的核心问题是半屏蔽型双功能层复合氧电极设计,即在集流体两侧分别引入具有析氧和氧还原催化功能的催化剂,以实现氧电极的充放电过程。客观上要求充电时析出的氧对电极无损害;同时兼顾氧化还原反应的催化活性。

(14)锌铁液流电池

以亚铁氰化物或铁氰化物为正极,沉积/溶解的锌酸盐为负极、碱为支持电解质,并以锌酸根离子和铁离子间的电化学反应来实现电能与化学能相互转换的储能装置。

(15)水系离子嵌入型二次电池

利用离子嵌入反应构建的一类"摇椅式"水溶液二次电池。在这类电池反应中,金属离子(如 Li^+、Na^+、K^+、Zn^{2+} 等)在充电时从正极晶格中脱嵌进入溶液,同时溶液中同种离子嵌入负极晶格;放电过程正好与之相反,金属离子从负极中脱出再返回正极晶格,整个反应过程并未涉及水分子的氧化还原。水分子仅仅作为电解质溶剂,并不参与电极反应,采用适当的表面修饰或通过改变水分子的缔合状态大幅提高水的分解电压,从而大幅提升水系离子嵌入型电池的工作电压。

(16)固态电池

电池各单元,包括正负极、电解质全部采用固态材料的二次电池。按电解质对固态电池进行分类,主要包括以下两类。

① 无机固态电池

以无机固体作为电解质的固态电池,具有机械强度高,不含易燃、易挥发成分，不存在液漏，抗温度性能好等优点；多种结构类型的锂（钠）离子导体，如 NASICON 和石榴石型氧化物、玻璃或陶瓷型硫化物，在室温下表现出 10^{-3} S/cm 量级的离子电导率，接近或达到液态电解质的离子导电能力。其中一些化合物具有较高的化学稳定性和较宽的电化学窗口，基本满足电池应用的要求。以这一类热稳定性无机固体电解质替代可燃性有机液体电解液构建的蓄电池就叫全固态电池，可解决现有锂离子（或钠离子）电池能量密度偏低和循环寿命偏短的问题，还可有效降低锂（钠）离子电池中有机电解液体系的安全隐患。

② 聚合物固态电池

是基于聚合物电解质材料技术而发展起来的固态电池，具有质轻、黏弹性好、易成膜、电化学及化学稳定性好等优点；聚合物电解质的聚合物主体通常是 PEO、PAN、PMMA、PVC 或者 PVDF，常用的无机添加剂有 SiO_2、Al_2O_3、MgO、ZrO_2、TiO_2、$LiTaO_3$、Li_3N、$LiAlO_2$ 等。应用于固态电池中，聚合物电解质除了自身传输锂离子的功能，还能充当隔膜隔离正负电极，在电池充放电过程中补偿电极材料的体积变化，保持电极和电解质的接触界面，抑制锂枝晶的生长，降低电解质和电极材料之间的反应活性，显著提高电池的安全性，获得在宽工作温度范围内的高比能量、大功率、长循环寿命的电池。

（17）液态金属电池

一类新型电化学储能技术。在这类电池中，负极采用低电势的碱金属（锂、钠等）或碱土金属（镁、钙等），正极采用较高电势的金属单质或者合金（锡、锑、铅及其合金），电解质为含卤素的无机熔盐。正负极均为低熔点金属或合金，300～700℃中等温度下电池内部所有组分均处于液态；各组分密度不同，电池内部正负极与电解质形成自动分层结构：负极液态金属密度最小处于上层，正极液态金属密度最大位于底层，熔盐电解质层密度居中处于中间层。放电时，负极金属失去电子变成金属离子 A^+，通过含有同种离子的熔盐电解质迁移到正极，参与正极金属或者合金 B 的还原反应（合金化反应）生成 A_xB_y 合金。充电过程与之相反，整个循环过程实现化学能与电能的相互转化。

（18）多电子二次电池

与锂离子电池工作原理相似，是由正极、负极、电解液 3 部分组成。在这类电池中，负极采用多价金属（镁、铝）或者多价金属（镁、铝）合金，正极采用能够可逆插入/脱出多价离子的化合物，电解液采用可以传导多价离子的有机溶液。放电时，作为负极的多价金属或者多价金属合金转化为多价离子脱出，进入电解液中，经过电解液的一系列作用迁移到正极材料表面，随后嵌入正极材料中。充电过程正好与之相反，从而完成可逆的充放电循环。

（19）铅蓄电池

板栅：参加电池成流反应的活性物质的网络支撑结构，同时传导电流使电流分布均匀。

极板：由板栅和活性物质组成。

隔板：防止正负极短路的惰性隔离物，并能贮存电解液。

浮充电：一种连续、长时间的恒电压充电方法。在浮充电模式下，即使蓄电池处于充满状态，充电模块不会停止充电，仍会提供恒定的浮充电压和很小的浮充电流供给蓄电池，用以补偿蓄电池自放电损失。这种充电方式主要用于电话交换站、不间断电源（UPS）及各种备用电源。

启动用铅酸蓄电池：供各种汽车、拖拉机及其他内燃机的启动、点火和照明用铅酸蓄电池。

深循环铅酸蓄电池：一般使用在如电动工具、电动助力车、电动玩具上，蓄电池几乎处于 100％充放电深循环中。

阀控密封式铅酸蓄电池：当蓄电池在规定的设计范围工作时保持密封状态，但当内部压力超过预定值时，允许气体通过控制阀逸出的铅酸蓄电池。

（20）超级电容

超级电容器：是一种电化学储能器件，其至少有一个电极利用双电层或赝电容实现储能，在恒流充电或放电过程中的时间与电压的关系曲线通常近于线性。

双电层电容器：也称对称超级电容器。是由高比表面积的炭材料正负极及电解液三者组成，通过密封外壳及引出电极与外部环境连接；具有高功率密度、长的工作寿命和宽工作温度特性。

混合型超级电容器：也称非对称超级电容器，包含内并型和内串型。其至少有一个电极利用电池或者电池与电容复合实现储能，介于双电层电容器与电池之间，具有高的能量密度、高功率密度、长的工作寿命和宽工作温度特性。

额定容量：电容器储存电荷的能力，单位为法拉（F）。

比能量：在一定的放电条件下，从电容器单位质量所放出的电能，单位为 W·h/kg。

比功率：在一定的放电条件下，电容器单位质量所能输出的功率，单位为 kW/kg。

1.6.2　物理储能

（1）抽水蓄能电站

抽水蓄能电站利用电力系统低谷负荷时的低价格电力抽水到高处蓄存，在价格高的高峰负荷时段放水发电。它在负荷低谷时，吸收电力系统的有功功率抽水，这时它是用户；在负荷高峰时，向电力系统送电，这时它是发电厂，通过电能与水的势能的实时转换，实现电能的有效存储，进而提高系统中火电、核电以及风电的运行效率及资源利用率，有效调节了电力系统生产、供应、使用之间的动态平衡。

另外，它是以水为介质的清洁能源电源，并具备启停迅速，运行灵活、可靠，对负荷的急剧变化能做出快速反应的优势，适合承担系统调峰填谷、调频调相、紧急事故备用、黑启动等辅助服务任务。

可以说，抽水蓄能电站，是电力系统的储能器，是发电器，也是电网辅助服务器，是当前高效、成熟、环保、经济的大规模储能电源之一。

纯抽水蓄能电站：纯抽水蓄能电站发电量绝大部分来自抽水蓄存的水能。发电的水量基本上等于抽水蓄存的水量，重复循环使用。仅需少量天然径流，补充蒸发和渗漏损失。补充水量既可来自上水库的天然径流来源，也可来自下水库的天然径流来源。纯抽水蓄能电站要求有足够的库容来蓄存发电水量，上、下水库型式多样，在山区、江河梯级、湖泊甚至地下均可修建，不同型式上、下水库组合具有不同特点，构成了不同类型的抽水蓄能电站格局。我国所建的抽水蓄能电站大多数属于纯抽水蓄能电站，约占我国总蓄能装机规模的95％。如北京十三陵抽水蓄能电站，装机容量 4h×200MW。

混合式抽水蓄能电站：混合式抽水蓄能电站厂内既设有抽水蓄能机组，也设有常规水轮发电机组。上水库有天然径流来源，既可利用天然径流发电，也可从下水库抽水蓄能发电。其上水库一般建于河流上，下水库按抽水蓄能需要的容积觅址另建。如中国的潘家口抽水蓄能电站，装机容量 420MW，装有 1台单机容量为 150MW 的常规机组和 3 台单机容量为 90MW 的抽水蓄能机组，多年平均年发电量 $6.2×10^8$ kW·h，其中 $3.89×10^8$ kW·h 为天然径流发电量，$2.31×10^8$ kW·h 为抽水蓄能发电量。

调水式抽水蓄能电站：上水库建于分水岭高程较高的地方。在分水岭某一侧拦截河流建下水库，并设水泵站抽水到上水库。在分水岭另一侧的河流设常规水电站从上水库引水发电，尾水流入水面高程最低的河流。这种抽水蓄能电站的特点是：①下水库有天然径流来源，上水库没有天然径流来源；②调峰发电量往往大于填谷的耗电量。如中国湖南省慈利县慈利跨流域抽水蓄能工程，在沅江支流白洋河上源渠溶溪设水泵站引水至赵家垭水库，年抽水 1670 万立方米。赵家垭水库后设 3 级水电站共 12.3MW，尾水流入澧水支流零溪河。该项工程多年平均年抽水用电量 340 万千瓦时，多年平均年发电量 1390 万千瓦时。

抽水蓄能发电电动机：抽水蓄能发电电动机既可作发电机发电，又可作电动机带动水泵抽水的同步电机。发电电动机性能应兼顾发电机和电动机两种工况运行要求。发电电动机要适应发电、抽水、调频、调相、进相和事故备用等运行工况及各种运行工况间转换的要求，且工况转换快速而频繁，通常每天起停 2～5 次。

抽水蓄能电站综合效率：即抽水蓄能电站循环效率，在每一次抽水发电的能量转换循环中，都有能量损失，使发电量小于抽水的耗电量，现代抽水蓄能电站的综合效率一般可达到 75％～80％。

抽水蓄能电站运行方式：抽水蓄能电站采用兼具电动水泵和水轮发电机功能的可逆式机组，运行方式包括抽水、发电、发电方向调相和抽水方向调相等。

（2）压缩空气储能及超临界压缩空气储能

压缩空气储能技术利用空气作为储能介质，通过电能与高压空气内能的相互转化，实现电能储存和管理。在电网用电负荷低谷期（或电价较低时），电能驱动压缩机获得压缩空气，同时将高压空气密封在地下矿井、盐穴、过期油气井或高压储气容器中，在电网负荷高峰期释放压缩空气通过膨胀机并驱动发电机发电。

超临界压缩空气储能技术利用空气作为储能介质，通过电能与高压空气内能的相互转化，实现电能储存和管理。在电网用电负荷低谷期（或电价较低时），电能驱动压缩机将空气压缩至超临界状态（同时存储压缩热），并利用已存储的冷能将超临界空气冷却、液化并存储；在用电高峰，液态空气加压、吸热至超临界状态（同时冷能回收），并再进一步吸收压缩热后通过膨胀机驱动发电机发电。

（3）液化空气储能

该储能技术利用空气作为储能介质，通过电能与低温液态空气内能的相互转化，实现电能储存和管理。在电网用电负荷低谷期（或电价较低时），电能驱动制冷装置，经过压缩、换热、膨胀等过程，将环境空气液化，存储于低温储罐中；在电网负荷高峰期从储罐中释放液态空气，并升压、升温，然后驱动膨胀机，进而带动发电机发电。

（4）飞轮储能

该过程利用电动机带动飞轮高速旋转，将电能转化成动能进行储存；在需要的时候使用飞轮带动发电机发电，把动能转化为电能。飞轮储能的技术关键是高性能复合材料技术和超导磁悬浮技术。其中超导磁悬浮是降低损耗的主要方法，而复合材料能够提高储能密度，降低系统体积和重量。飞轮储能系统主要包括转子系统、轴承系统和能量转换系统3个部分。另外，还有一些支持系统，如真空、深冷、外壳和控制系统。

飞轮：飞轮是具有一定转动惯量的轴对称的圆盘、圆柱形的固体结构，一般由合金或高强度复合材料制成。飞轮储能的基本原理是电能与旋转体动能之间的转换：在储能阶段，通过电动机拖动与其共轴旋转的飞轮，使飞轮本体加速到一定的转速，将电能转化为机械能；在能量释放阶段，电动机作发电机运行，使飞轮减速，将飞轮中的动能转化为电能输出。

高速电机：高速电机通常是指转速超过 10^4 r/min 的电机。因转速高，电机功率密度高，可以有效节约材料。飞轮储能所用的高速电机需要电动、发电双向运行、工作转速范围宽；通常最低运行转速是最高运行转速的 $1/2\sim1/3$。

转子动力学：主要研究飞轮电机转子支承系统在旋转状态下的振动、平衡和稳定性的问题，尤其是研究接近或超过临界转速运转状态下转子的横向振动问题。

充放电控制器：是包含信号检测电路、信息处理、控制软件、信号输出电路的系统，实现对双向可逆运行变流器的电流、电压控制，完成电能在电机、变流器、电网电源、负载之间的转换和流动。

真空室：由结构材料制成的密闭容器，通常为薄壁圆筒结构，内部为真空，能够承受大气压力的载荷而不发生变形。

纤维增强复合材料：采用高性能玻璃纤维、碳纤维作为强化相，高分子聚合物作为基体相的复合材料，具有强度高、密度低的特点。

自耗散率：飞轮储能系统维持一定转速，处于立即可电动储能或发电释能时待机状态下所消耗的功率与飞轮储能系统额定最大发电功率之比。

1.6.3 储热（冷）技术

(1) 储热/冷

利用物质的温度变化、相态变化或化学反应，实现热能（冷能）的储存和释放。储热（冷）介质吸收辐射能、电能或其他载体的热量蓄存于介质内部，环境温度低于储热（冷）介质温度或者取热载体温度低于储热介质温度时储热介质热量即可释放到环境或取热载体。储热（冷）主要包括显热储热（冷）、相变储热（冷）和热化学反应储热（冷）。

(2) 显热储热（冷）

利用物质温度变化过程中吸收（释放）热量来实现热能（冷能）的储存和

释放。包括固体显热储热和液体显热储热。

（3）相变储热（冷）

利用材料物相变化过程中吸收（释放）大量潜热以实现热量储存和释放。

（4）化学储热

利用储能材料相接触时发生可逆的化学反应来储、放热能（冷能）；如化学反应的正反应吸热，热能便被储存起来；逆反应放热，则热能被释放出去。

在能源革命的驱动下，可再生能源开发利用力度持续加大，接入电网的比例和在终端能源消费的占比将不断提高。

我国未来以需求引导为驱动，建立以基础理论为指导、先进储能材料及本体技术为创新根本、关键装备技术为抓手的全新研发模式，完善储能领域创新研究体系。目标是突破大规模储能技术局限，满足电网接纳大比例新能源并网消纳及调峰需求。针对未来电网与热力网、氢-天然气网等不同能源网络之间互联互通的需求，突破低成本相变储热（蓄冷）技术、高转换效率、长寿命储氢技术，实现以电为中心的不同能源网络间柔性互联、调剂和联合调控，促进清洁能源大规模转化、网络化存储和多形态消纳。

1.7 储能科学与技术专业本科生培养计划建议

2020年2月11日，教育部、国家发展和改革委员会、国家能源局联合制定印发了《储能技术专业学科发展行动计划（2020～2024年）》（以下简称行动计划）。《行动计划》提出拟经过5年左右的努力增设若干储能技术本科专业、二级学科和交叉学科，推动建设若干储能技术学院（含研究院），建设一批储能技术产教融合的创新平台，推动储能技术关键环节的研究达到国际领先水平，形成一批重点技术规范和标准，有效推动能源革命和能源互联网的发展。近期，西安交通大学申请增设全国首个且唯一一个储能科学与工程专业，已经获得教育部正式批准。与此同时，多所高校也正在积极响应《行动计划》筹划储能专业。在这一具有里程碑式的纲领性文件发布之后，针对如何具体落实文件的建议，如何形成高质量的储能专业人才培训体系，本文作者提出了以下初步建议，仅供参考[19]。

1.7.1 培养目标

针对理科与工科，储能科学与技术专业旨在培养学生具备坚实的数学、物理、化学、化工、能源、信息、电力电子等储能相关的基础知识；掌握储能相关的理论和实验方面的专业知识，包括材料、器件、系统、智能制造、控制、工艺、检测、分析的理论和方法；发现、思考、提出和创新性地解决储能科学与技术问题的能力；拥有健康身心，恪守科学伦理，养成团队意识；主动面向国际科技前沿、国家经济和社会重大需求，在学术、产业和管理等方面发挥引领性作用。共性培养目标建议如下。

目标1：具有正确人生观、价值观、社会观和科学观，有较高的思想道德、社会责任感、文化素养和专业素质，富有求实创新的意识。

目标2：扎实掌握数学、物理、化学以及储能专业基础理论知识、专业技能和应用技术。

目标3：具备一定的独立获取知识的学习能力、实践能力、研究能力和新技术开发能力。

目标4：接受科学技术研究方法的训练，具有综合运用基础理论、技术、方法及计算模拟解决实际问题的能力，具有良好的科学素养、系统思维能力，具有良好的外语阅读、交流与写作能力，具有良好的国际化视野。

目标5：具备在物理、化学、能源与动力工程、电气工程、材料科学与工程、化学工程、车辆与运载以及相关学科进一步深造的基础，或未来具备在教学、科研、技术开发以及管理等方面从事相关工作的能力。根据理科和工科，学校之间和院系之间的差异，培养目标可以针对性的设计，以上建议供参考。

1.7.2 培养要求

储能科学与技术专业本科生毕业时应达到如下知识、能力和素质。

① 运用数学、科学和工程知识的实践能力；

② 设计和实施实验、分析和解释数据的能力；

③ 计算和模拟仿真的初步能力；

④ 在综合考虑经济、环境、社会、政治、道德、健康、安全、易加工、可持续等现实约束条件下，设计储能系统、设备或工艺的能力；

⑤ 在团队中发挥交叉学科作用的能力；

⑥ 发现、思考、提出和解决工程问题的能力；

⑦ 深刻理解所学专业的职业责任和职业道德等工程伦理；

⑧ 积极有效沟通的能力；

⑨ 足够宽的知识面，能够在全球化、经济、环境和社会背景下认知工程解决方案的效果；

⑩ 终生学习意识以及终生学习的能力；

⑪ 从本专业角度理解当代社会和科技热点问题的能力；

⑫ 综合运用技术、技能和现代工程工具来进行工程实践的能力。

1.7.3 知识体系

科学完善的知识体系，是专业发展的基础。储能科学与技术专业的知识体系除了通识教育课程外，在专业教育方面，可分为基础课程、专业基础课程、专业发展课程、实践课程和毕业设计。具体推荐课程和课时占比建议如下：

（1）通识教育课程（20%～25%）：政治、体育、外语、人文素质课程；

（2）基础课程（25%～30%）：微积分、线性代数、概率论、数理统计、普通物理（力热声光电、量子物理、固体物理、工程力学、材料力学、流体力学等）、工程热力学、普通化学（无机化学、有机化学、分析化学、高分子化学、物理化学、应用化学）、仪器分析、化学原理、材料化学、化工基础等）、工程技术（计算机研究与编程、电工电子技术、工程制图、传热与传质、电子工业/金工实习）；

（3）专业基础课程（25%～30%）：电化学、固体物理、固体化学、固态离子学、能源化学、能源物理、能源器件设计、能源存储与转化工程、能源系统综合与优化；

（4）专业发展课程（12％～17％）：考虑专业分流，可开设选修课程，包括但不限于：电化学储能、氢能工程、燃料电池、物理储能、储冷与储热、能源材料、智能制造、人工智能、区块链与大数据、先进测试分析方法、多尺度计算和模拟仿真、材料基因组方法、电力电子、储能应用与系统集成技术、动力能源、分布式与规模储能、能源互联网、电力输送、可持续能源、储能项目管理、储能产业链管理、储能市场分析、储能政策法规、能源政策经济分析等；

（5）实践课程（2％～5％）：与储能相关企业合作，建成若干方向的实训基地，开展储能专业实习与实践；

（6）毕业设计（6％～8％）：与储能相关企业合作，完成储能创新链和产业链中某一环节的短期科学研究和训练，初步理解科学研究的流程，以及科研报告、论文、专利的撰写、发表或申请等。

为方便阅读和理解以上推荐课程的相互关系，图1-5给出了相应的思维导图。其中各推荐课程的学时、学分，和主修、选修等可根据实际情况进行调整。图1-6则以电化学储能为例，列举了电化学储能的关联知识体系。

根据开设储能专业的学校层次和定位，可设置和强化不同的专业课程。一流理科高校强调培养栋梁之才，要求学生具有引领和创新的意识，掌握扎实的专业基础知识和广博的见识，则可加强培养其从事储能方向基础科学和应用基础科学研究的能力；一流工科高校强调培养未来成为高水平总工和高级工程技术人员，则可加强培养其打好储能工程应用技术的基础；推广到一流的技术和职业院校，强调毕业生能够建立整体的知识体系，具备较强的动手实践的能力，可大幅度提升其参加实践课程的比例，尽早了解和对接储能工程。通过这种有目的的定制化课程设置和强化，有望形成我国完备的储能专业知识和能力培训体系，并可类似地推进到储能专业研究生的培养。以上课程虽然选择不同，但课程授课方式可灵活多样，如采取线上和线下课程相结合的形式。需要说明的是，目前大学教育中，基础课程设置的广度和深度学校之间差别较大，留给专业课程的时间并不充分，主干学科、相关学科、核心课程、必修和选修课程的具体安排和考虑，由各院系根据自己的具体培养目标和专业特色，做相应的取舍和强化。一些上述推荐课程的学习，也可以在研究生阶段完成。

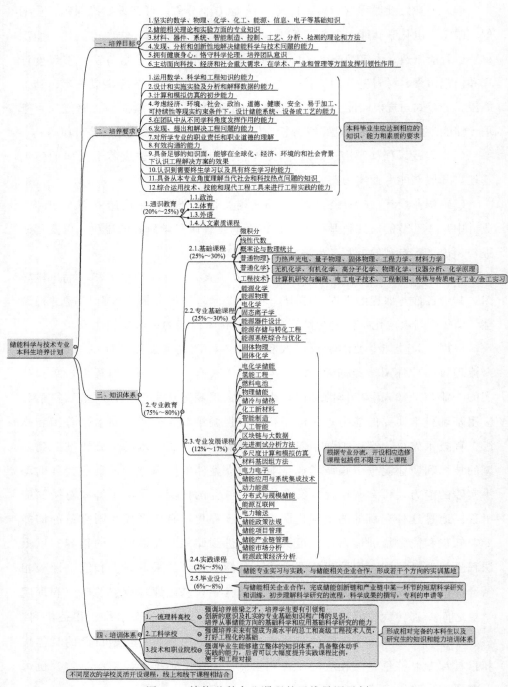

图 1-5　储能学科专业课程的思维导图示例

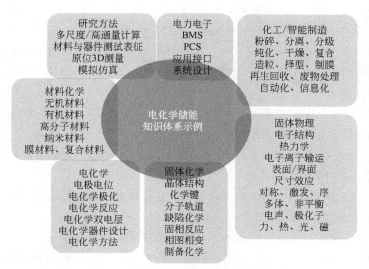

图 1-6　电化学储能知识体系关联图

1.7.4　学制、学位授予与毕业条件

学制：四年。授予学位：理学学士或工学学士学位。毕业条件：完成专业培养方案规定的学分（150～160 学分，具体根据每个学校和院系的培养目标确定）及课外实践 8 学分，达到培养方案规定的毕业条件，军事训练考核合格，满足大学外语水平要求，通过《国家学生体质健康标准》测试，准予毕业，可获得毕业证书；符合大学本科生学籍管理与学位授予规定的，可授予学位并颁发学位证书。国内外储能产业正处于蓬勃发展的前夕，如果能充分理解和执行《行动计划》，尽快把我国储能方向的本科教育做起来，做大、做强，不仅为储能科学研究与产业发展培养出大量高素质、高层次的研究、工程、管理类人才，还可直接推动我国乃至世界储能技术和产业的大发展！

● 参考文献 ●

［1］　Bruce Dunn, Haresh Kamath, Jean-Marie Tarascon. Electrical energy storage for the grid: A Battery of Choices. Science, 2011, 334: 928-935.

［2］ Li B, Liu J. Progress and directions in low-cost redox-flow batteries for large-scale energy storage. National Science Review, 2017, 4（1）: 91-105.

［3］ Zhang C, Wei Y L, Cao P F, et al. Energy storage system: Current studies on batteries and power condition system. Renewable & Sustainable Energy Reviews, 2018, 82（3）: 3091-3106.

［4］ 贺鸿杰, 张宁, 杜尔顺, 等. 电网侧大规模电化学储能运行效率及寿命衰减建模方法综述. 电力系统自动化, 2020, DOI: 10.7500/AEPS20190820005.

［5］ 赵健, 王奕凡, 谢桦, 等. 高渗透率可再生能源接入系统中储能应用综述. 中国电力, 2019, 52（4）: 167-177.

［6］ 刘畅, 卓建坤, 赵东明, 等. 利用储能系统实现可再生能源微电网灵活安全运行的研究综述. 中国电机工程学报, 2020, 40（1）: 1-18.

［7］ 周原冰. 全球能源互联网及关键技术. 科学通报, 2019, 64（19）: 1985-1994.

［8］ 李建林, 孟高军, 葛乐, 等. 全球能源互联网中的储能技术及应用. 电器与能效管理技术, 2020（1）: 1-8.

［9］ 丁玉龙, 来小康, 陈海生. 储能技术应用. 北京: 化学工业出版社, 2019.

［10］ 陈海生, 凌浩恕, 徐玉杰. 能源革命中的物理储能技术. 中国科学院院刊, 2019, 34（4）: 450-458.

［11］ 李先锋, 张洪章, 郑琼, 等. 能源革命中的电化学储能技术. 中国科学院院刊, 2019, 34（4）: 443-449.

［12］ 李建林, 袁晓冬, 郁正纲, 等. 利用储能系统提升电网电能质量研究综述. 电力系统自动化, 2019, 43（8）: 15-25.

［13］ 贾志军, 宋士强, 王保国. 液流电池储能技术研究现状与展望. 储能科学与技术, 2012, 1（1）: 50-57.

［14］ 孙东, 荆晓磊. 相变储热研究进展及综述. 节能, 2019（4）: 154-157.

［15］ 鲍金成, 赵子亮, 马秋玉. 氢能技术发展趋势综述. 汽车文摘, 2020（2）: 6-11.

［16］ Manuel Gotz, Jonathan Lefebvre, Friedemann Mors, et al. Renewable power-to-gas: A technological and economic review. Renewable Energy, 2016, 85: 1371-1390.

［17］ 郭屾, 王鹏, 等. 高压输电系统电磁能量收集与存储技术综述. 储能科学与技术, 2019, 8（1）: 32-46.

［18］ 郭文勇, 蔡富裕, 赵闯, 等. 超导储能技术在可再生能源中的应用与展望. 电力系统自动化, 2019, 43（8）: 2-14.

［19］ 张强, 韩晓刚, 李泓. 储能科学与技术专业本科生培养计划的建议. 储能科学与技术, 2020, 9（4）: 1220-1224.

第2章

锂离子电池技术及金属锂电池

2.1 国内外发展现状

2.1.1 简述

1972 年，法国科学家 Armand 首次提出摇椅式锂电池的概念。采用可存储锂离子的层状化合物作为正负极材料，充放电过程中锂离子在正负极间来回穿梭，形成摇椅式锂二次电池。1980 年，美国科学家 Goodenough 申请了正极材料 $LiCoO_2$ 专利，并先后合成了 $LiCoO_2$、$LiNiO_2$ 和 $LiMn_2O_4$ 等正极材料。1981 年，日本三洋公司的 H.Ikeda 公开了一种嵌入式负极材料。1982年，贝尔实验室的 Basu 在该专利的基础上发现了室温下石墨锂负极，并申请美国专利。1985 年首个锂离子电池原型专利由 Kurbayashi 和 Yoshino 发表，该电池由嵌入式碳负极和 $LiCoO_2$ 正极组成。1989 年，Sony 公司申请了石油焦为负极、$LiCoO_2$ 为正极、$LiPF_6$ 溶于 PC＋EC 混合溶剂作为电解液的二次锂离子电池专利，并在 1991 年将锂离子电池推向商业化。

在过去 20 多年中，锂离子电池的发展历程是能量密度不断提升的过程，大致可分为 3 个阶段（表 2-1、图 2-1）。第 1 代锂离子电池的能量密度不超过 100W·h/kg。Sony 公司在 1991 年推出的产品能量密度为 80W·h/kg，正极材料选用的就是 $LiCoO_2$，负极材料则主要为中间相炭微球（MCMB）。隔膜和电解液分别以聚烯烃隔膜和 EC-DMC-LiPF$_6$ 为主。第 2 代能量密度的提升（超过 100W·h/kg）主要体现在负极材料由 MCMB 向石墨材料的转变，同时尖晶石钛酸锂和硬碳也在这个阶段出现。进入 21 世纪以来，除了在 3C 电子产品上的使用，锂离子电池在动力电池领域也有了较大的发展。动力锂离子电池正极材料的技术开发方向已形成 LiMn$_2$O$_4$ 和 LiFePO$_4$ 两大路线。与 LiCoO$_2$ 有着类似结构的层状三元材料 Li(Ni$_x$Co$_y$Mn$_z$)O$_2$，由于其价格和性能方面的优势而渐渐受到关注。在该阶段，常见的三元材料镍钴锰比例为 333、424 和 523。此外，陶瓷涂布隔膜与二代功能电解液的使用使得第 2 代锂离子电池的安全性和稳定性等方面得以增强。

表 2-1　锂离子电池关键材料的发展历程

代际	能量密度 /(W·h/kg)	负极材料	正极材料	隔膜	电解液	其他技术
第 1 代	＜100	MCMB	钴酸锂	聚烯烃隔膜	EC-DMC-LiPF$_6$	导电炭黑
第 2 代	＜200	人造石墨（AG）	磷酸铁锂	陶瓷涂布隔膜	二代功能电解液	炭黑+CNT
		尖晶石钛酸锂	尖晶石锰酸锂			
		硬碳	NCM333,424,523			
第 3 代	200~320	硅基材料	NCM811、622，NCA 高镍	混胶陶瓷涂层隔膜	三代功能电解液	炭黑+CNT+石墨烯
		硬碳-AG	富锂锰基层状氧化物	离子导体涂层隔膜	混合固液电解液	预锂化技术
			高电压镍锰尖晶石			
			磷酸铁锰锂			

目前，第 3 代锂离子电池的能量密度已经能够达到 265W·h/kg。硅基负极材料的使用是第 3 代锂离子电池的能量密度得以提升的一个重要因素。硅的理论容量高达 4200mA·h/g，是碳材料理论极限值的 10 倍，可有效促进电池能量密度提升。在正极材料方面，以 NCM811、622 和高镍 NCA 为主的三元材料引发人们的极大关注，其中松下 NCA 锂离子电池能量密度做到 265W·h/kg。一些新型正极材料技术的发展也受到多数锂离子电池企业和正极材料企业的密切关注，如具有超过 280mA·h/g 能量密度的富锂锰基材料、高电压镍锰尖

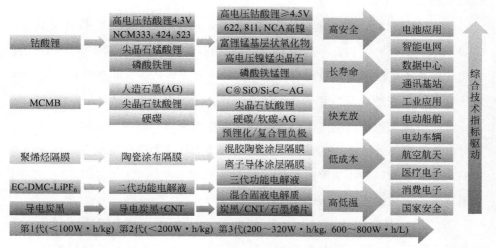

图 2-1　不同阶段的锂离子电池材料的发展过程

晶石材料以及磷酸铁锰锂材料。然而，无论是提高活性材料的容量或者增加电压工作范围，都要求电解质及相关辅助材料能够在宽电位范围工作，同时能量密度的提高意味着安全性问题将更加突出。因此，隔膜和电解液等技术也需要与时俱进，以配合发展高能量密度锂离子电池。如混胶陶瓷涂层隔膜、离子导体涂层隔膜、三代功能电解液和混合固液电解液的研发和在第三代锂离子电池中的应用。一些其他技术的更迭和发展在锂离子电池的发展过程中起到重要作用。导电添加剂由最初的炭黑，发展到新兴材料碳纳米管（CNT）以及石墨烯的加入，有效提高了电池的功率，为发展快充技术提供了支持。预锂化技术的发展，可有效提高电池首效[1-3]。

2.1.2　锂离子电池的关键材料

锂离子电池主要由正极材料、负极材料、电解质材料、隔膜及其他非活性成分组成。以下将对关键材料进行逐一介绍[4-7]。

（1）正极材料

目前根据结构的不同可将已商用化的锂离子电池正极材料分为 3 类：六方层状晶体结构的 $LiCoO_2$、立方尖晶石晶体结构的 $LiMn_2O_4$ 和正交橄榄石晶

体结构的 $LiFePO_4$。

① 六方层状正极材料 $LiCoO_2$：1981 年，Goodenough 等提出层状 $LiCoO_2$ 材料可以作为锂离子电池正极材料使用并成为 Sony 公司 1991 年首次商业化的锂离子电池中的正极材料。由于其具有开路电压高、比能量高、循环性能优异等优点而被广泛应用于 3C 电子产品领域。为了提高 $LiCoO_2$ 的能量密度，需要将其充到更高电压，但是高电压下存在结构不稳定、晶格失氧、电解液分解、钴溶解等一系列问题，因此需要对其进行掺杂和包覆改性，目前经过掺杂、表面修饰、采用功能电解液，钴酸锂的充电截止电压已提升至 4.45V，可逆放电容量达到了 185mA·h/g。

② 立方尖晶石结构 $LiMn_2O_4$ 正极材料：1983 年，美国阿贡国家实验室科学家 Thackeray 提出尖晶石 $LiMn_2O_4$ 可作为锂离子电池正极材料使用。由于其成本低、环境友好、制备简单、安全性高等优点现已广泛地应用于电动汽车、储能电站和电动工具等领域。$LiMn_2O_4$ 的理论容量为 148mA·h/g，放电平台在 4V 左右。目前 $LiMn_2O_4$ 依然存在高温下的循环和存储性能差的问题。目前主要解决手段是通过掺杂、表面包覆、使用电解液添加剂和改进合成方法等手段来进行改性。目前锰酸锂电池的循环性已经达到了 2500 次以上，可逆容量在 105mA·h/g。

③ 正交橄榄石结构 $LiFePO_4$ 正极材料：$LiFePO_4$ 正极材料由美国科学家 Goodenough 等在 1997 年提出，由于该材料具有价格低廉、环境友好、安全性高、长循环寿命等优点使其被大规模应用于电动汽车、规模储能等领域。其理论容量为 170mA·h/g，在 3.5V 左右存在充放电平台，其反应机理为两相反应：$LiFePO_4 \rightleftharpoons FePO_4 + Li^+ + e^-$。由于 PO_4 四面体的稳定性起到了稳定晶体结构的作用，因此 $LiFePO_4$ 循环和安全性能优异。但该材料电子和离子导电性均较差，因此需要进行碳包覆、离子掺杂和材料尺寸纳米化来提高其倍率性能。目前，磷酸铁锂电池的循环寿命已经提升到了 12000 次，但其能量密度偏低，目前主要用于客运大巴及静态储能。

(2) 负极材料

为了使锂离子电池具有较高的能量密度、功率密度，较好的循环性与安全性，锂离子电池负极材料应该具有以下条件：①脱嵌 Li^+ 反应应具有较低的氧化还原电位，以使锂离子电池具有较高的输出电压；②可逆容量大，以满足锂离子电池高容量的需求；③脱嵌 Li^+ 过程中结构稳定性好，从而确保良好的循环寿命；④脱嵌 Li^+ 电极电位变化小，有利于使电池获得稳定的工作电压；⑤嵌锂电位在 1.2V（相对于 Li^+/Li）以下时负极表面能生成致密且稳定的固态电解质膜，以防止电解质在负极表面不断还原；⑥具有较高的电子和离子电导率，以获得较高的倍率性能和低温性能；⑦具有良好的化学稳定性、环境友好、成本低、易制备等优点。

目前商业化的锂离子电池负极材料主要有以下两类：石墨负极以及钛酸锂负极（$Li_4Ti_5O_{12}$）。

① 石墨负极材料

20 世纪 80 年代碳负极材料得到了广泛的研究，其中石墨在电化学电池中的可逆脱嵌锂行为在 1983 年由法国 INPG 实验室首次实现，1991 年 Sony 公司使用石油焦作为负极材料首次实现了锂离子电池的商业化。1993 年后，锂离子电池开始采用性能稳定的人造石墨作为负极材料。由于石墨负极具有较高的理论容量，导电性较好，氧化还原电位较低（0.01～0.2V 相对于 Li/Li^+），来源广泛成本低等优点使其成为市场上主流的锂离子电池负极材料。石墨包括天然石墨和人造石墨，其中中间相碳微球是一种重要的人造石墨材料，其优点是颗粒外表面均为石墨结构的边缘面，反应活性均匀，易于形成稳定的 SEI，有利于 Li 离子的脱嵌。然而中间相碳微球的制造成本较高，因此需要对天然石墨进行改性以降低负极材料的成本。天然石墨的缺点是晶粒尺寸较大，表面反应活性与 SEI 的覆盖不均匀，初始库仑效率低，倍率性能不好，循环过程中晶体结构容易被破坏等。为此，研究者们采取了多种方法对石墨负极进行改性，如颗粒球形化、表面包覆软碳或硬碳材料等其他表面修饰的方法。

② $Li_4Ti_5O_{12}$ 负极材料

尖晶石 $Li_4Ti_5O_{12}$ 材料最早由 Jonker 等在 1956 年提出，由于其循环性能、倍率性能和安全性能优异，在动力型和储能型锂离子电池中得到广泛的应用。$Li_4Ti_5O_{12}$ 中 Li^+ 的脱嵌过程是两相反应过程，电压平台在 1.55V 左右，理论容量为 170mA·h/g。此外由于嵌锂后的 $Li_7Ti_5O_{12}$ 与 $Li_4Ti_5O_{12}$ 之间体积差别不到 1%，所以 $Li_4Ti_5O_{12}$ 是一种零应变材料，有利于电极结构的稳定性，从而提高循环寿命。然而 $Li_4Ti_5O_{12}$ 的室温电子电导率低（$10^{-9}S/cm$），倍率性能差，为此研究者们通过离子掺杂、减小颗粒尺寸、表面包覆碳材料与其他导电材料等方法来提升其倍率性能。此外，$Li_4Ti_5O_{12}$ 还有一个缺点是胀气问题（尤其是在高温下），从而导致电池容量衰减快、安全性下降等问题。为此研究者们也提出了多种解决办法，如通过掺杂或表面包覆降低表面活性，减少电池各个材料中水含量、优化化成工艺等。

（3）电解质材料

电解质是锂离子电池中的重要组成部分，起到在正负极之间传输 Li^+ 的作用。目前商用的锂离子电池电解质为非水液体电解质，由有机溶剂、锂盐和功能添加剂组成。

一般来说，液态锂离子电池的溶剂需满足以下需求：①具有较高的介电常数 ε，即对于锂盐的溶解能力强；②具有较低的黏度 η；③在电池中稳定存在，尤其是在电池工作电压范围内必须与正负极有较好的兼容性；④具有较高的沸点和熔点，具有比较宽的工作温度区间；⑤安全性高，无毒无害，成本低。能满足以上要求的有机溶剂主要有酯类和醚类。酯类中乙烯碳酸酯（EC）具有较高的离子电导率，较好的界面特性，可以形成稳定的 SEI，解决了石墨的共嵌入问题，但是其熔点较高，不能单独使用，需要加入共溶剂来降低熔点。1994 年线性碳酸酯中的对二甲基碳酸酯（DMC）开始被研究，将其以任意比例加入 EC 中，可得到具有高的解离锂离子的能力、高的抗氧化性和低的黏度。除 DMC 外，还有与其性能接近的 DEC 和 EMC 等也逐渐被应用。醚类溶剂的抗氧化能力比较差，在低电位下易氧化分解，限制了其在锂离子电池中的应用，目前常用在锂硫和锂空电池中。从解离和离子迁移的角度来看，通常选用阴离子半径大的锂盐，目前商业上应用的锂盐为六氟磷酸锂（$LiPF_6$），其在有机溶剂中具有比较高的离子迁移数、解离常数，较好抗氧化特性与正负极兼容特性。然而 $LiPF_6$ 是化学和热力学上不稳定的，这给其生产与使用带来较多困难。加之其对水很敏感，少量（10^{-6} 级）的水存在会导致电池性能衰减。因此，寻找其他合适的新型锂盐来替代 $LiPF_6$ 成为研究的热点，如双

（三氟甲基磺酰）亚胺锂（LiTFSI）、双氟磺酰亚胺锂（LiFSI）和双草酸硼酸锂（LiBOB）等。

（4）隔膜

在锂离子电池中，隔膜置于正负极极片之间，其关键作用是阻止正负极之间的接触以防止短路，并且同时允许离子的传导。虽然隔膜不参与电池中的反应，但是它的结构和性质影响着电池动力学性能，因此对电池性能起到重要作用，包括循环寿命、安全性、能量密度和功率密度。良好的锂离子电池隔膜需要满足以下要求：良好的电子绝缘性；离子电导率高；力学性能好，包括拉伸强度和穿刺强度；具有足够的化学稳定性；良好的电解质润湿性能；良好的热稳定性与自动关闭保护性能。目前锂离子电池隔膜主要有 3 类：聚烯烃微孔膜，无纺布隔膜，聚合物/无机物复合膜。

（5）黏结剂

黏合剂的作用是将粉体活性材料和导电添加剂和集流体黏结在一起，构成电极片。良好的黏结剂应该满足以下要求：在电解液浸泡下保持其结构与黏结力的稳定、在电池中保持化学稳定性、具有足够的韧性以适应充放电过程中电极片的体积变化、在电极片烘干过程中保持热稳定性等。按照黏结剂的分散介质的性质可以将其分为油系和水系黏结剂两种。目前工业上普遍使用的黏结剂为油系聚偏氟乙烯（PVDF），其溶剂为 N-甲基吡咯烷酮（NMP）。

（6）导电添加剂

导电添加剂是指添加到电极片中的碳材料，其作用是改善活性颗粒之间或活性颗粒与集流体之间的电子电导，通常使用的有炭黑、乙炔黑、Super P 等部分石墨化的碳材料，不同的碳材料比表面积与颗粒大小不同，需要根据实际应用选择合适的碳材料。良好的导电添加剂应满足以下需求：纯度要高，避免碳材料中的杂质尤其是金属污染在电池中产生副反应对电池性能造成不利的影响；导电效率高，分散性好，用尽可能少的量便可在电极内部构筑有效的导电网络；对电解液的润湿性能好等。除了常规碳材料，近些年碳纳米管和石墨烯也作为导电添加剂应用到锂离子电池中，尤其是动力电池体系中，进一步提高了电池的性能。

（7）集流体

集流体起到在外电路与电极活性物质之间传递电子的作用，常用材料为金属箔片。集流体需要满足的条件有：具有 $5\sim20\mu m$ 的厚度足够的机械强度；表面对电极材料的浆料具有较高的润湿性而且黏结剂和集流体之间要有较强的黏结力；在电极的工作电压范围内不具有电化学活性。目前负极常用的集流体为铜箔，正极集流体为铝箔，为了增加集流体的导电性，近年来涂炭集流体也得到了广泛的应用。

2.1.3 锂离子电池的电芯、模组及电池包

目前锂离子电池至少要包含一个电芯，模组是由几到几百个电芯经由串联或者并联所组成的，电池包除了包含一个或者几个模组，还需要电池管理系统和热管理系统。一般情况下一个电芯要包含以下一些部分：正极极片、负极极片、电解液、隔膜、正极极耳、负极极耳、外包装等部分。目前电芯主要分为方形、圆形和软包 3 种（图 2-2）。圆形的电池目前指的是圆柱形的锂电池，是由 Sony 公司在 1992 年发明的，主要采用卷绕的工艺，工艺流程目前已经非常成熟，产品稳定。目前的圆柱形的锂电池型号主要有 18650、21700、26650 等。圆柱形锂电池除了常规的部分之外还包括顶部和底部垫片、盖帽、安全阀、密封圈、PVC 套管等。方形的电池通常指钢壳或者铝壳的锂电池，结构较为简单，具有卷绕和叠片两种工艺。目前市场上的方形锂电池的型号较多，工艺难以统一。软包锂离子电池和方形的锂电池形状基本一致，都是方形的，电池的结构也基本一致。两者最主要的区别是包装材料，方形电池的包装材料主要为钢壳、铝壳，软包的包装材料是软包装材料铝塑复合膜。

电池模组的一种结构如图 2-3 所示。用两个聚丙烯板为中间板为电池模组提供支架。中间板是模块中结构最重要的部分，支撑着电池的重量，并为其他元件的固定提供支撑。两个端板是绝缘的聚乙烯材质围绕着电池模组。铝连接片将各个电池并联或者串联起来。聚丙烯 T 片和 L 片用于夹紧铝条，并将它们电绝缘。塑料垫片穿过模组，从一个 T 形件到另一个 T 形件，确保电池间的固定。沿着电池的方向，通过 T 形件、端板和中间板从模块的两侧插入不

锈钢销。从而固定各个板之间的距离，并使其电绝缘。

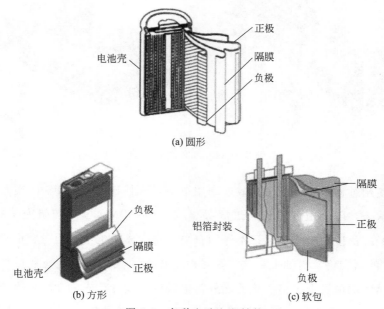

(a) 圆形

(b) 方形   (c) 软包

图 2-2   各种电池电芯结构

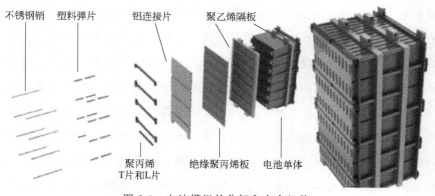

图 2-3   电池模组的分解和完全组装

目前流行的电池包均为首先串并联电池以得到小型的模组，然后将模组串联连接形成组件。如图 2-4 所示，雪佛兰 Volt 电池包由 96 个模块组成，每个模组具有 3 个并联的单元，日产 Leaf 包含并联连接的 2 个串联单元模组。

电池管理系统（BMS）对电池包而言也不可或缺。为了使锂离子电池在

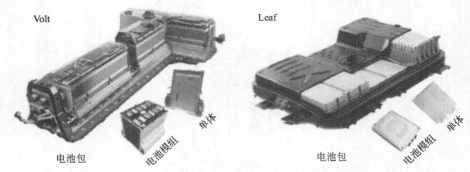

图 2-4　雪佛兰的 Volt 和日产的 Leaf 电池包结构

长期的使用过程中能够更加有效地利用电池，人们建立了 BMS 以实时检测电池的额状态，防止电池过充、过放等事故发生。BMS 已经被研究了很多年，目前已经广泛应用于手机笔记本等消费电子类锂离子电池。但是在电动汽车领域 BMS 的研究仍急需加强。这主要是由于在电动汽车上的电池数量是便携电子类产品中的成百上千倍。除此之外，电动汽车设计要求的功率、电压和电流使得 BMS 更加复杂。针对不同场合的 BMS 具有的功能也不完全相同。一般 BMS 均具有以下几种基本功能：①检测电池的状态，包括电压、电流、温度；②分析电池的状态，主要是对剩余电量，电池的 SOC 进行评估；③保护电池的安全，对电池的电压、电流、温度等进行保护，保证电池运行安全；④控制管理电池的能量，对电池的充放电控制管理（电池何时需要且能够充放电）和均衡控制管理（通过一些方法使得单体电池间的能量和状态趋于均衡）。

此外，锂离子电池的性能、寿命和安全性都和电池所运行和存储的环境温度息息相关。温度会影响电池的内阻、电压平台、容量、能量、电池组各单体的一致性、电池的寿命。温度过高除了对电池的性能造成严重影响之外，还会造成电池更容易热失控，引发安全问题。因此为了使电池能最大地发挥出其应有的性能，要让电池保持在一个合适的温度。然而除了电池所处的温度范围很大之外，电池在运行过程中的自产热也很大，对于许多电池紧密排布的电池组，热量如果不能及时散发出去会造成电池温度十分容易超出其合适的温度范围。针对电池组运行过程中的热管理问题，人们目前已经进行了大量研究。按照电池表面的热量传递介质不同。目前温控系统主要分为液体冷却、风冷、热管冷却和相变材料冷却 4 大类。液体冷却主要包括两类：一类是用液体直接与电池表面接触流过带走热量；另一类是通过冷却管和电池表面接触带走热量。相变材料主要是利用相变材料达到温度相变点，相变吸热从而使电池表面温度降低，相变材料一般也附着在电池表面。热管是利用相变原理进行高效率传热的原件。风冷是利用空气流动带走电池组产生的热量。目前相变材料和热管还处于研究阶段。风冷技术由于结构简单、成本低被广泛采用。

2.1.4　锂离子电池的装备技术

智能制造，是智能技术与制造技术的融合，是用智能技术解决制造的问题，是指对产品全生命周期中设计、加工、装配等环节的制造活动进行知识表达与学习、信息感知与分析、智能决策与执行，实现制造过程、制造系统与制造装备的知识推理、动态传感与自主决策。

在锂电池领域装备的智能化技术按照工艺流程可分为：材料制造智能化装备技术、电芯制造智能化装备技术、模组制造智能化装备技术、电池包智能化装备技术。

目前国内的电芯制造、模组制造、电池包制造领域大部分都处于工业 3.0 阶段（自动化制造），而对于材料制造领域目前仍处于工业 2.5 阶段（没有实现完全自动化）。从自动化到智能化重点在于软件以及管理，除此之外设备也要比自动化设备更加多元、复杂，要求也更加全面。从自动化到智能化需要借助制造执行系统（manufactory executive system，简称 MES），实现实时地对产品制造流程中的关键参数进行监控，可以对产品的数量和质量进行实时查询，并且能够追溯生产的各个过程。

总体来说，实现智能化制造的效益如下：①实现产品生产过程的记录及追溯，提升客户满意度；②制定完善合理的生产计划，对生产全局进行监控，提高工厂的生产效率和能力，缩短供货时间，保证供货质量；③保证工厂的良性运转，实时可控；④实现对各类产品报告、设备报告等进行完善的管理，提升管理水平；⑤实现对员工的精细化管理，实现对员工的精确考核，提高员工积极性。

目前要想实现国内锂电产业的智能制造仍是困难重重，这主要归因于以下几个方面：①标准的缺乏，目前国内锂电相关设备还未实现标准化管理，产品的种类和差别很大；②国内的锂电自动化产线平均水平仍较低，市场集中度不高，大多数企业能力不足以实现智能制造的研究，智能制造方面的人才、经验仍十分欠缺；③智能制造的软件水平较低，国内在智能制造软件方面的经验欠缺，基础薄弱。

虽然实现智能制造十分困难，但目前国内的一些领先的设备制造企业仍在这些方面做了大量尝试，比如先导智能、赢合科技、吉阳智造等。

2.1.5　锂离子电池的回收利用

(1) 简述

由于环境和能源问题日益突出，电动车产业在世界各国得到了飞速发展。我国国务院 2012 年印发了《节能与新能源汽车产业发展规划（2012—2020年）》，提出到 2020 年纯电动汽车和插电式混合动力汽车累计产销量力争达到 200 万和 500 万辆的目标。据市场分析报告显示，2018 年全球锂离子电池总体产能达到 188.8GW·h。随着锂离子电池的需求和产量的不断攀升，服役后的废旧锂离子电池的数量也随之急速增加。中国汽车技术研究中心研究表明，到 2023 年我国废旧锂动力电池预计达到 101GW·h。锂离子动力电池的回收和再利用问题已经成为全行业关注的焦点。2018 年 7 月工信部出台了《新能源汽车动力蓄电池回收利用溯源管理暂行规定》，按照要求建立"新能源汽车国家监测与动力蓄电池回收利用溯源综合管理平台"，对动力蓄电池生产、销售、使用、报废、回收、利用等全过程进行信息采集，对各环节主体履行回收利用责任情况实时监测，从而引导电动汽车动力蓄电池有序回收利用。

废旧锂离子电池的回收意义主要体现在以下方面[8-10]。

① 环境和健康效益

从环境和人类健康角度而言，锂电池有多种潜在的危害，其正极材料中含有的过渡金属离子会导致重金属污染，使环境和土壤 pH 升高；负极材料主要是石墨，燃烧产生的 CO 和粉尘会污染大气；电解质含有氟，使土壤和环境

pH 升高；电解质的溶剂、黏结剂和隔膜会造成有机物污染。因此，回收锂离子电池能够减少对环境和人体的危害，具有一定的生态效益。

② 经济和资源效益

废旧锂离子电池中的正极材料通常含有 Li、Co、Ni 和 Mn 等有价金属元素，其中 Co 作为一种战略金属，被广泛用于军事和工业领域，也是废旧锂离子电池中最具经济效益的金属元素。中国的钴资源全球占比 1.1%，但消耗量已经占比 45%，存在资源安全危机。2017 年伦敦金属交易所的数据表明 Co 的价格是 Ni 的 2 倍，是 Mn 的 10 倍（2018 年 5 月 Co 的均价为 55496 美元/吨）。在经济上，Co 和 Ni 的回收更具吸引力。从地缘政治角度看，由于 Li 的地缘性更加明显，全球约 70% 的 Li 集中在阿根廷、玻利维亚和智利，使得 Li 的可获性本身存在不确定性，从而对 Li 的供应产生影响，增加电池价格和汽车成本。而世界各国对 Li 的需求量随着电动车的发展会持续增加，因此 Li 也具有很高的回收价值。

（2）锂离子电池回收利用的技术评价

目前国内外无论是在实验室的研究还是工业的应用上，对于废旧锂离子电池的回收利用均采用以火法和湿法回收为核心技术。实验室在火法和湿法回收处理技术方面的研究与工业相比，流程较复杂，但是回收率较高，回收的产品纯度较高。国外的工业上通常采用火法的方式进行高温冶金煅烧，回收得到的产物大多数为金属合金，为了进一步提高产物的纯度或获得单一的金属产品，仍需要采用湿法冶金的方法对其残渣和合金进行再处理。而我国企业主要采用湿法冶金对废旧锂离子电池回收处理。

① 预处理过程的技术评价

无论是采用火法冶金或者湿法冶金的方式，回收处理废旧锂离子电池之前，需先根据所含材料不同对电池分类。由于废旧锂离子电池中含有部分残留电量，在进行破碎及后续回收处理前应当首先将废旧锂离子进行预放电处理，否则残留的电量极有可能在拆解及破碎过程中集中释放，同时伴随着热量的释放，严重时将有可能引发爆炸，这无疑会给人及处理环境带来严重的安全隐患。常用的方法即将废旧锂离子电池置于盐溶液中，如 NaCl 或 Na_2SO_4 溶液中，通过电解将电池的残余电量放完，一般电压放至 2～2.5V 以下为止。工业中常用的预处理方法还包括低温拆解和惰性气氛拆解，如 Retriev 处理厂将废旧锂离子电池置于－200℃液氮环境中直接拆解，Batrec 处理厂在 CO_2 惰性气氛中拆解废旧电池，都可以起到安全防护的作用[11]。

锂电池经过放电预处理后，要对电池进行物理拆解处理，主要为手工和自动化机械拆解，手工拆解通常应用于实验室的研究，机械拆解主要包括破碎、研磨、筛分等过程。例如在 BATREC 处理流程中，首先将锂电池进行分类，然后进入破碎单元，在 CO_2 的气氛下进行破碎操作，中和释放的金属锂，一些独立的组分，如铬镍钢、钴、不含铁的金属、氧化锰和塑料通过多级分离工厂进行处理，然后再作为原材料进行循环利用。中南大学的研究者将正、负极材料破碎至颗粒直径 1～5mm，然后在 150～200℃下煅烧 2～3h，得到的粉末球磨 30min，振动筛分出直径在 10～500μm 的颗粒，其组分包括质量分数为 26.77％的 Co、3.34％的 Li、5.96％的 Al、1.34％的 Cu、3.76％的 Fe、1.1％的 Mn、0.34％的 Ni，用 5％的 NaOH 溶解掉 Al，然后进行煅烧，烧掉 C 粉和黏结剂，以免影响后续酸浸的处理。北京理工大学研究者采用液氮处理电池外壳，使之在低温条件下脆化，经过多次机械破碎，电池外壳很容易与电芯分离。这种方法分选速度快，可以投入大批量使用，而且经预处理后正极材料所含的杂质较少，有利于后续工艺的处理[12]。

对于拆解后的正极片主要通过有机溶剂溶解法、碱液浸出法、高温煅烧法等方法将正极材料和铝箔分离。有机溶剂法是根据"相似相溶"的原理，采用较强极性的有机溶剂溶解黏结剂 PVDF 等，从而实现正极活性物质与集流体铝箔的分离。常用的有机溶剂有 NMP 和 DMF 等，由于其黏度较大以及溶解后得到的活性物质颗粒细小，难以使固液完全分离，增加了后续对有机溶剂回收再利用的难度。而且有机溶剂成本较高且用量大，回收系统投资大，对生态环境和生产人员的身体健康都有一定的危害。废旧锂离子电池的正极材料一般是涂覆在铝箔上。作为一种两性金属，铝能够与强碱溶液反应，使铝箔溶解进入溶液，而正极材料不溶于碱，全部残留在碱浸渣中，从而达到将正极废极片的铝箔除去的目的。该法虽然操作容易，工艺简单，易于使正极材料和集流体分离，但在碱浸过程中会产生大量的废液。而且后续沉铝过程较复杂，难以回收纯度较高的金属铝。基于正极材料的分解温度高于黏结剂 PVDF 和杂质碳，因此也可通过调控加热温度，分解黏结剂，使正极活性物质从集流体上脱落，同时烧掉杂质。该分离方法虽然简单，但剥离率较低，而且高温会消耗大量的能耗以及产生污染性的气体。

② 火法处理的技术评价

由于火法冶金工艺简单、易操作，且对各种废旧电池具有通用的效果，可以处理混合废旧电池。例如 Umicore 公司研发的 VAL'EAS 工艺主要用于处理比利时的 Bebat 废旧电池回收系统中的锂离子电池，回收处理的方法为高温冶炼法。首先，废旧锂离子电池不经过预处理，直接进入冶炼炉内，通过控制冶炼温度和时间等条件以及后续的纯化步骤，获得高纯度的 Ni 和 Co 的化合物，冶炼产出的矿渣可用于建筑等工业领域，冶炼过程中产生的有毒有害气体会经过后续处理，即使用等离子生成器技术，通过净化后排出。该火法流程的缺点是得到的再生材料纯度相对较低。

实验室的火法主要是通过高温处理，将电池组分中的黏结剂和碳材料等烧掉，进而将活性物质分离出来的方法。研究发现 PVDF 黏结剂的热分解温度大约开始于 350℃，而导电碳一般在 600℃ 以上开始分解。火法工艺的优点在于简单易操作，但其能耗较大，产生的气体易引起大气污染，需要进一步安装处理染污气体的装置，成本较高。例如中南大学研究者用真空热解的方法提高活性物质和集流体的分离效果，研究发现，在 450℃ 真空热解后，活性材料和集流体分离不明显；而当温度升高到 600℃ 时，活性材料可以很容易地从铝箔上剥落下来；当温度再次升高到 700℃ 时，铝箔开始变得很脆，活性物质和铝箔混在一起无法有效分开，因此得到最佳的真空热解温度为 600℃。北京理工大学研究者采用高温热处理、碱液浸出后热处理、有机溶剂 NMP 溶解后热处理 3 种方式将正极材料从废旧的三元正极片上剥离三元材料，并在高温的情况下对三元材料表面进行了修复，该方法简单有效，可以对工业上未经过充放电的废旧极片进行修复。加州大学的研究者采用水热法补锂后进行热处理，以及高温固相煅烧的补锂方式对废旧的钴酸锂和三元材料进行高温修复，该方法简单有效，但是由于水热法补锂的过程中需大量的氢氧化锂的溶解，未免会造成大量锂盐的浪费，因此可通过经济评价来优化该过程，从而将其应用到实际的工业处理中[13]。

③ 湿法处理的技术评价

湿法处理相比于火法处理，过程可控性较高，反应得到的正极活性材料杂质含量少。并且在处理过程中能量耗费较少，基本不会产生有毒有害气体，因此越来越多的工艺流程采用湿法处理废旧锂离子电池的正极活性材料。湿法处理总体可以概括为以下 3 个步骤。

a. 预处理：大部分湿法处理采用了上文提到的机械破碎法。

b. 金属离子的浸出：目的是将金属离子溶解，使之成为金属离子，便于下一步的进行。浸取剂可以选择有机酸，无机酸，以及生物淋滤等。

c. 电极材料回收：将溶解的材料提取出来再次制成可用的电池材料，通常采用的方法有选择性沉淀法、溶剂萃取法、电沉积法、材料再生等。

国内的公司主要以湿法回收为主，例如深圳市格林美高新技术股份有限公司（GEM）通过回收处理电子废弃物和废旧电池等，循环再造出各种高技术产品，其回收处理工艺以湿法为主，通过酸浸、萃取分离和纯化等步骤获得超细钴粉和超细镍粉等高附加值产品，首先经过拆解，废旧锂离子电池分为了不锈钢外壳、正极和负极 3 个部分，将拆解得到的废旧电极材料经过酸浸变成溶液，经过萃取分离和膜分离等技术，最后生成各种金属粉末。该湿法工艺相对复杂，流程较多，但可以得到高纯度和高附加值的产品，具有更高的经济效益，且可以实现锂离子电池的闭路循环再生和利用。湖南邦普循环科技有限公司以废旧的数码电池和车用电池为回收处理的对象，采用湿法高效回收电池中的镍、钴、锰、锂等金属元素，并通过调节多元素的成分配比，辅以对合成溶液进行热力和动力 pH 调控，生成锂电池材料的前驱体，实现从废旧电池到电池材料的"定向循环"，从而将电池从制造、消费到回收整个流通环节进行有机整合，实现锂电池的循环利用。

实验室的酸浸过程包括无机酸浸和有机酸浸两种。无机酸一般采用的是硫酸、硝酸、盐酸加上过氧化氢辅助，浸取率高达 90％以上，价格低廉，效率高。也有人提出利用弱磷酸回收正极材料，经酸浸反应后的正极材料中的锂离子以离子的状态存在于浸取液中，浸取效果很好，锂的浸取率高达 90％，而铁或钴以沉淀的方式被回收。该方法称为选择性浸出，虽然该方法缩短了湿法回收的流程，但是它对于回收的物质纯度要求较高，若包含杂质，会导致生成的沉淀产物纯度较低，后续若用于废旧锂电池回收的工业应用，需考虑这一点。但对于回收价值相对来说较低的磷酸铁锂可以采用选择性浸出的方式来回收材料中的贵金属锂。由于无机酸会生成氯气、二氧化硫等有害气体，造成二次污染，所以出现了以有机酸为浸出剂的回收方法，更加绿色环保。北京理工大学研究者首次提出采用柠檬酸作为浸出剂，H_2O_2 作为还原剂，回收处理废旧的锂电池正极材料，此外他们还采用了 DL-苹果酸、琥珀酸、乙酸、马来酸、乳酸等有机酸回收废旧的锂离子电池正极材料。有机酸的浸出效率可以达到无机酸浸出的相同效果。部分有机酸价格相对于无机酸较高，如果用于工业上回收处理废旧锂离子电池，还需经过经济的评价，例如酸的用量、还原剂的用量、处理的温度、时间等都需考虑在材料的消耗和能量的消耗内。

　　生物淋滤是另一种浸出金属离子的手段。利用微生物代谢产生的无机酸来浸取正极材料，其原理与无机酸类似。韩国的地球科学与矿产资源研究所利用化能自养型硫杆菌（铁氧化硫杆菌）浸取 Li、Co，微生物对 Co 的浸取比 Li 更快，加入 Fe 和单质硫会提高浸取效率。北京理工大学研究者表明对 Li-CoO_2 电极进行生物淋滤的机制的不同取决于介质的性质和金属的类型。例如，Li 的生物浸出是由于产生了硫酸，Co 的溶解是由于产生了酸，而其氧化还原过程则涉及 Fe 和 S。能源物质新陈代谢产生硫酸，Fe^{3+} 使得溶解酸 Co^{2+}，氧化还原形成 Fe^{2+}，促进不易溶解的 Co^{3+} 的还原反应。在 pH＝2.5，S/L＝5g/L，有 Fe、S 参与（1％的单质硫，3g/L 的 Fe^{3+}）的条件下，采用铁氧化硫杆菌，可回收 65％的 Co 和 9％的 Li，而同条件下不采用微生物，只能回收 20％的 Co 和 5％的 Li。生物法处理废旧锂离子电池成本低，常温常压下操作方便、耗酸量少，但是存在周期长、菌种不易培养、易受污染，且浸出液分离困难的缺点。目前生物淋滤处理废旧电池还只处于研究阶段。

　　金属元素浸出后，对于浸取液的处理一般是通过沉淀、萃取，以及重新合成电极材料等方法将金属元素分离或综合利用，实现材料再生。化学沉淀法的原理是向酸浸出溶液中添加特定的化学沉淀试剂，改变溶液的酸碱度和沉淀剂的添加量等因素，沉淀溶液中的 Co^{2+} 或 Co^{3+} 及其他元素，得到含不同金属元素的产品。一般的沉淀剂有氢氧化钠（NaOH）、草酸铵 $[(NH_4)_2C_2O_4]$、高锰酸钾（$KMnO_4$）、磷酸（H_3PO_4）、碳酸钠（Na_2CO_3）等，生成草酸钴

（$CoC_2O_4 \cdot 2H_2O$）、磷酸锂（Li_3PO_4）、碳酸锂（Li_2CO_3）等沉淀。沉淀法有时也会通过加碱调节 pH，生成氢氧化物沉淀去除杂质。沉淀法操作比较简单，效果好，关键是要选取合适的沉淀剂和沉淀条件。溶剂萃取法是一种研究较多的处理方法，就是利用特定的有机溶剂与钴等形成配合物，对锂、钴等进行分离和回收。常用的萃取剂主要有二（2-乙基己基）磷酸（D2EHPA），二（2,4,4-三甲基戊基）膦酸（Cyanex272）和三辛胺（TOA）等。采用萃取法对废旧锂离子电池进行回收具有操作简单、能耗低、条件温和、分离效果好等优点，回收的金属纯度也较高。但化学试剂和萃取剂的大量使用会对环境造成一定的负面影响，溶剂在萃取过程中也会有一定的流失，而且一些溶剂萃取物的价格较高，所以在工业生产中处理成本会很高，使得该方法在废旧电池的回收利用方面有一定的局限性。因此寻找绿色环保及价格较低的萃取剂是工业化应用的前提[14]。

鉴于金属离子的分离过程比较复杂，一些学者开始尝试直接利用浸取液或分离下来的固体活性物质，通过不同的方法重新再生为新的锂离子电池电极材料，实现整个回收过程的闭路循环，最大限度地提高回收物质的经济价值。合成电极材料的方法也主要分为火法和湿法两大类，具体包括高温烧结、共沉淀、溶胶凝胶法等。高温烧结法是指在预处理得到活性材料的基础上，依据计算添加金属盐，再直接放入气氛炉高温煅烧产生新的电极材料；优点在于流程简单，缺点在于容易形成杂质。共沉淀法是凭借金属离子与试剂的沉淀反应，实现溶液中金属离子在原子尺度上的混合；优点在于流程简单、能实现原子级别的混合等，缺点在于容易形成杂质共沉淀。因此在实际的工业应用上，除杂是最关键的一步。溶胶凝胶法是采用金属盐作为母体，在螯合剂的作用下形成溶胶，通过蒸发操作形成凝胶，最后通过煅烧得到产品；优点在于原子级别的混合，产品的均匀效果更好，缺点在于凝胶的黏性不适合工业生产[15]。

（3）锂离子电池回收利用的经济评价

废旧锂离子电池的回收有很大一部分因素在于其包含的有价金属，存在较高的经济效益，同时回收过程也需要成本消耗，因此回收是否真的有经济价值在于这二者的经济效益比较，一般的回收过程的经济效益主要是消耗的试剂成本，能耗成本，以及电池回收时的收取成本与生产的产品效益比较。锂离子电池回收过程的经济分析直接决定了回收技术的工业应用潜力。因此，对于不同的锂离子电池系统，需要对回收过程进行经济分析，才能选取合适的回收方法。

上海交通大学的研究者计算通过真空还原焙烧回收混合锰酸锂（LMO）/石墨粉的利润。整个回收过程包括氯化钠放电，破碎和筛选，真空热解，水浸出锂和蒸发，净化。假设每天处理 10 吨废旧锰酸锂电池，将设备折旧成本、电力消耗、设备维护成本、用水量和人工劳动的成本都计算在内，回收成本为 2368.65 美元，废旧锂离子电池的收取成本和运输消耗合计 4110 美元。根据 Li_2CO_3 和 Mn_3O_4 产品的收入（8587 美元），因此回收的整体利润为 2108.35 美元。该利润没有考虑工厂建设的成本和其他金属如 Al、Cu 和 Fe 的收入。为了探索废旧磷酸铁锂（LFP）电池回收的价值，中科院过程所的研究者分析用乙酸选择性浸出废旧磷酸铁锂电池的利润。浸出后，铝保持金属铝箔的形式，铁作为固体残余物中的 $FePO_4$，锂以离子的形式存在于浸出溶液中。结果显示，处理 1 吨废旧磷酸铁锂电池，考虑 NaCl 放电和拆除、浸出、过滤、干燥和筛分、净化和沉淀的整个过程的收入计算为 646.57 美元。此外北京理工大学的研究者调查废旧磷酸铁锂电池的机械化学法回收过程的利润。由于机械力的作用，浸出过程可以在室温下进行，从而降低了高温下的能量消耗。依据实验室的设备的能耗以及实验室试剂的价格，回收 1kg 废 LFP 粉末回收过程的利润约为 57.61 美元。该计算并未考虑人工成本及废旧电池的收取成本。以上这些研究可能会改变对废旧磷酸铁锂电池回收的低利润甚至负利润的担忧[16]。

基于钴和锂金属价格的上涨，废旧三元和钴酸锂电池的回收被认为是最有价值的。由于低价格和高浸出效率，无机酸已广泛用于工业湿法冶金方法中。美国罗彻斯特理工学院的研究者比较了通过湿法冶金和共沉淀技术从废旧三元电池合成三元正极材料（NCM）及从原始材料合成三元材料的成本。使用原始材料合成 NCM 材料的成本为 16635 美元/吨，而使用废旧电池的成本为 6195 美元/吨。根据物料平衡，他们继续计算废旧 NCM 电池整个回收过程的利润。结果表明，在没有考虑人工成本、设备成本和能源成本的情况下，获得了 5013 美元/吨的利润。此外，有机酸也被认为是最有前途的浸出试剂。北京理工大学的研究者对湿法冶金浸出过程进行了经济分析。通过比较浸出剂的成本和能耗，发现 H_3PO_4、HCl、HNO_3、H_2SO_4、草酸、苹果酸和乙酸在经济效益方面具有更多的优势，这是由于酸的价格低廉。因此，选择高效、低成本的浸出试剂是降低回收利用成本的关键[17]。

　　总之，不同的锂离子电池系统具有不同的回收价值。而不同的回收过程也可以带来不同的经济效益。选择合适的回收技术，即使是回收价值较低的磷酸铁锂电池也能获得良好的收益。对于废旧 NCM 电池的回收利用，可以通过湿法冶金技术获得高价值产品，其能耗较低，回收率高，产品的纯度也较高。如果使用高温冶金技术进行回收，通常会形成 Ni/Co/Mn 合金，并且还需要进一步湿法冶金分离以获得单一产品。对于废旧 LMO 和 LFP 电池的回收，阴极材料中仅存在两种主要金属，其中锂是具有较高的回收价值，而锰和铁的回收价值较低。因此，采用真空还原焙烧，选择性浸出或机械化学方法可以直接分离回收目标金属，减少回收过程，实现一定的回报。无论采用何种回收的方法回收处理不同的废旧锂离子电池，都需考虑废旧锂离子电池的收取成本以及运输过程的成本，回收过程的能量如水和电的消耗，化学试剂的消耗。此外还需考虑设备的购买、折旧、维修成本以及人工劳动成本。同时对于回收处理过程中可能产生的二次污染的处理成本也应该考虑在内。

（4）锂离子电池回收利用的全生命周期评价

　　生命周期评价（LCA）是一种评价产品、工艺或活动的整个生命周期阶段的有关的环境负荷的过程。国际标准化组织和国际环境毒理学与化学学会将其定义为：通过识别和量化产品、过程或活动的能量和物质利用情况及环境排放，评估能量和物质的消耗以及废物排放对环境的影响，寻求改善环境影响的建议的过程。LCA 过程分为 4 个步骤：目标与范围的确定、清单分析、影响评价和结果解释。目标与范围的确定，需要根据项目研究目的，界定研究范围；清单分析，需要对所需研究系统的输入和输出数据建立清单；影响评价是核心，包括资源耗竭、全球变暖、酸化、水体富营养化、光化学烟雾、臭氧层耗竭、人类毒性、海水生态毒性、放射性辐射、土壤生态毒性、淡水生态毒性等；结果解释，对结果及局限性做出解释并提出建议。目前，专门针对废旧锂离子电池回收过程的 LCA 研究还很少。关于回收过程的环境评价，需要考虑两个重要问题：首先是电池回收作为电池的整个生命的一部分，其重要性需要了解，尤其是循环利用对电池生产的积极效果；其次是不同的回收处理技术对环境的影响是否不同。在早期的锂离子电池 LCA 研究中，由于缺乏回收过程的数据，大多数 LCA 研究没有包括回收阶段。

中国汽车技术研究中心对国内企业的回收过程进行 LCA 分析结果表明，废旧锂离子电池处理产生的环境效益是水体富营养化、全球变暖、光化学烟雾、臭氧耗竭、人类毒性、土壤毒性和淡水生态毒性方面，尤其是和其他电池对环境的影响相比，在酸化潜力和人体毒性方面的环境效益更为明显。采用合适的回收方法用于废旧锂离子电池的回收处理，可以降低锂离子电池对环境的影响。美国环保署和能源部对在 EV 和 PHEV 应用中的锂离子电池进行了 LCA 分析，过程包括材料的提取、加工、制造、使用、回收和处置。基于来自电池回收商的生命周期清单数据，对于回收阶段进行环境影响评估，并对锂离子电池的 3 种回收技术（湿法冶金，火法冶金和直接回收）对环境影响进行了分析比较。虽然 3 种回收技术对于电池的环境影响有显著差异，但是回收处理都降低了整个生命周期的影响，特别是臭氧耗竭、职业癌症和非癌症危害。这种影响来自使用再生材料可以抵消原材料的提取和加工阶段所产生的影响。该报告还指出了几个可以减少在 EV 应用中的锂离子电池的环境影响，其中包括电池制造商最大限度地利用再生产品，有利于降低在新电池材料的生产中的影响，从而形成闭环材料流。

美国 Argonne 实验室针对湿法中有机酸的回收过程，进行 LCA 分析。研究结果表明，有机酸的回收过程不产生有毒有害气体，废液的影响较小，有机酸的优势在于其来源于大自然。根据 2025 年对中国电动汽车生产的预测，清华大学的研究者通过 LCA 评价对电动汽车生产过程中的能量消耗和温室气体排放进行分析。通过使用湿法冶金工艺回收 NCM 动力电池，可以将 EV 生产过程中的温室气体排放量降低 34%。在所有回收材料和工艺中，车辆的钢回收以及 NCM 电池正极的回收是两个主要降低环境影响的贡献者，分别可以减少总消耗的 61% 和 20%。因为电池是未来电动汽车发展必不可少的因素，因此电池回收具有巨大的增长潜力。量化回收对生产电池的好处是很有必要的。比利时根特大学的研究者对利用再生材料合成电池以及用原材料合成的电池的两个场景下的 LCA 进行分析比较。回收方案是 Umicore 开发的火法冶炼工艺。生产链获得 1kg 的投入 $LiMeO_2$（Me＝Ni、Mn、Co）用于 LIB 的正极生产。这两个场景对正极原材料 $MnSO_4$ 的生产表现出类似的能量需求。相反，用回收方案生产 $CoSO_4$ 和 $NiSO_4$ 消耗的能量为 96.9MJ，而用原材料生产需消耗能量 236.1MJ 生产方案，表明回收方案可以节省 51％的自然资源。进一步研究发现通过回收可以减少化石燃料资源的消耗 45.3％和核能消耗 57.2％。这项研究证明了回收对于电池材料生产的积极作用。值得注意的是原始采矿过程并不能通过回收过程完全取代。

上述研究证实了即使回收处理锂离子电池的技术不同，闭环回收可以减少对于环境的影响。数据的差异主要源于电池组成，数据来源，评估的范围和边界条件等不同。目前，能源消耗和温室气体排放是评估电池回收的主要指标。但是，其他指标也不容忽视，需要根据研究目标有选择地进行评估。需要足够的精确数据来获得更多可靠的结果，这对于电池的生产和回收是迫切需要的。

(5) 锂离子电池回收利用存在的关键问题和前景展望

目前，国际上对于湿法和火法这两种回收利用技术的优缺点尚无全面的评估。这两种回收方式在回收效率和成本控制方面各有优点和不足。科学研究者希望实现全面回收废旧锂离子电池；而企业希望能够提高回收效率和产品纯度，并降低回收成本；政府和环境工作者则希望锂离子电池在生命全周期过程中绿色无污染。总的来说，锂离子电池回收存在以下几方面的问题：

① 回收率问题

目前没有专门的消费类废旧锂离子电池的回收渠道，致使废旧锂离子电池的回收率很低，需要政府和企业通过教育和经济激励等政策，提供便捷的回收渠道，引导群众自觉回收废旧锂离子电池，从而提高废旧锂离子电池的回收率。

② 动力电池的梯次利用

未来几年锂离子动力电池将会大量结束服役，对于还具有 80％电量的动力电池，如何对这些剩余电量进行有效再利用是目前以及将来研究的重点，即动力电池的梯次利用问题。然而退役电池复杂性、拆解不便、品质不佳、电池组一致性不高、系统设计不均衡等原因造成电池梯次利用过程中经济损失，所以对动力电池进行梯次开发利用及其经济性研究是一个非常有现实意义的值得研究的重要课题。

③ 退役电池拆解问题

回收拆解成本较高，经济性欠佳，在预处理阶段，如何进行安全高效地自动化拆解是主要难题，尤其对于将要出现的大量动力电池。因此，既要实现低投入、低损耗、高效率的智能拆解，又要在拆解过程中避免起火爆炸等安全事故。

④ 回收过程的经济效益及环境问题

回收过程的经济性是回收企业生存的关键，如何切实地提高回收过程的经济效益是保证回收企业长期坚持的动力和根本。回收过程中使用强酸强碱和有机相等物质，或火法中采用高温烧结过程，都可能产生有毒有害气体或废液等，对环境和人体存在很大的危害，因此，如何避免这些潜在的二次污染也是回收中需要重点考虑的问题。

⑤ 回收过程的关键技术问题

为了得到纯度较高的再生产品，除杂是关键，如何通过简单的方法得到最好的除杂效果是将来研究的重点，尤其对于用作电池材料的原材料纯度要求更高。由于废旧电池材料的复杂性，导致后续的分离提纯过程变得复杂和困难，如何快速高效地分离各种金属也是今后研究的重点。另一方面，关于负极碳材料的回收应用一直较少，最近也有一些学者提出将负极材料重新再生成新的具有活性的碳材料，应用于其他领域。此外，对于电解液的处理涉及内容也较少，但是电解液含有的锂盐和溶剂对环境的危害很大，因此如何绿色处理电解液也是将来关注的重点。

综上所述，未来废旧锂离子电池回收的发展方向将是结合预处理、火法冶炼和湿法冶炼方式，以实现全面回收，同时去除回收过程的二次污染，并满足效率和成本上的协调关系。

(6) 锂离子电池回收国内发展的分析与规划路线图

我国锂离子电池回收中长期规划路线图建议见图 2-5。

目前我国锂离子电池回收企业，大多集中在珠三角和长三角地区，采用的工艺技术以湿法回收为主，通过无机酸浸出后，采用萃取沉淀等技术回收金属元素，该工艺相对复杂，流程较多。尽管我们对于锂离子电池的回收有很多研

锂离子电池回收	2018年	2025年	2050年
拆解技术	研发自动化拆解设备物料分选效率达85%以上	拆解技术智能化物料分选率达90%以上	智能化拆解物料分选率达95%以上
镍钴锰回收	镍钴锰回收率90%以上研发再生正极材料	镍钴锰回收率98%以上研发再生改性正极材料	高品质再生改性正极材料大量应用
锂元素回收	锂资源回收率60%以上	锂资源回收率90%以上	建立智能化,高效率低成本锂回收生产线
石墨回收	突破石墨回收及资源化技术	实现产业化石墨回收	实现石墨回收利用率90%以上

图 2-5 我国锂离子电池回收中长期规划路线图

究,但都仅限于实验室阶段,没有实现规模化应用。目前工厂仅仅是回收其中的锂、钴、镍和铜等价值较高的金属,回收过程极易造成二次污染,且回收效率较低,同时石墨等低价值的组分并未得到有效回收。自动化拆解是未来企业回收应解决的首要问题,研究开发整套自动化的拆解工艺,达到废旧电池快速、安全、环保拆解以及物料的高效分选。提高镍钴锰锂等金属元素的回收率,建立废旧锂离子电池→锂镍钴锰原料→再生正极材料的大循环,是提高电池回收经济效益的有效措施。电解液的无害化处理以及石墨的产业化回收,是提高回收环境效益的必经之路。今后废旧锂离子电池资源化回收技术研究将沿着低成本、低污染、高效率的方向发展,形成电池"生产→销售→回收→再生产"的闭路循环体系。

2.2 锂离子电池关键科学与技术问题及下一代研发方向

2.2.1 锂离子电池的下一代关键材料

(1) 高比容量高电压正极材料

最早商业化的 $LiCoO_2$ 材料由于结构稳定性的限制,在实际应用中只有能

达到 $140mA \cdot h/g$ 的比容量。尖晶石材料 $LiMn_2O_4$ 和聚阴离子材料 $LiFePO_4$ 虽然在安全性上更胜一筹，价格也更低，但是也受制于较低的理论比容量（$148mA \cdot h/g$ 和 $170mA \cdot h/g$）。为了使锂离子电池获得更高的能量密度，人们总是希望单位质量的正极材料能够脱出更多的 Li^+，同时具有更高的放电电压。通过过渡金属取代等方法，改变电极材料中发生电荷转移的过渡金属的种类，可以提高其放电电压。在 $LiMn_2O_4$ 中掺入部分的 Ni^{2+}，形成 $LiNi_{0.5}Mn_{1.5}O_4$，可以使尖晶石相正极材料的电压从 $3.9V$ 上升至 $4.7V$；Co、Ni 取代 $LiFePO_4$ 中的 Fe，可分别将电压提高至 $4.8V$ 或 $5.1V$。要获得更高的容量，需要满足材料中有更多的可脱嵌的 Li^+。此外，在层状化合物中，目前只有接近一半的 Li^+ 可以实现可逆的脱嵌，并保持良好的循环稳定性。其晶格中仍然存在足够的潜在可以可逆脱嵌的 Li^+。如何使其中更多的 Li^+ 实现可逆的脱嵌是提高层状材料比容量的关键。常用的有两种方案：①通过表面修饰和体相掺杂等方法，提高其深脱锂状态的结构稳定性，应用在 $LiCoO_2$、NCM、NCA 上，Mn、Ni、Al 替代 $LiCoO_2$ 中的 Co 降低了材料的成本和毒性，同时提高了材料的安全性，这种方法最高可以实现接近 $200mA \cdot h/g$ 的可逆容量；②层状结构的过渡金属层中 1/3 的过渡金属可以被 Li 取代，形成 $Li[Li_{1/3}M_{2/3}]O_2$（M＝Ti,Mn,Zr,Ru,Sn,Ir 等）结构，也可表示为 Li_2MO_3，其中 Li_2MnO_3 获得了最多的关注。纯相 Li_2MnO_3 并没有很好的电化学活性，但是 Li_2MnO_3 和 $LiM'O_2$（M′＝Ni,Mn,Co,Fe,Cr 等）复合，可以获得大于 $250mA \cdot h/g$ 的可逆容量

（2）硅碳负极材料

高容量的合金材料包括硅基负极材料是未来的主流发展方向。众所周知，锂离子电池的能量密度主要由正极材料和负极材料容量大小决定。因此负极材料作为锂离子电池必不可少的关键核心材料，自从锂离子电池商业化以来受到了持续的关注。目前石墨负极因其具有脱嵌锂电位低，相对于正极较高的比容量，结构稳定，体积形变小等优点，被市场广泛采用。然而，尽管商业化的石墨类材料容量是现有正极材料容量的两倍。但是通过计算模拟，在负极材料容量不超过 $1200mA \cdot h/g$ 的情况下，提高现有负极材料的容量对整个电池的能量密度仍然有较大贡献。石墨的理论容量为 $372mA \cdot h/g$，目前高端石墨的比

容量可达 365～368mA·h/g，已很难得到较大提升。同时，硅材料因其高的理论容量（4200mA·h/g），环境友好、储量丰富等特点而被考虑作为下一代高能量密度锂离子电池的负极材料。

在 2016 年启动的"十三五"国家重点研发计划中，新能源汽车试点专项启动了旨在针对基础前沿研究及产业化锂离子电池项目，其中前沿基础类项目锂离子电池的能量密度指标是 400W·h/kg，产业化类项目的指标是 300W·h/kg，石墨类负极材料已经无法达到此目标，而从申请的情况看，所有的团队均采用了硅基材料作为下一代高能量密度锂离子电池的负极，这也给硅负极材料提供了一个难得的发展机遇。目前硅负极面临的问题主要源于其高达 300% 的体积膨胀以及由膨胀导致的不稳定 SEI。前者会导致活性材料粉化，从导电网络中脱落，后者则会导致电池循环过程中活性锂不断被消耗，大大降低了其循环稳定性。为解决上述问题，人们对硅材料进行了一系列掺杂、复合、包覆、造孔、纳米结构等方面的工作，但其中更具应用前景的可分为 3 个方向：纳米硅碳材料、氧化亚硅基材料、无定形硅合金。目前国内外多数公司均对纳米硅碳技术进行布局，部分公司已有批量生产的计划，且材料的循环性能已基本满足电芯企业的要求，然而仍存在膨胀等方面的问题。目前纳米硅碳负极材料仍是最有希望大规模生产的材料之一，各大公司的技术要点基本都集中于硅的纳米化以及复合结构的设计。从全球角度看，日韩企业较早的制备出循环性较好的纳米硅碳材料，国内企业也在奋起直追，深圳贝特瑞公司在该方向也取得了较好的成绩。江西紫宸、上海杉杉等公司也有小批量的样品供货。但由于工业基础较为薄弱、中试放大起步较晚、投入资金欠缺等问题，我国在硅基负极方面目前与国际最高水平尚有差距，但随着市场需求的增加，国内的硅负极的产品质量和产量均也在飞速发展。近三年随着市场需求的增加，对硅负极研究中试的企业逐步增加，目前已明确进行中试的企业就有不到十家。其中深圳贝特瑞、上海杉杉、江西紫宸等可以送样并吨级供货。后期除了上述技术问题外，制程的自动化、无尘化以及材料的批次稳定性等问题也亟待解决。

(3) 陶瓷复合有机隔膜

随着新能源汽车产业以及储能电池等新能源产业的进一步发展，对传统锂离子电池各方面性能都有进一步的要求。传统隔膜是基于高分子材料，商业化的锂离子电池隔膜以聚乙烯、聚丙烯单层膜和聚乙烯/聚丙烯/聚乙烯三层膜为主。然而高分子材料在高温情况下会发生物相变化，例如聚乙烯隔膜在140℃、聚丙烯隔膜在160℃都会发生收缩，甚至融化，导致电池正负极接触，发生内短路，引起电池燃烧等事故。

针对传统隔膜的缺点开发了陶瓷复合有机隔膜。这种隔膜的制备工艺简单，同时还结合有机材料的柔性和无机材料的吸液性、耐高温性等优点。可以充分保证电池在使用过程中隔膜的完整性，避免了电池短路、爆炸事故的发生，提高了锂离子电池的安全性。陶瓷隔膜主要用于高电压的 3C 电池、动力以及储能电池。随着电动汽车、储能等新能源产业的推广，对于高性能陶瓷隔膜的需求呈现显著增长。我国是锂离子电池生产大国，除隔膜之外，正负极材料以及电解液材料都已经实现了大规模国产化，但是高性能隔膜并未实现国产化。近 70% 的产品受制于美国、日本、韩国等国的垄断企业。在这种基础上，国内企业和科研机构密切合作，在陶瓷复合隔膜的研发和产业化方面取得了丰硕的成果。例如河北金力新能源公司与中国科学院上海硅酸盐研究所合作，开发出了兼备高透气性、高机械强度、耐热性好的陶瓷复合隔膜。在 180℃ 下热收缩率仅为 1.5%，可以有效避免锂电池在过充、短路及针刺等情况下的安全性。中航锂电公司联合厦门大学对陶瓷复合隔膜进行了系统研究，于 2013 年6 月建成一条陶瓷功能隔膜试验线，形成了 300 万平方米/年的生产能力。成都中科来方公司与中国科学院成都有机化学有限公司联合，针对陶瓷隔膜和水性黏结剂上申请了一定国家专利。同时国内隔膜材料公司沧州明珠、河南义腾、天津力神、比亚迪等都投入了大量的资源开发陶瓷隔膜，取得了一定的成果。部分厂家进行了批量生产。由此可以看出，国内陶瓷复合隔膜正在迅速发展，相关的研究和产业化主要集中在单面复合和双面复合工艺之上。

尽管以现有聚烯烃微孔膜为基膜的陶瓷涂覆技术，虽然具有投资相对较小、开发周期短等优点，但从长远发展前景考虑，存在着核心技术掌握不充分、发展后劲不足和盲目跟风等问题。陶瓷复合隔膜虽然可以提高隔膜的耐热性、吸液保液性和电池安全性，但同时带来一些新的问题。陶瓷涂层隔膜会增加隔膜的厚度，增加电池的内阻，使电池能量密度降低，同时提高了隔膜的成本。其次，有机、无机材料的界面相容性较差，往往导致陶瓷复合隔膜出现掉粉问题，若通过提高黏结剂用量改善掉粉问题，则会造成隔膜孔径和孔隙率严重下降。陶瓷涂布工艺的控制需要根据基膜以及具体应用条件而改变。陶瓷材料的强吸水性给锂离子电池的生产带来麻烦。传统隔膜注液之前只需 80℃ 烘干即可，而陶瓷隔膜注液之前需要 110℃ 烘干。

（4）新型电解液功能添加剂

在电解质研究开发方面，目前商业化锂离子电池的电解质采用 $LiPF_6$ 溶解在环状碳酸酯和链状碳酸酯的混合溶剂中，并在其中加入功能添加剂。目前各大公司研发重点也主要集中在开发不同作用的新型高性能功能添加剂，这些添加剂的特点是用量少但是可以显著地改善电解液某一方面性能，具体如下。

① 成膜添加剂

作用是改善电极与电解质之间的固体电解质界面膜的性能，从而提高电极循环稳定性和电池库仑效率。

② 过充电保护添加剂

在电池过充电时会使电极、集流体、电解液以及隔膜的性能退化，进一步可能导致内短路、产气致电池失效。除了可以外电路的控制和保护改善这个问题，使用过充电保护添加剂也是一种有效的方法。过充保护添加剂主要包括氧化还原电对、电聚合和气体发生三种类型的添加剂。

③ 阻燃添加剂

阻燃添加剂的加入可以在一定程度上降低电解液的可燃性，从而提高锂离子电池整体的安全性。

④ 离子导电添加剂

离子导电添加剂的作用是提高电解液的电导率，主要是通过阴阳离子配体或中性配体来提高锂盐的解离度从而达到提高电解液电导率的目的。

（5）固体电解质

目前商用的锂离子电池大都采用含有易燃有机溶液的电解液，存在着一定的安全隐患，发展固态锂电池是提高电池安全性的可能的技术方案之一。固态电解质是固态电池中的关键材料。固态电解质材料可能具备以下的优点：①不易燃烧、不易爆炸；②无持续界面副反应；③无电解液泄漏、干涸问题；④高温寿命不受影响或者更好。固体电解质材料可大致分为聚合物固态电解质、无机固态电解质以及复合电解质。

聚合物电解质材料中被研究得最多的是聚环氧乙烷（PEO）-LiTFSI（LiFSI）体系。PEO 基聚合物电解质材料具备易成膜、易加工、高温下离子电导率高等优点，但 PEO 氧化电位为 3.8V，难以与钴酸锂、层状氧化物、尖晶石氧化物等高能量密度正极相匹配，而且 PEO 基电解质工作温度一般在 60～85℃，电池需要热管理系统；其次，该类电池一般使用金属锂负极，电池在充放电过程中，金属锂在界面处的不均匀沉积，使得电池存在锂枝晶刺穿聚合物膜，进而造成内短路的隐患。因此，发展耐高电压、室温离子电导率高、具有阻挡锂枝晶刺穿、力学性能良好的聚合物电解质是重要的研究方向。无机固态电解质材料主要包括氧化物和硫化物。目前已经小批量生产的固态电池主要是以无定形 LiPON 为电解质的薄膜电池。Bates 等采用射频磁控溅射的方法生长 LiPON，其室温离子电导率为 $(2.3 \pm 0.7) \times 10^{-6} \mathrm{S/cm}$，电化学窗口为 5.5V。在电解质层较薄时（$\leqslant 2\mu\mathrm{m}$），面电阻可以控制在 $50 \sim 100\Omega \cdot \mathrm{cm}^2$，在电流密度较小时，由电解质引入的过电位可以接受。氧化物室温电导率最高的是石榴石结构的钽（Ta）掺杂的锂镧锆氧（$\mathrm{Li_7La_3Zr_2O_{12}}$），室温离子电导率可以达到 $1 \times 10^{-3} \mathrm{S/cm}$，硫化物室温电导率最高的是 $\mathrm{Li_{9.54}Si_{1.74}P_{1.44}S_{11.7}Cl_{0.3}}$，室温离子电导率达到 $25 \times 10^{-3} \mathrm{S/cm}$。无机固态电解质的优点是部分材料体相离子电导率高，能够耐受高电压，电化学、化学、热稳定性好，对抑制锂枝晶生长有一定效果。从组装器件角度考虑，一般无机固体电解质需要加工成薄膜或者薄片，除了 LiPON 等少数几种固体电解质，大多数材料难以制备成薄膜。陶瓷薄膜和薄片的缺点是韧性差，容易在加工、组装、运行过程中出现裂纹。无论是薄膜还是陶瓷片，与正极、负极的物理接触相对于液体差。同时，为了增加接触面积，需要在正极内部复合大量的固体电解质。在充放电过程中由于正负极材料的体积形变，物理接触会进一步恶化。另外，接触面积小导致单位几何面积的界面电阻较大。界面电阻还与空间电荷层效应导致的电阻提高有关，这一点在硫化物与氧化物电解质复合时较为突出。为了降低界面电阻，除了需要在正极侧引入足够体积分数的固体电解质以修饰正极表面，有时还需要在电芯两侧加压，这导致电芯质量和体积能量密度较低、电芯加工时带来了较大的难度，一致性难以保证。与氧化物相比，硫化物相对较软，更容易加工，通过热压法可以制备全固态锂电池。最近展示的固态锂电池室温下甚至能在 60℃ 下工作，虽然此时体积和质量能量密度会显著下降，但至少这一结果体现了固态电池在高功率输出方面的潜力。但是硫化物电解质对空气较敏感，容易氧化，遇水容易产生硫化氢等有害气体。通过在硫化物中复合氧化物或掺杂，这一问题可以改善，但最终能否满足应用对安全性、环境友好特性的要求还需要实验验证。现阶段，采用无机陶瓷固体电解质的全固态大容量电池电芯的质量和体积能量密度还显著低于现有液态锂离子电池。

设计兼顾力学特性、离子电导率、宽电化学窗口的固体电解质，理想的方法是形成聚合物与无机陶瓷电解质复合的材料。两相复合后，原来连续相的离子通道有可能不连续。无机陶瓷电解质在薄膜和薄片中主要通过体相或晶界传导离子，当无机陶瓷电解质颗粒分散在聚合物中后，如果尺寸较小、体积分数较低，连续的体相传导路径会被中断，离子传导路径有可能是通过聚合物与无机陶瓷颗粒之间的晶界的界面传导。在微观上看作是聚合物离子导电畴与无机陶瓷导电畴形成的串并联导电网络。只要控制好几何特征，理论上两相中的每一相可以在微观上形成连续的离子通道，同时在两相界面处形成快离子通道。但在实际体系中，两相或者多相复合电解质与正极颗粒、电子导电添加剂的均匀分散，在工程上具有很大的挑战。此外，两相复合时，更为关注的是离子在相界面的传输特性，这方面深入的研究目前还较少。高能量密度的正极材料具有较大的嵌锂容量和较高的电压，充放电过程中会有显著的体积变化。采用固态电解质时，在正极与固体电解质膜的界面，以及正极内部与固体电解质相接触的界面，都有可能出现接触变差的情况。一种解决的方法是在正极颗粒表面原位或非原位沉积或热压一层固体电解质，在正极颗粒孔隙填充有一定弹性的固体电解质，形成连续离子导电相，类似于液态电解质。或者在正极侧引入液体，形成连续固液复合体系。由于难以单独注液到正极，引入液体后，是否能具备固态锂电池兼具高能量密度和安全性的优点是关键，这取决于引入液体的电化学特性和其他物理化学特性，以及金属锂电极是否预先完全被保护。既然现有的液体电解质的安全性已经基本满足要求，因此，在固态电池中，添加液体减少正极侧接触电阻，应该是一个能兼顾动力学与安全性的解决方案。但是寻找到能在高电压工作、浸润性好、安全性好的液态电解质添加剂也并非易事，这本身就是液态锂离子电池目前主要攻关的方向和技术瓶颈之一。

(6) 碳纳米管、石墨烯复合导电添加剂

碳纳米管是由单层或者多层石墨烯层卷曲而成的一维管状纳米材料，基本单元为六边形碳环结构，直径约为 5nm，长度为 $10\sim20\mu m$，按照石墨层数，可分为单壁 CNT（SWCNT）和多壁 CNT（MWCNT），其中 MWCNT 的石墨层间距约为 0.34nm。CNT 具备良好电学性能、热学性能及储锂性能。CNT 作为一维管状结构，碳环还可以形成共轭效应，少量的添加就可以形成充分连接活性物质的导电网络，有利于提高电池的容量和循环稳定性。CNT 良好的热学性能有助于电池的散热，减少极化，因此可以提高电池的高低温性能和安全性。但是，CNT 作为导电添加剂也存在两个主要的问题：一是 CNT 之间强烈的范德华力，导致在活性物质中很难均匀分散，阻碍了导电性能的发挥；二是 CNT 在合成过程中易残留有金属催化剂，在电池高电位的充放电过程中，金属杂质容易氧化并在负极表面析出，导致电池内部微短路，自放电严重，甚至造成安全事故。

一般作为导电添加剂的导电碳材料如导电石墨和炭黑等都是由高度堆积的 sp^2 碳层组成，只有最外层的石墨烯层才能与活性物质接触并起到导电的作用，如果能将这些堆积的石墨烯片层完全打开，并将这些片层与活性物质颗粒混合均匀，每一片石墨烯都能起到导电的作用，进而提高导电效率。石墨烯可以看作是将这些导电石墨打开得到的片层，这些石墨烯片层具有高的电子电导率，使得石墨烯作为导电添加剂具有很好的应用潜力。

(7) 涂碳集流体

为了能够显著提高各种电极材料与集流体之间的结合强调、降低界面电阻，从而提高器件的循环寿命、降低内阻。对于铝箔，主要是对现有铝箔进行表面处理，比如粗化处理、清洁处理。最近研究较多的是在正常铝箔表面涂上一层很薄的导电碳来优化电池性能。在高性能涂碳集流体中，碳层与铝层之间形成了牢固的冶金结合，有效提高了碳层与铝箔之间的结合强调，接触电阻极低。该类材料还具有良好的电化学相容性和优异的耐高温性能可用于锂离子动

力电池正极集流体、超级电容器正负极集流体、固体高分子电解电容器负极集流体。

（8）新型多功能黏结剂

黏结剂作为电极的重要组成部分之一，起到连接活性物质、导电剂，并将其黏附于集流体的功能。通常在锂离子电池中，合适的黏结剂应具备以下基本性能要求：①黏结剂侧链要有极性基团，为活性物质、导电剂和集流体之间提供强黏结力和高拉伸性；②黏结剂浸泡在如 EC、PC 和 DEC 等溶剂中应保持物理和化学稳定性，且与电解液的浸润性好，确保有效的锂离子传输；③拥有稳定的电化学窗口，正极黏结剂应拥有较宽的电化学稳定窗口（高达 4～5V，相对于 Li/Li$^+$），避免发生电化学氧化。负极黏结剂也应在低电位（0V，相对于 Li/Li$^+$）时拥有足够的电化学还原稳定性；④黏结剂对电极反应过程中电子和离子的传导不会产生负面影响；⑤黏结剂热稳定好，在 $-50～150℃$ 均能稳定存在，黏结性不会随温度变化而变差；⑥黏结剂能够使活性物质和导电剂的浆料均匀混合；⑦黏结剂应价格合理、环境友好、使用安全。

随着锂离子电池向高能量密度的发展，传统商业化的石墨负极材料将逐渐被合金、金属氧化物等高比容量负极材料取代。高比容量负极材料在循环过程中容易产生较大的体积变化，而传统的黏结剂 PVDF 并不能适应这种大的体积形变，在循环过程中会出现活性物质的剥离、电接触不好及容量的衰减。此外 PVDF 容易在电解液中发生溶胀，导致活性物质表面存在大量的液体，形成厚的 SEI 层。因此开发多功能黏结剂用于下一代锂离子电池正负极材料成为关键。其中以羧甲基纤维素钠（CMC）、聚丙烯酸（PAA）、海藻酸盐（Alg）、聚酰亚胺（PI）等为材料为主的黏结剂在电池性能测试方面均表现得优于传统黏结剂 PVDF。其中 PI 由于其耐高温性能优异，被越来越多人青睐。另外一个重要的发展方向是导电聚合物。导电聚合物黏结剂是在未使用导电添加剂时使得电极具备黏性和导电性的非活性成分黏结剂，即可在保持电极结构稳定的同时提高导电性能。具体来讲，导电聚合物黏结剂的使用可以消除活性物质和导电添加剂（如炭黑、碳纳米或石墨烯）之间脆弱的界面，抑制或完全避免活性物质和导电添加剂之间的物理分离造成的容量损失。此外，导电聚合物黏结剂代替传统黏结剂和导电添加剂的使用意味着电池中的非活性成分最小化，减小影响参数。尤其是导电聚合物包覆的复合材料可以改善硅材料的表面特性，能够形成一层薄而稳定的 SEI 膜。目前研究的导电聚合物包括聚苯胺、芘修饰的丙烯酸甲酯、3,6-聚菲醌、多种聚芴基聚合物和聚（3,4-乙烯二氧噻吩）/聚苯乙烯-4-磺酸酯（PE-DOT：PSS）等。

目前，传统锂离子电池黏结剂 PVDF 国内市场基本被索尔维（Solvay）、阿科玛（Arkema）和吴羽化工（Kureha）等国际氟化工巨头所把持。水性黏结剂往往较 PVDF 黏结剂添加量少，主要用于负极上。ZEON 是全球最早做水系负极黏结剂研发、生产及销售的日本公司，目前在全球市场份额占到 60% 以上。国内黏结剂厂商技术较为薄弱，但随着新型正负极材料的开发与应用，如上所述的新型黏结剂也有很大的潜力。黏结剂作为电池制造的必备材料之一，但其用量较低，成本占电池制造成本的 1% 以下。未来在电动汽车需求的推动下，再加上消费电子和储能领域的锂离子电池需求稳步上涨，黏结剂的市场规模会达到十几亿，甚至数十亿元。目前黏结剂市场基本被日韩企业把控，而最近兴起的硅碳负极材料迫切需求开发出更适合的新型黏结剂，是一个市场重新洗牌的新契机。

2.2.2　新一代锂离子电池技术

锂离子电池的应用正从消费电子领域逐渐向电动汽车、智能电网、通信基站、绿色建筑等方面发展。因此未来锂离子电池技术的发展方向将呈现出多元化的趋势。对能量密度要求越来越高的消费电子产品将追求高能量密度的极限，电动汽车领域则需要在能量密度与功率密度中进行折中选择，而追求廉价、长寿命的大规模储能领域则要求电芯能够经得起上万次的充放。这一系列新的需求对电芯厂家的技术路线都提出了新的要求，如何适应各种类型电芯的需求，设计出符合客户条件的电芯成为未来电芯厂家需要面对的主要难题[18-20]。

（1）高能量密度电芯技术

高能量密度锂离子电池技术是未来的核心技术。目前，世界各国都将能量密度的提升作为锂离子电池发展的标志。日本政府早在 2009 年就提出了高能量密度电池的研发目标，2020 年，纯电动汽车用动力电池电芯能量密度为 250W·h/kg，2030 年达到 500W·h/kg，2030 年以后发展到 700W·h/kg。美国政府 USABC 在 2015 年 11 月将 2020 年电芯能量密度由原来的 220W·h/kg 修订为 350W·h/kg。《中国制造 2025》确定的技术目标为到 2020 年锂离子电池能量密度到 300W·h/kg，2025 年能量密度达到 400W·h/kg，2030 年能量密度达到 500W·h/kg。

从历史上看，商业锂离子电池能量密度的提高较为缓慢。过去 25 年，电池能量密度每年提升 7.6W·h/kg，而且是线性稳步提升。按照这一速度，动力电池能量密度从现在的 180W·h/kg 提升到 400W·h/kg，还需要 28 年，也就是说要到 2043 年。显然，电池发展需要革命性的技术，才能尽快彻底解决能量密度的技术瓶颈。

传统的提高能量密度的技术手段主要从以下几个方面入手：提高正负极材料的比容量、减少电芯非活性材料用量、更换材料体系等方法。经过近 30 年的努力，锂离子电池的质量能量密度从 1991 年的 80W·h/kg 逐渐发展到 265W·h/kg，是过去的 3 倍之多。这主要得益于电芯制备技术及配套技术的不断发展，钴酸锂的容量从最初的 135mA·h/g 提升到目前的 180mA·h/g，压实密度也达到了 $4.2g/cm^2$；电解液的耐充电压允许提升至 4.4～4.6V；同时作为集流体的 Cu 箔与 Al 箔从初始的 $40\mu m$ 减薄至 $8～10\mu m$，隔膜从 $25～40\mu m$ 减薄至 $11\mu m$，封装材料从原来的钢壳发展到轻质铝塑膜材料，这些技术的进步显著提高了电池的能量密度。

未来，全新的电池材料体系将能为高能量密度的电池提供助力。更换以金属锂或硅为负极，富锂材料、高镍三元、高电压钴酸锂、高电压镍锰尖晶石为正极材料的电池体系有望将锂离子电池的能量密度提升至 300～400W·h/kg；锂硫电池的出现能够将电池的能量密度提升至 500W·h/kg 以上。而最终，兼顾能量密度与电芯安全性能的最佳解决方案可能由固态电池完成，在最优化的电芯设计下，固态电池能够将锂离子电池的能量密度显著提升，达到 300W·h/kg 以上，并显著提升安全性与可靠性。

（2）高功率密度电芯技术

在目前的技术条件下，很难实现高功率与高能量电芯的统一。在追求能量密度的过程中会不可避免地降低电芯的功率特性。比如在现阶段，提高电极材料的负载量同时提高压实密度是提高电芯能量密度的有效方法，但这两种方法都会阻碍电芯功率密度的提升。

比较常见的提升电池功率密度的方法有减薄极片、减小材料尺寸、增加电解液用量、使用三维导电添加剂、采用动力学性能好的正负极材料等方法。但这些方法对电芯功率密度的提升都有一定的阈值进行限制，无法超越。在提升电芯功率密度的同时还应该兼顾电池的内阻，提高电池的散热性能与安全性能，是一个复杂的工程问题。

未来希望高功率电芯能够从材料体系或反应机理中得到突破。从材料体系入手，不改变现有的插层反应或化学反应机制，寻找动力学性能更加优异的正负极材料，或通过改性提高现有材料的动力学性能，从而提高倍率性能。新的反应机制希望从反应的根源入手，找到反应速率更快的物理、化学储能过程，从而替代现有技术。目前，锂离子电容器是一个有力的候选者。其反应原理结合了锂离子电池的插层反应，同时又借鉴了电容器的电荷快速吸附原理，从而提高了锂离子电池的功率特性，还能在一定程度上兼顾能量密度。除了以上两种方法，在传统的工艺设计上进行电芯设计的优化、降低内阻、增强安全性也都会成为功率型锂离子电池的发展路线。

（3）双高电芯技术

在现有电芯的反应机理和设计条件下，高能量密度和高功率密度很难同时满足。一项指标的提升往往以牺牲另一项指标为代价。因此，双高电芯的制作不能以现有技术为基础进行简单的技术升级，而是需要对电芯结构、反应机制与整体设计有全新的设计或改造。

在反应机制的探索上，希望能够找到动力学性能好同时又能够大量储存锂离子的正负极材料。可以考虑多种反应机制共存的材料体系。以石墨和硬碳为例，我们更希望找到像硬碳一样能够进行一定的插层反应同时具有较大的比表面积，能够对锂离子进行快速吸附并提供更多的活性反应位点从而加快充放电速率的材料。从电芯结构与整体设计出发，希望能够设计出双功能双通道电芯。所谓双功能即同时满足能量与功率的要求。而双通道指的是电芯的主要电化学反应机制能够在功率型及能量型之间进行快速切换，在需要功率输出的场合下，尽量使用以吸附为主、插层为辅的充放电机制；在对能量要求较高的应用场合，则需要充分发挥各部分的储锂优势，最大化电池的能量密度。

从目前技术出发，我们需要在能量密度与功率密度之间做一个平衡，在不那么苛刻的条件下尽量满足用户对能量与功率的输出要求。

（4）其他电芯技术

除了对能量密度与功率密度的追求，在一些特定的应用场合下，会对电芯的性能有着不同的要求。

在大规模储能领域，希望能够得到寿命更长的电芯。除了对电池材料的循环性能进行优化外，电芯整体的耐腐蚀性，老化周期都需要进行设计。同时这也对电芯的制造工艺提出了苛刻的要求，需要电芯具有精细的加工及良好的一致性。在加工过程中造成封装材料或隔膜的微小损伤，经历长时间的使用后，这些看不见的伤痕就会危及电池及使用人的安全。

① 高温电芯技术

电芯的高温性能差主要受到正极材料、电解液以及负极 SEI 膜的影响较为明显。上述参数温度变化极为敏感，从 25℃ 到 45℃ 变化会在很大程度上加速正极材料与电解液的老化，同时导致负极 SEI 的溶解与消耗。因此设计耐高温电芯需要从正极材料表面修饰及电解液功能化两个方面入手。从正极角度看，需要抑制正极过渡金属的溶解与氧气的析出过程，目前常用的手段是包覆与掺杂改性。从电解液角度入手，需要解决更为复杂的难题。首先需要电解液自身在高温下具有稳定的电化学窗口及稳定的物理、化学性质；同时电解液需要能够在负极表面生长完整并且能够耐受高温的 SEI 层，最后电解液还需要能够在一定程度上抑制正极材料的表面老化。综合以上三点，在解决高温电芯技术的过程中，功能电解液的开发是非常重要的一个环节。

② 低温电芯技术

电动汽车及智能电网的应用多集中在气候温暖的地带，一旦进入气温低于零度的区域电池性能便会急速下降，同时电池的安全性也会受到严重的影响。性能的下降主要由于温度过低的时候电极材料的动力学性能变差，锂离子传输速率变慢，同时电解液中的离子迁移速率也会受到影响。安全性能则主要由石墨负极影响，低温下石墨负极嵌锂变得更加困难，导致大量 Li 离子堆积在材料表面出现析锂现象，导致安全隐患。解决电池低温性能主要需要从材料、电解液及电池设计上入手。选取低温动力学性能好的正负极材料或通过改性提高现有材料的低温性能是一条非常重要的发展路线，同时电解液也需要做低温化的设计，在溶剂选择、添加剂筛选上进行优化。电池设计主要指在电芯内部或外部添加保温或加热装置，类似的设计已经出现并在工业化实现的路上。

除了以上几类电芯外，在一些特殊应用场合，比如深海应用的耐高压、防水电芯技术，太空应用的真空使用电芯技术等都等待着科研与工程人员的不断探索与改造。相信在不远的未来，适应各类应用的场合的电芯技术将不断涌现，填补一个又一个的技术空白。

2.2.3　下一代金属锂基新电池体系

(1) 锂硫电池

硫因其资源丰富、价格低廉、环境友好及高能量密度，被认为是优良的正极材料而备受关注，其能量密度是传统锂离子电池石墨/$LiCoO_2$ 的近 6.5 倍。现阶段电动汽车的目标为一次充电可实现 500 公里的里程，其所需的能量密度需高达 500～600W·h/kg，锂硫电池是实现这一目标的最好选择之一。为了提高锂硫电池的电化学性能，主要的研究方向致力于降低硫的尺寸大小及均匀的空间分布。将硫与具有特殊纳米结构的碳进行复合可使其电化学性能得到提高。纳米碳可以提供稳固的空间容器，可适应其电化学循环过程中的膨胀、提高其电子电导，且可以通过化学的和物理的作用抑制聚硫离子的溶解等。目前，除了制备具有特殊结构的碳硫复合物外，提高硫正极的方法还有导电聚合物包覆和添加氧化物吸附添加剂等方法。此外，在聚硫离子阻隔层、电解液添加剂和新的电解液体系等方面也做了很多的努力。在过去近 80 年里，经过大量研究人员不懈努力，Li-S 电池的机理研究和性能均已取得了一定的进展，但仍存在一些问题，如金属锂负极、活性物质负载率、单位面积负载量及新型电解液等，目前距离 500～600W·h/kg，循环 500～1000 次这一目标仍有较大的距离，还需研究人员进一步的研究和开发。

（2）锂空电池

根据热力学能量密度计算，锂空电池具有除 Li-F 电池体系最高的能量密度，受到了大家极大的研究关注。锂空电池研究的工作气体以 O_2 为主，也有部分工作在 CO_2、水含量、SO_2、N_2 和空气等不同气氛下进行了研究。根据使用的电解质不同，锂空电池可以分为非水系锂空、水系锂空、固态锂空以及固液混合锂空。可充放二次锂空电池，以 $2Li+O_2 \longrightarrow Li_2O_2$ 为主要反应过程，理论能量密度为 $3505W \cdot h/kg$。水系锂空电池以 LiOH 为放电产物可以解决 Li_2O_2 阻塞正极孔洞的问题，但为了避免水和金属锂的剧烈反应，必须要在金属锂表面添加固态电解质作为保护隔离层。而固态电解质在锂空中的研究近几年才逐步开展，因此水系锂空的研究较少。锂空过高的充电电位使得液态电解质极易在 4V 以上分解，形成碳酸类的副产物，并且溶解的气体也可与负极的金属锂反应，因此具有宽电化学窗口、可隔绝气体和水分直接与金属锂反应、解决锂枝晶问题的固态电解质有望解决锂空电池的部分问题。能直接在空气下保持高能量密度、长循环的工作，是锂空电池研究的最终目标。空气中含有大量的 N_2 和少量 CO_2、水分、粉尘等其他物质，这些杂质都会对锂空电池的使用造成影响。在以碳材料为正极的锂空电池里，放电过程中会发生 $Li_2O_2+C+O_2 \longrightarrow Li_2CO_3$ 的反应，在碳材料和 Li_2O_2 的接触面形成 Li_2CO_3。而反应气体里如果含有 CO_2，也会有 Li_2CO_3 的积累。水含量对锂空电池的研究报道较多，氧气或电解液中携带的少量水可促进 $Li_2O_2+H_2O \longrightarrow LiOH$ 的进一步反应，提升锂空电池的容量。而直接在空气下进行充放电的锂空电池研究较少，在空气中，Li_2O_2 与 CO_2 和 H_2O 反应生成 Li_2CO_3 和 LiOH，循环后全部为 Li_2CO_3 的积累。

（3）固态锂电池

从锂离子电池设计角度出发，如果希望能量密度能有质的提升的必由之路是负极含金属锂的可充放金属锂电池。但是在含有液体电解质的电池中，金属锂电极在充放电循环过程中，容易形成锂枝晶和孔洞，这一问题在大面容量、大电流密度下更加突出。锂枝晶的形成容易造成电池内短路，同时金属锂不均匀沉积和溶解后会暴露出新鲜的高活性表面，和液体电解液的副反应会加剧，导致了金属锂的粉化失活、消耗电解液、内阻增大、胀气等问题。这些现象导致在高能量密度大容量全电池中循环性、功率特性差，电芯不安全。由于存在这些困难，解决金属锂负极循环稳定的问题寄希望于固态电解质的使用和全固态锂电池技术。理论上全固态电池中，由于不含液体电解质，能够避免液体电解质与金属锂的持续副反应，同时利用固体电解质的力学特性可以抑制锂枝晶造成的内短路。

尽管全固态电池理论上具有很多优点，但在实用化时也面临着很大的挑战。例如，固体电解质、正极活性物质、导电添加剂通过聚合物黏结剂连接在一起，在循环过程中，由于正极颗粒的膨胀收缩，固体电解质与正极颗粒以及导电添加剂之间的物理接触会逐渐变差，内阻不断增大。如果固体电解质相在原子和分子尺度上能类似于液体一样，跟随正极颗粒的体积变化，则可能解决这一难题。显然，在正极颗粒表面非原位或原位生长、形成固体电解质薄层，是可能的解决办法。但如何生长固态电解质，如何精确控制固态电解质层的厚度和覆盖度，不影响电子电导，如何工程放大，还不是非常清晰。目前演示的全固态锂电池，主要是在正极中混合足够体积分数的固体电解质，这会显著降低电芯能量密度。全固态电池需要解决的另外一个难题是在循环过程中固体电解质层如何与正负极层保持良好的物理接触。这一方面需要固体电解质层具备一定的柔性，能够跟随正负极的体积变化而保持良好的物理接触，另一方面正负极的体积膨胀收缩应该在一定的范围内得到控制，此外，界面接触层不能反复断裂和再形成。如何实现这一点，需要在固体电解质和正负极层的设计方面采取创新的思路。此外，采用金属锂负极面临的问题是，在大容量高能量密度电池中，循环过程会逐渐粉化，导致与电解质层的接触变差，电子和离子传输电阻增大，循环末期金属锂电池安全性难以保障。因此，能够维持结构稳定的复合金属锂电极应该是必然选择。事实上，目前预锂化技术已经在锂离子电池中获得应用，在循环初期，电池中的负极含有了少量金属锂，通过综合技术优化，此类电池循环性甚至优于液态锂离子电池。

总体而言，易于量产，电化学综合性能满足实际应用要求，不含任何液体，具有高安全性、低成本、大容量的全固态锂电池的技术目前仍未成熟，材料体系的选择、电极与电芯的设计、规模制造技术还需要大量的研究开发工作。

2.3 锂电池未来发展方向与路线图

2.3.1 储能用锂电池发展现状与未来前景

电化学储能具有功率和能量可以根据不同应用需求灵活配置、响应速度快、不受地理资源等外部条件的限制等优势，适合批量化生产和大规模应用，在电力储能方面具有广阔的发展前景。锂离子电池具有较高的比能量/比功率、充放电效率和输出电压，较长的单体电池使用寿命，自放电小、无记忆效应等优点，是一种理想的储能技术。

目前世界范围内，采用锂离子电池技术作为电化学储能方式的国家非常多，其应用方式和路线根据各自国家具体国情和需求也各不相同。在美国等发达国家采用不同规模的锂离子电池储能系统，用于削峰填谷、提高电网可靠性和实现微网可再生发电等方面。在智利和韩国等国家也采用锂离子电池储能技术进行电网调频和改善电能质量等。我国作为锂离子电池生产大国，自 2010 年起已经在福建安溪、宁德，河南郑州，广东东莞和江苏常州等地建立起锂离子电池储能系统，成功应用于削峰填谷、提高电网接纳新能源能力等。目前多家锂离子电池企业已经掌握了规模储能锂离子电池系统技术，其中 BYD、CATL、中航锂电、银隆等企业参与了 40MW·h 磷酸铁锂系统和钛酸锂系统的锂离子储能电站示范项目，在张北国家"风光储输示范工程一期项目"中获得了初步应用。863 项目还实施了软碳负极、锰酸锂正极的储能性锂离子电池的开发，这是国际上首次采用此材料体系，循环性能达到 7000 次，进一步降低了锂离子电池成本，同时促进了软碳和锰酸锂的产业化。还实施了 500kW/328(kW·h) 级微晶掺杂尖晶石锰酸锂锂离子正极储能电池示范、0.6MW·h 风光储互补微网系统的示范、100kW 基于碳酸锂负极材料的移动式示范，以及 0.5MW·h/1MW 碳酸锂电池储能电站的光储应用示范。在未来锂离子电池的发展中，发展适合于储能的锂电池将主要从以下几方面努力。

（1）长寿命。对于储能需求而言，目前锂离子电池尽管在综合方面尤其是循环寿命方面具有明显优势，但仍然无法满足电化学储能的终极需求，如何开发出循环寿命大于万次的锂电池将是未来储能用锂离子电池的一个重要研究方向。

（2）低成本。相比较动力电池或是消费类电子产品用锂电池，储能用锂电池对价格更为敏感，尽管近些年锂离子电池的成本以每年大于 10% 的幅度下降，目前有望降到低于 1 元/(W·h)，但对于储能市场需求而言仍然远远不够，如何在综合经济成本上达到预期将直接决定锂离子电池在储能方面的市场和规模。

（3）与此同时，在开发新体系的同时也需要进一步提高电池的安全性，从最初的消费类电子产品（W·h）到目前的纯动车（kW·h），再到智能电网和可再生能源利用中的大规模储能（MW·h）。这也使得电池一旦发生安全问题其破坏力将数量级的放大。其中还包括电池一旦起火爆炸，其燃烧产物会释放大量有毒有害成分，从而在电池起火爆炸后，对人和环境造成巨大二次破坏。因此，为了能更好适应客观需求，如何开发出高安全性的锂离子电池已逐渐成为各国政府在储能技术方面的重点支持方向，目前也是全世界锂电池研究的热点和前沿领域。

2.3.2　锂电池未来发展方向

锂离子电池中长期发展路线图建议如图 2-6 所示。

未来锂离子电池的发展趋势仍然是以发展高能量型为主，同时发展混合型和功率型。目前锂离子电池单体能量密度约在 250W·h/kg，电池循环寿命在 500～1000 次之间，动力电池制造成本大约为 1 元/(W·h)。根据目前的研发速度，锂电池的成本以每年大于 10% 的速度下降，2025 年锂电池成本有望降低到 0.5 元/(W·h)，能量密度可以达到 320W·h/kg，而针对创新电池技术，对 2020 年、2025 年提出了 300W·h/kg、400W·h/kg 能量密度预期。为了突破现有的能量密度瓶颈，中国、日本、美国各国政府或行业组织将 2020 年能量密度目标定为 300W·h/kg，2030 年远期目标要达到 500W·h/kg 甚

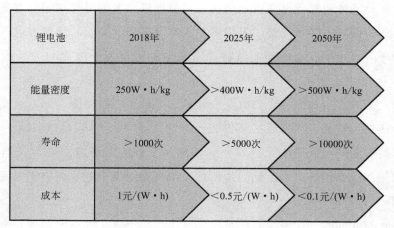

图 2-6　锂电池中长期发展路线图

至 $700W \cdot h/kg$。我国《中国制造 2025》提出要求动力电池单体能量密度中期达到 $300W \cdot h/kg$、远期达到 $400W \cdot h/kg$ 的目标。锂离子电池的研究已不再局限于材料本身、热力学、动力学、界面反应等基础科学，正朝新材料的开发、新电池结构的设计、全电池的安全性、热行为、服役和失效分析等关键技术迈进。

　　具体而言，未来发展高能量密度的固态电池、锂硫电池，发展低成本的钠离子电池，探索锂空气电池。大力发展复合金属锂、复合固体电解质膜、硫碳复合电极、高性能钠离子电池正负极材料、空气电池相关材料等新材料，研究相关的基础科学问题，解决工程技术问题，研究新电池的材料体系和创新设计，基于新体系的动力电池逐渐提高其技术成熟度，使之逐渐满足电动汽车和储能应用的要求。

（1）固态电池

　　包括混合固液电解质电池及全固态电池（图 2-7）。混合固液电解质电池中，负极、正极中添加了固体电解质，在隔膜上涂覆离子导体，电芯内部含有少量液体（一般少于电芯质量的 15%），负极不含锂时是锂离子电池，负极含有金属锂时是金属锂电池，正极一般为锂离子电池的正极材料。此类电池需要研究复杂固液材料中离子的传输通道和传输电阻，循环过程中正负极膨胀收缩时离子电阻的变化，液体电解质减少时的热失控和内阻变化，界面层的反应和电子、离子输运。对于锂离子电池，采用混合固液电解质，主要可以提高安全性，不牺牲动力学和循环性能，电芯能量密度可以达到 $250\sim300\mathrm{W\cdot h/kg}$，通过调控液态电解液溶剂组成，电芯工作温度上限有可能达到 $80\sim90\mathrm{℃}$。对于金属锂电池，能量密度可以达到 $300\sim400\mathrm{W\cdot h/kg}$，通过调控液态电解液溶剂组成，电芯工作温度上限有可能达到 $80\sim90\mathrm{℃}$。对于全固态锂电池，目前重点需要研究低体积膨胀的复合金属锂，力学特性、离子输运特性、电化学稳定性优异的复合固态电解质膜（层），具有良好界面物理接触、能在充放电过程中维持固态电解质相与正极颗粒物理接触、低体积膨胀的复合正极，以及全固态电池的极片、电芯批量制造技术。目前需要研究全固态电池电芯的离子输运、电位分布、热行为、大电流密度下负极金属锂析出问题、正极充电耐受高电压、高温的行为。如果最终能够采用高锂含量的复合金属锂电极、超薄固态电解质层、界面稳定并且高容量的正极，电芯的能量密度可以达到 $250\sim400\mathrm{W\cdot h/kg}$，电芯工作温度上限有可能高于 $100\mathrm{℃}$。

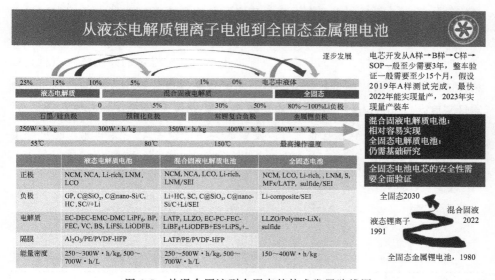

图 2-7　从混合固液到全固态的技术发展路线图

(2) 锂硫电池

目前已经可以演示能量密度高于 $500\mathrm{W\cdot h/kg}$ 的锂硫电池，但其循环性、倍率性能较差。目前需要重点研究高容量复合金属锂，以便控制金属锂的沉积和溶解，减少电极体积膨胀，减少金属锂与电解液的反应；研究非对称功能涂层的隔膜及负极界面固化技术，从而抑制金属锂与电解液的持续副反应、防止锂枝晶穿透隔膜、防止锂负极持续粉化；研究硫碳正极含电解液、含少量电解液和固态电解质以及不含液态电解质下的电子、离子输运行为、多硫化物的溶解行为、正极微结构和组成在充放电过程中的演化、体积变化。逐渐提升锂硫电池的循环性、倍率特性，深入理解全寿命周期下锂硫电池的安全性、SOH、SOE、SOP 行为，开发针对锂硫电芯、模块的电源管理系统（BMS）、电池包、电芯能量密度达到 $400\sim500\text{W}\cdot\text{h/kg}$，循环性突破 $300\sim500$ 次，功率密度达到 1000W/kg，基本满足电动汽车性能要求，实现装车测试。

(3) 锂空气电池

锂氧气电池目前的器件能量密度已经超过 $500\text{W}\cdot\text{h/kg}$，但循环性、倍率性能、日历寿命等基本性能离动力电池应用要求还有很大距离。目前需要重点研究基于固态电解质的固态锂空气电池，从而解决采用液态电解质空气电池溶剂挥发的问题，同时还需要深入理解固态空气电极中的产物分布，固态空气电极催化剂固气相催化行为，空气电极中的电子、离子、空气的扩散和传输性质，研究开发气密性保护的复合金属锂负极，空气中稳定的固态电解质材料以及气体扩散、气道控制、封装等器件技术。锂空气电池近期发展的目标是质量能量密度达到 $400\text{W}\cdot\text{h/kg}$ 以上能量效率高于 80%，循环寿命大于 50 次，可以 0.2C 充放电。锂空气电池也可以发展成为高能量密度一次电池，能量密度高于 $800\text{W}\cdot\text{h/kg}$，作为应急和备用电源。

参考文献

[1] ZU Chenxi, LI Hong. Thermodynamic analysis on energy densities of batteries. Energy Environ. Sci. , 2011, 4: 2614-2624.

[2] 彭佳悦，祖晨曦，李泓. 锂离子电池基础科学问题（I）—化学储能电池理论能量密度的计算. 储能科学与技术，2013, 2（1）: 55-62.

[3] Whittingham M S. Lithium batteries and cathode materials. Chemical Reviews, 2004, 104: 4271.

［4］ 李泓. 锂离子电池基础科学问题（ⅩⅤ）—总结和展望. 储能科学与技术, 2015, 4（3）: 306-318.

［5］ Xu K. Nonaqueous liquid electrolytes for lithium-based rechargeable batteries. Chemical Reviews, 2004, 104: 4303-4417.

［6］ 吴娇杨, 刘品, 胡勇胜, 等. 锂离子电池和金属锂离子电池的能量密度计算. 储能科学与技术, 2016, 5（4）: 443-453.

［7］ 高健, 王少飞, 等. 锂离子电池基础科学问题（Ⅵ）—离子在固体中的传输. 储能科学与技术, 2013, 2（6）: 620-635.

［8］ Zhang Xiaoxiao, Li Li, Fan Ersha, et al. Toward sustainable and systematic recycling of spent rechargeable batteries. Chemical Society Reviews, 2018, 47: 7239-7302.

［9］ Li Li, Zhang Xiaoxiao, Li Matthew, et al. The recycling of spent lithium ion batteries: A review of current processes and technologies. Electrochemical Energy Reviews, 2018, 1: 461-482.

［10］ Li Li, Ge Jing, Chen Renjie, et al. Recovery of cobalt and lithium from spent lithium ion batteries using organic citric acid as leachant. Journal of Hazardous Materials, 2010, 176（1/2/3）: 288-293.

［11］ Zhang Xiaoxiao, Xue Qing, Li Li, et al. Sustainable recycling and regeneration of cathode scraps from industrial production of lithium-ion batteries. ACS Sustainable Chemistry & Engineering, 2016, 4（12）: 7041-7049.

［12］ Shi Yang, Chen Gen, Chen Zheng. Effective regeneration of $LiCoO_2$ from spent lithium-ion batteries: A direct approach towards high-performance active particles. Green Chemistry, 2018, 20（4）: 851-862.

［13］ Li Li, Bian Yifan, Zhang Xiaoxiao, et al. Economical recycling process for spent lithium-ion batteries and macro- and micro-scale mechanistic study. Journal of Power Sources, 2018, 377: 70-79.

［14］ Xiao Jiefeng, Li Jia, Xu Zhenming. Novel Approach for in situ recovery of lithium carbonate from spent lithium ion batteries using vacuum metallurgy. Environ. Sci. Technol., 2017, 51（20）: 11960-11966.

［15］ Yang Yongxia, Meng Xiangqi, Cao Hongbin, et al. Selective recovery of lithium from spent lithium iron phosphate batteries: A sustainable process. Green Chemistry, 2018, 20（13）: 3121-3133.

［16］ Hao Hao, Qiao Qinyu, Liu Zongwei, et al. Impact of recycling on energy consumption and greenhouse gas emissions from electric vehicle production: The China 2025 case. Resources, Conservation and Recycling, 2017, 122: 114-125.

[17] Dewulf Jo, Van der Vorst Geert, Denturck Kim, et al. Recycling rechargeable lithium ion batteries: Critical analysis of natural resource savings. Resources, Conservation and Recycling, 2010, 54 (4): 229-234.

[18] 张舒，王少飞，凌仕刚，等.锂离子电池基础科学问题（Ⅺ）—全固态锂离子电池.储能科学与技术，2014，3（4）：376-393.

[19] 中国科学院长续航动力锂电池项目组.中国科学院高能量密度锂电池研究进展快报.储能科学与技术，2016，5（2）：172-176.

[20] 李泓，许晓雄.固态锂电池研发愿景和策略.储能科学与技术，2016，5（5）：607-614.

第3章

压缩空气储能技术

3.1 国内外发展现状

3.1.1 发展现状

自从 1949 年 Stal Laval 提出利用地下洞穴实现压缩空气储能以来，国内外学者开展了大量的研究和实践工作。近年来，关于压缩空气储能系统的研究和开发一直非常活跃，除德、美、日、瑞士外，中国、俄、法、意、卢森堡、南非、以色列和韩国等也在积极开发压缩空气储能电站。先后出现了多种形式的压缩空气储能系统，根据标准的不同，可以做如下三种分类[1-18]。

（1）根据压缩空气储能系统的热源不同，可以分为燃烧燃料的压缩空气储能系统、带储热的压缩空气储能系统和无热源的压缩空气储能系统。

（2）根据压缩空气储能系统的规模不同，可以分为大型压缩空气储能系统（单台机组规模为 100MW 级及以上）、小型压缩空气储能系统（单台机组规模为 10MW 级）和微型压缩空气储能系统（单台机组规模为 10kW 级）。

（3）根据压缩空气储能系统是否同其他热力循环系统耦合，可以分为：传统压缩空气储能系统、压缩空气储能-燃气轮机耦合系统、压缩空气储能-燃气蒸汽联合循环耦合系统、压缩空气储能-内燃机耦合系统、压缩空气储能-制冷循环耦合系统和压缩空气储能-可再生能源耦合系统等[1-6]。

　　传统压缩空气储能系统基本原理源于燃气轮机系统，分别如图 3-1 和图 3-2 所示。所不同的是：燃气轮机系统的压缩机与透平同时工作，压缩机消耗部分透平功用来压缩空气；传统压缩空气储能系统分为储能、释能两个工作过程，当用电低谷时多余的电力（来自热电厂、核电电站或者可再生能源电站）被用来驱动压缩机，产生高压空气并存储。当用电高峰时压缩空气通过燃烧室获得热能，然后进入透平做功，产生电力。压缩空气储能系统一般包括六个主要部件：①压缩机：一般为多级压缩机带中间冷却装置；②膨胀机：一般为多级透平膨胀机带级间再热设备；③燃烧室及换热器：用于燃料燃烧和回收余热等；④储气装置：地下或者地上洞穴或压力容器；⑤电动机/发电机：通过离合器分别和压缩机以及膨胀机连接；⑥控制系统和辅助设备：包括控制系统、燃料罐、机械传动系统、管路和配件等。传统压缩空气储能系统已在德国（Huntorf 290MW）和美国（McIntosh 110MW 等）得到了规模化商业应用，在英国、日本、以色列、韩国和南非等国家也有相关研究和在建项目。

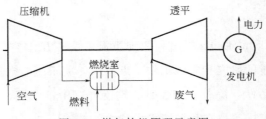

图 3-1　燃气轮机原理示意图

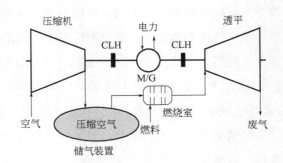

图 3-2　传统压缩空气储能系统原理示意图

CLH—离合器；M/G—电动机/发电机

但是传统压缩空气储能存在两个技术瓶颈，即依赖大型储气洞穴和依赖化石燃料，从而严重限制了该技术的推广应用。近年来，为解决传统压缩空气储能技术的瓶颈问题，国内外学者开展了新型压缩空气储能技术研发工作，包括蓄热式压缩空气储能（或称为绝热压缩空气储能，不使用燃料）、液态空气储能（不使用储气洞穴）、超临界压缩空气储能（不使用储气洞穴、不使用燃料）等。目前，国际上已突破关键技术瓶颈并建成 MW 级及以上的新型压缩空气储能系统示范的机构共 4 家，分别是英国 Highview 公司（2MW 液态空气储能系统）、美国 SustainX 公司（1.5MW 等温压缩空气储能系统）、美国 General Compression 公司（2MW 蓄热式压缩空气储能系统）和中国科学院工程热物理研究所（1.5MW 和 10MW 超临界压缩空气储能系统）[7-11]。

我国对压缩空气储能系统的研究开发开始比较晚，但随着电力储能需求的快速增加，相关研究逐渐被一些大学和科研机构所重视。早期的相关研究工作大多集中在理论层面。中国科学院工程热物理研究所在 20 世纪 90 年代初对压缩空气储能电站进行了热力性能和经济性能综合评价分析。华北电力大学进行了传统压缩空气储能系统的热力性能计算与优化及其经济性分析的研究。华中科技大学、中国科学院武汉岩土力学研究所和中国科学院工程热物理研究所结合湖北云英盐矿的地质条件和开采现状，对湖北省建设压缩空气储能电站进行了技术和经济可行性分析。西安交通大学进行了热、电、冷联供的新型压缩空气储能的相关研究。清华大学、国家电网及大唐集团等单位也开展了压缩空气储能的研究工作[12]。

近年来，中国科学院工程热物理研究所在国家自然科学基金、国家 863 计划项目、国家 973 计划项目、国家重点研发计划项目等的支持下，开展了一系列不依赖化石燃料、不使用储气洞穴的先进压缩空气储能系统的理论研究、实验验证和示范工作，建立了很好的研究基础，在我国压缩空气储能研发领域处于引领地位。该研究所自 2004 年起开展先进压缩空气储能技术研究，已建成完善的自主知识产权体系和研发平台，是国内唯一具备 1kW-1MW-10MW 级压缩空气储能研发和实验能力的研究机构。该研究所已攻克 1MW 级和 10MW 级先进压缩空气储能系统关键技术，建成了首套 1.5MW（2013 年）和 10MW（2016 年）先进压缩空气储能系统，并于 2017 年在国际上率先开展了 100MW

先进压缩空气储能系统研发与示范工作，在国际上已处于领先地位。国内外压缩空气储能电站的性能比较见表 3-1。

表 3-1　国内外压缩空气储能电站的性能比较

项目	性质	投运时间/发展阶段	功率/MW	储气装置	储气容积/m³	燃料	效率/%
德国 Huntorf 电站	商业运营	1978 年	290	地下 600m 的废弃矿洞	3.1×10^5	天然气	44~46
美国 Alabama McIntosh 电站	商业运营	1991 年	110	地下 450m 洞穴	5.6×10^5	天然气/油	52~54
日本上砂川町电站	示范机组	2001 年	2	地下 450m 废弃煤矿坑	1.6×10^3	天然气	<40
英国液态空气储能电站	示范机组	2010 年	2	储罐	—	无	40
美国 SustainX 压缩空气储能系统	示范机组	2013.09 开始调试	1.5	储罐	—	无	—
工程热物理所先进压缩空气储能电站	示范机组	2013.06	1.5	储罐	30	无	52.1
工程热物理所先进压缩空气储能电站	示范机组	2016.12	10	储罐	6000	无	60.2

总的来说，摆脱对化石燃料和大型储气洞穴的依赖，并同时提高系统的效率，是先进压缩空气储能系统的主要发展趋势。

3.1.2　关键科学与技术问题

先进压缩空气储能系统存在的关键科学技术问题包括：10~100 兆瓦级宽负荷高参数压缩机和透平膨胀机、紧凑式蓄热（冷）换热器等核心部件的流动、结构与强度设计技术；系统的变工况设计技术；系统集成及其与电力系统的耦合控制技术[13-15]。

（1）压缩机

压缩机是压缩空气储能系统核心部件，其性能对整个系统的性能具有决定性影响。压缩空气储能系统用压缩机具有高压比、大流量、宽工况（70%~

110%变工况范围）工作和级间冷却等要求，不同于目前广泛应用于工业、航空领域压缩机。高负荷高压比离心压缩机的研究进程较为缓慢，20 世纪 60 年代中期，美国和加拿大分别研究成功了单级压比为 6～10 的离心压缩机，单级压比 6 时效率在 0.8 左右，单级压比达到 10 时效率一般不超过 0.75。近年来，高压比离心压缩机的研究主要集中在航空和船舶领域。2004 年，Hirota-ka Higashimori 设计了单级压比为 11 的航空用离心压缩机，设计点流量 3.3kg/s，进口最大马赫数 1.6，叶轮最高线速度 680m/s。2011 年，乌克兰 Motor Sich PJSC 航空公司和美国 Concepts NREC 公司宣称已经联合设计成功压比为 11.5 的离心压缩机[5-8,19-25]。我国目前有关旋转失速和喘振相关的研究成果包括描述旋转失速发展过程的 M-G 模型、两类失速先兆、突尖型失速先兆对应的流体力学本质特征、扩稳控制方法等，这些成果更多针对轴流压缩机，而对离心压缩机的研究基本仍停留在对现象本身的观察性描述阶段。目前离心压缩机内部流动失稳机理研究的不完善极大限制了对旋转失速和喘振预防控制手段的发展。因此，加强对高负荷、高压比、大流量离心压缩机内部非定常流动的认识，探析离心压气机失速机理，提出有效的扩稳控制技术、变工况监控调节技术、高性能扩压器设计技术等是高负荷宽工况离心压缩机的发展基础。

（2）膨胀机

压缩空气储能系统用透平膨胀机具有膨胀比大、负荷高、再热等特点，至今没有专门为压缩空气储能系统设计的膨胀机，世界上已经商业运行的两座压缩空气储能电站的透平进口压力约为 40bar（1bar=10^5Pa），其高压透平均采用汽轮机改造而成，由于工质性能的差别，透平效率较低。向心透平具有余速损失小、效率高、结构简单可靠、变工况性能、圆周速度高等优点，被广泛研究。虽然国内学者在向心透平的研究方面取得了一些成果，但多局限在微、小型燃气透平发动机以及汽车用透平增压器等小流量、低入口压力、低输出功率的装置上，很难应用于高负荷、高入口压力、高输出功率的大规模储能系统中。如国际上 Ebaid、Bhinder 等 2002 年通过对叶轮尺寸与叶片数优化，成功设计出转速为 60000r/min、功率为 60kW 的微型燃机向心透平；Johnston 等 2003 年设计制造一台微型径流高速压气机，其直径为 12mm，转速 800000r/min；国内中科院工程热物理所已成功研制 MW 级微小型燃气轮机向心透平，西安交通大学对 100kW 微型燃机向心透平进行了理论与实验研究。突破高负荷多级向心透平膨胀机设计技术是当前压缩空气用透平膨胀机的主流研究方向[9-11,26-34]。

（3）储气装置

大型压缩空气储能系统要求压缩空气容量大，通常储气于地下盐矿、硬石岩洞或者多孔岩洞。如果采用地上高压储气容器，则需要细致的研发和测试工作。此外，储气装置的容积一般是固定的，如果不采取措施，储气装置内部压力将随着膨胀过程逐渐减小，如采用稳压（降压）阀可以稳定膨胀机进口压力，但会引起较大的能量损失，开发新型的恒压储气系统是当前的主流方向之一。

（4）燃烧室

相对于常规燃气轮机燃烧室，压缩空气储能系统的高压燃烧室的压力较大，需开展详细的研究，重点包括有害排放物控制技术及燃烧效率提升技术。目前，针对燃烧室的研究要视开发的压缩空气储能系统的类型而定，只有传统压缩空气储能系统需要燃烧室，所有的先进压缩空气储能系统不存在这项技术突破的问题。

（5）储热装置

在压缩空气储能系统中，储热单元根据结构不同，可以分为固定式和流动式；根据储热材料是否相变，可以分为显热和相变储热；根据储能材料的形态，可以分为固态、液态、气态以及固液混合、气液混合等。需要对储热材料、储热单元和储热系统进行详细的研究。高效储热技术的重点研究方向包括储热密度与储释热效率的提升、储热材料的改良（高通量筛选并规模制备比热容高、潜热大、导热强、腐蚀性弱、耐受性好的储热材料）、降成本（倾向选择成本低的材料、储热装置紧凑化模块化设计与制造）。

（6）先进压缩空气储能系统的规模化集成与控制

这是先进压缩空气迈向实际应用的重要一环，需通过不同规模的先进压缩空气储能系统的集成示范，揭示先进压缩空气储能系统的夸尺度能量传递特性、功率调节特性、转速调节特性、频响特性以及系统的并网特性，进而重点突破储能系统优化集成及其与电力系统的耦合与控制技术[16-18]。

3.1.3　应用领域的现状与问题

结合已有的研究、示范及商业化成果，并同其他储能技术相比，压缩空气储能系统具有容量大、工作时间长、经济性能好、充放电循环多等优点。

（1）压缩空气储能系统适合建造大型储能电站（＞100MW）；压缩空气储能系统可以持续工作数小时乃至数天，工作时间长。

（2）压缩空气储能系统的建造成本和运行成本均比较低，具有很好的经济性。

（3）压缩空气储能系统的寿命很长，可以储/释能上万次，寿命可达 40 年以上；并且其效率最高可以达到 70％左右。

基于压缩空气储能系统的这些特点，其在电力的生产、运输和消费等领域具有广泛的应用价值。①削峰填谷：发电企业可利用压缩空气储能系统存储低谷电能，并在用电高峰时释放使用，实现削峰填谷；②平衡电力负荷：压缩空气储能系统可以在几分钟内从启动达到全负荷工作状态，适合作为电力负荷平衡装置；③需求侧电力管理：在实行峰谷差别电价的地区，需求侧用户可以利用压缩空气储能系统储存低谷低价电能，然后在高峰高价时段使用，节约电力成本，获得更大的经济效益；④应用于可再生能源：利用压缩空气储能系统可以将间歇的可再生能源拼接起来，形成稳定的电力供应；⑤备用电源：压缩空气储能系统可以建在电站或者用户附近，作为线路检修、故障或紧急情况下的备用电源。

当前，仅有两座大规模压缩空气储能电站投入商业化运行。第一座是 1978 年投入商业运行的德国 Huntorf 电站，目前仍在运行中。机组的压缩机功率为 60MW，释能输出功率为 290MW，系统将压缩空气存储在地下 600m 的废弃矿洞中，矿洞总容积 $3.1 \times 10^5 \mathrm{m}^3$，压缩空气的压力最高达 100bar。机组可持续充气 8h，连续发电 2h。冷态启动至满负荷约需 6min，在 25％负荷时的热耗耗比满负荷高 211kJ，其排放量仅是同容量燃气轮机机组的 1/3，但燃烧废气直接排入大气。该电站在 1979—1991 年期间共启动并网 5000 多次，平均启动可靠性为 97.6%，平均可用率为 86.3%，容量系数平均为 33.0%～46.9%。Huntorf 压缩空气储能电站主要用于热备用和平滑负荷。

第二座是于 1991 年投入商业运行的美国 Alabama 州的 McIntosh 压缩空气储能电站。其地下储气洞穴位于地下 450m，总容积 $5.6 \times 10^5 m^3$，压缩空气储气压力约为 75bar。该储能电站压缩机组功率 50MW，发电功率为 110MW，可以实现连续 41h 空气压缩和 26h 发电，机组从启动到满负荷约需 9min。该机组增加了回热器用以回收余热，以提高系统效率。该储能电站由 Alabama 州电力公司的能源控制中心进行远距离自动控制。1992 年该电站储能耗电 46745MW·h，净发电量 39255MW·h。Mcintosh 压缩空气储能电站主要用于系统调峰。

美国俄亥俄州 Norton 从 2001 年起开始建一座 2700MW 的大型压缩空气储能商业电站，该电站由 9 台 300MW 机组组成。压缩空气存储于地下 670m 的地下岩盐层洞穴内，储气洞穴容积为 $9.57 \times 10^6 m^3$，其设计发电热耗为 4558kJ/(kW·h)，压缩空气耗电 0.7kW·h/(kW·h)。美国艾奥瓦州的压缩空气储能电站也正在规划建设中，它是大风电厂的组成部分，完全建成后，该风电厂的总发电能力将达到 3000MW。该压缩空气储能系统将针对 75～150MW 的风电厂进行设计，系统将能够在 2～300MW 范围内工作，从而使风电厂在无风状态下仍能正常工作。日本于 2001 年投入运行的上砂川町压缩空气储能示范项目，位于北海道空知郡，输出功率为 2MW，是日本开发 400MW 机组的工业实验用中间机组。它利用废弃的煤矿坑（在地下 450m 处）作为储气洞穴，最大压力为 80bar[19-23]。

我国第一座运行的 10MW 级先进压缩空气储能示范电站于 2016 年建成，地点为贵州省毕节市。由中国科学院工程热物理研究所和国家能源大规模物理储能研发中心设计建设。其机组的压缩机功率为 3MW，释能输出功率为 10MW。机组可连续充气 12h，连续发电 4h，系统效率为 60.2%。正在规划实施的有 20 余个，已开工的项目包括：①位于山东肥城地区的 50MW/300MW·h 电站，系统单台套输出功率为 10MW（共 5 台机组并联）。项目分两期进行建设，一期建设 1 套 10MW 系统，项目二期建设 4 套 10MW 系统；

②位于河北省张家口地区的100MW/400MW·h电站，系统单台套输出功率为100MW，系统设计效率为70.4%。

应用领域的主要问题如下。

（1）先进压缩空气储能技术缺乏大规模的示范验证

由前面的技术发展综述可知，我国在先进压缩空气储能技术的研发方面处于世界先进水平，但目前初步完成了10MW级系统的示范运行。因此，迫切需要开展大量的先进压缩空气储能技术示范验证，以论证先进压缩空气储能在不同应用场合的技术指标和盈利模式，为下游市场的技术选择和商业模式提供支撑，只有这样，才能推动先进压缩空气储能技术大规模应用和产业化发展。2017年10月国家发展和改革委员会等五部委联合发布《关于促进储能技术与产业发展的指导意见》，其中"推进储能技术装备研发示范"位于五大部署任务之首，这为我国开展先进压缩空气储能技术的大规模示范验证提供了良好的契机，也是后续几年发展先进压缩空气储能技术的重要任务。

（2）先进压缩空气储能涉及的产业链尚不完整

与国际上较为先进的国家相比，我国压缩空气储能市场没有建立起相关产业链，特别是下游的应用市场仍处于培育期，尚不成熟，相关行业及领域对压缩空气储能产业的接纳程度有限，对系统应用和管理等辅助服务的研究不够，没有针对整个产业的"一揽子"解决方案。

（3）先进压缩空气储能相关的标准化体系尚未建立

标准查新工作显示，国内外尚未对压缩空气储能系统制定出相关标准，现有的标准重点在压缩空气站的设计以及相关空分主辅设备的技术参数，仅涉及了压缩空气储能领域的一部分，压缩空气储能技术相关标准严重缺乏。当前，构建先进压缩空气储能的技术标准体系显得尤为迫切：一方面，标准的建立将明确先进压缩空储能系统的市场准入，大力促进该技术的商业应用与产业化进程；另一方面，作为世界范围内的一种新兴技术，先进压缩空气储能系统处于商业化的前夜，我国率先建立该领域的技术标准体系，有助于我国在未来该领域的产业竞争中抢占制高点。当前，迫切需要先进压缩空气储能系统的术语规范、系统分类与原理、系统性能测试方法规范、系统性能评价指标规范、系统运维管理等主体标准。在主体标准完成之后，系统各部件详细技术标准的制定也有着巨大的需求[24-28]。

3.2 未来发展方向预测与展望

3.2.1 产业发展方向预测

压缩空气储能产业链概况如图 3-3 所示。上游主要是原材料与基础部件（模具、铸件、管道、阀门、储罐等）的生产加工、装配、制造行业，属于机械工业的一部分，但涉及压缩空气储能本身特性和性能要求，对基础部件的设计、加工的要求较为严格。中游主要是关键设备（压缩机、膨胀机、燃烧室、储热/换热器等）设计制造、系统集成控制相关的行业，属于技术密集型的高端制造业，具有多学科、技术交叉等特性。下游主要是用户对压缩空气储能系统的使用和需求，涉及常规电力输配送、可再生能源大规模接入、分布式能源系统、智能电网与能源互联网等多个行业领域。

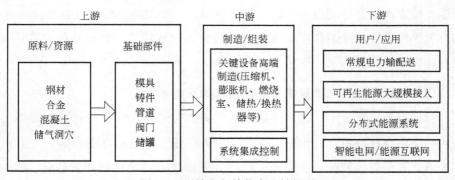

图 3-3　压缩空气储能产业链概况

压缩空气储能产业链涉及的中游产业领域是科技创新的重点。压缩空气储能所需要的高参数压缩机、透平膨胀机、燃烧室等与航空发动机及燃气轮机所需要的压缩机、透平膨胀机、燃烧室等一脉相承，航空发动机及燃气轮机关键共性技术的创新已经列入《中国制造 2025》中的"高端装备创新工程"。其中，多级超宽负荷压缩机和多级高负荷透平是创新的重要方向。此外，

"10MW/100MW·h先进压缩空气储能系统"列入国家能源局印发的《能源科技创新"十三五"规划》《能源技术革命创新行动计划（2016—2030年）》的重点创新任务。对于先进压缩空气储能系统而言，需要重点创新的技术主要包括：大规模先进压缩空气储能系统设计技术；高负荷多级离心压缩机和多级向心-轴流透平膨胀机三维设计与智能制造技术；高效紧凑式超临界空气蓄冷（热）/换热器模块化设计与智能制造技术；先进压缩空气储能系统与电力系统的耦合与控制技术[29-32]。

压缩空气储能产业链涉及的下游产业领域是应用创新的重点。未来，随着先进压缩空气储能技术成本快速下降、国家层面的储能产业支持政策不断完善、储能应用收益衡量和付费补偿机制逐渐建立、电力市场日趋成熟，各种新型的压缩空气储能应用模式或商业模式将层出不穷，当这些应用模式或商业模式逐步得到验证，先进压缩空气储能技术也将驶入商业化的快车道。先进压缩空气储能应用模式或商业模式可预知的重点创新领域如下。

（1）可再生能源并网领域

储能系统可以在可再生能源并网领域中发挥多重作用，包括削峰填谷、深度调峰、跟踪计划出力、延缓输电系统扩容、平抑出力波动等，以解决大规模可再生能源并网发电过程不可避免弃风限电、发电可控性差、波动性强等问题。随着我国电价机制、可再生能源并网奖励机制的逐步完善，先进压缩空气储能系统在可再生能源并网领域的应用价值将得到量化和回报，从而促进先进压缩空气储能系统在该领域商业模式的拓展和创新。

（2）辅助服务领域

目前大部分应用于电网的大容量储能项目都将调频作为储能要实现的功能之一进行设计。目前专门针对电力调频辅助服务市场开展的储能项目数量比较有限并且主要集中在美国。美国是调频辅助服务领域储能项目应用规模最大、商业化发展脚步最快的国家。美国储能参与调频辅助服务的商业化发展与该国较为开放的电力市场竞争模式，以及相关规则政策的支持密不可分，包括电力市场允许储能等非发电资源参与辅助服务，电力零售市场调频辅助服务按效果付费补偿机制，储能作为第三方辅助服务提供方的结算和财务报告规则等。

2016 年 6 月，国家能源局《关于促进电储能参与"三北"地区电力辅助服务补偿（市场）机制试点工作的通知》发布，给予储能参与电力辅助服务以明确的身份。未来随着电力辅助服务市场化的持续推动、按效果进行付费的电力辅助服务补偿机制逐步完善，压缩空气储能系统在该领域的商业模式也将快速发展起来。

（3）分布式发电和微网领域

储能是分布式发电和微网的关键支撑技术，尤其是在包含可再生能源技术的分布式发电及微网系统中发挥着重要作用。储能在分布式发电和微网领域的应用场景包括工商业用户、居民用户、海岛和偏远地区等，储能应用的商业价值主要体现在节省电费支出、参与需求响应、提高光伏/风电等利用水平、延缓输配电网升级改造、电力保障等方面。分布式发电和微网已经成为未来能源体系发展的重要方向。特别是在能源互联网的架构下，电网结构将从目前的自上而下层级分明的状态转变为"扁平化"状态，借助通信网络传递能源生产和使用信息，越来越多的清洁能源将实现就地收集和就地使用。未来，分布式发电设施和分布式储能设施将在其中发挥更大的商业化应用价值。在此大背景下，先进压缩空气储能系统在分布式发电和微网中的商业模式也必将层出不穷[33,34]。

3.2.2 学科未来发展方向预测与展望

压缩空气储能涉及的重点学科是"动力机械及工程热物理"，属于"动力工程及工程热物理"一级学科。"动力工程及工程热物理"一级学科是以能源的高效洁净开发、生产、转换和利用为应用背景和最终目的，以研究能量的热、光、势能和动能等形式向功、电等形式转化或互逆转换的过程中能量转化、传递的基本规律，以及按此规律有效地实现这些过程的设备和系统的设计、制造和运行的理论与技术等的一门工程基础科学及应用技术科学，是能源与动力工程的理论基础。其所涉及的主体行业对整个国民经济和工程技术发展起着基础、支撑以及驱动力的作用，在工学门类中具有不可替代的地位。"动力机械及工程热物理"主要学科方向有热力循环理论与系统仿真、热流体力学与叶轮机械、内燃机燃烧与排放控制、汽车动力总成与控制、工程热物理、制冷空调中的能源利用、低温系统流动传热、煤的多相流燃烧热物理等，注重能源与化工、生物、信息、环境等学科的交叉与结合。

压缩空气储能属于新兴产业，是发展"动力工程及工程热物理"学科的新生长点。先进压缩空气储能系统共性技术的攻关、以及未来的商业化推广将极大地激发热力循环理论与系统仿真、热流体力学与叶轮机械、工程热物理、低温系统流动传热等学科方向上的新理论、新方法、新技术的不断涌现，在提升"动力机械及工程热物理"学科创新能力的同时，为该学科的持续发展提供有力的支撑。

3.3 国内发展的分析与规划路线图

目前，国内的压缩空气储能发展整体上处于示范验证与商业推广过渡的阶段。以中国科学院工程热物理研究所为代表的科研单位已形成1.5MW级先进压缩空气储能系统的商业应用，正在示范和推广10MW级先进压缩空气储能系统，同时也在开展100MW级先进压缩空气储能系统的研发与示范。现有压缩空气储能系统的关键技术经济指标与抽水蓄能的对比如表3-2所示。

表3-2 储能技术经济指标现状对比

储能技术	能量密度 /（W·h/L）	寿命 /年	持续发电 时间	效率 /%	响应 速度	功率成本 /（元/kW）	能量成本 /[元/（kW·h）]
抽水蓄能	0.05~0.2	>100	1~24h以上	75~80	秒级	3000~6000	1.7~3.6
压缩空气	3~100	>40	1~24h以上	47~75	分钟级	4000~8000	3.4~7.2

为了推动我国压缩空气储能技术与产业的快速发展，未来仍需解决两大层面的问题：一是要进一步提升系统性能（储能效率）、降低系统成本；二是压缩空气储能完整产业链的构建，尤其是下游市场的培育与创新。针对压缩空气储能系统进一步提效、降成本的问题，主要的解决方案为：将压缩空气储能系统向大规模发展，并通过关键技术的突破来实现。具体来讲，就是突破大规模压缩空气储能系统要求的高参数压缩机和膨胀机（具有高压比/膨胀比、大流量、级间冷却/加热、变工况范围宽等特点）设计制造技术、低成本大容量高

效蓄热/蓄冷装置的设计制造技术、系统优化集成与控制技术，在深度挖掘系统性能潜力的同时通过规模化制造大幅度降低系统成本。针对压缩空气储能产业链的构建与完善问题，主要的解决方案为：通过技术创新和技术标准化体系的建设，并积极借助于"工业 4.0"主导的智能制造手段加速先进压缩空气储能系统核心装备的规模化制造，进而完善中游产业；依托国家针对储能领域的部署及配套政策，积极构建大规模压缩空气储能系统在不同应用场景下的商业示范，通过应用模式及盈利模式的创新与示范验证，不断完善下游产业。结合上述的分析，国内先进压缩空气储能发展的规划路线如图 3-4 所示。

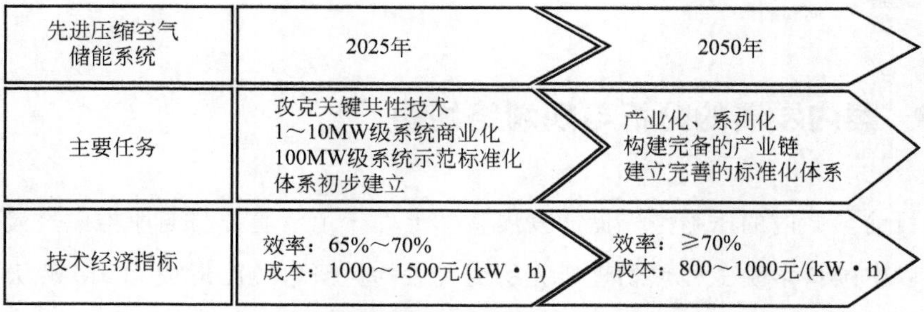

先进压缩空气储能系统	2025年	2050年
主要任务	攻克关键共性技术 1～10MW级系统商业化 100MW级系统示范标准化 体系初步建立	产业化、系列化 构建完备的产业链 建立完善的标准化体系
技术经济指标	效率：65%～70% 成本：1000～1500元/(kW·h)	效率：≥70% 成本：800～1000元/(kW·h)

图 3-4　先进压缩空气储能发展规划路线

2025 年前，完全攻克先进压缩空气储能系统的关键技术，1～10MW 级先进压缩空气储能系统实现商业化，100MW 级先进压缩空气储能系统实现示范验证，初步建立先进压缩空气储能系统的共性技术标准化体系；压缩空气储能系统效率提升至 65%～70%，系统成本降至 1000～1500 元/(kW·h)。

2050 年前，实现 1～100MW 级先进压缩空气储能系统产业化、系列化和推广使用。建立完备的先进压缩空气储能系统产业链、完善的共性技术标准化体系。先进压缩空气储能系统的效率进一步提升，达 70%及以上，系统成本降至 800～1000 元/(kW·h)。

● 参考文献 ●

[1]　Chen H, Cong N T, Yang W, et al. Progress in electrical energy storage system-a critical review Progress in Natural Science, 2009, 19（3）: 291-312.

［2］　Energy Storage Activities in US Electricity Grid. New York：StrateGen Consulting，2011.

［3］　Energy Storage Program Planning Document. U. S. Department of Energy，2011.

［4］　中关村储能产业技术联盟. 储能产业研究白皮书 2012. 北京：中关村储能产业技术联盟，2012.

［5］　中关村储能产业技术联盟. 储能产业研究白皮书 2019. 北京：中关村储能产业技术联盟，2019.

［6］　Hirotaka Higashimori, Kiyoshi Hasagawa, Kunio Sumida, et al. Detailed flow study of mach number 1. 6 high transonic flow with a shock wave in a pressure ratio 11 centrifugal compressor impeller. ASME Turbo Expo 2004：Power for Land, Sea, and Air. GT2004—53435：771-779.

［7］　Motor Sich PJSC and concepts NREC announce successful design collaboration on high pressure ratio centrifugal compressor for helicopter gas turbine engine. url：https：//www. prweb. com/releases/motorsich/conceptsnrec/prweb4992844. htm

［8］　Jia Cheng, Qin Guoliang, Chen Xuefei, et al. Numerical Simulation of Surge in a Centrifugal Compressor With Different Operating Condition Using the Plenum Model. ASME. GT2019，Volume 2A：Turbomachinery，V02AT45A025, June 17-21, 2019. GT2019-91602.

［9］　He Wei, Wang Jihong, Ding Yulong. New radial turbine dynamic modelling in a low-temperature adiabatic compressed air energy storage system discharging process. Energy Conversion and Management, 2017, 153：144-156.

［10］　Stefano Briola, Paolo Di Marco, Roberto Gabbrielli, et al. A novel athematical model for the performance assessment of diabatic compressed air energy storage systems including the turbomachinery characteristic curves. Applied Energy, 2016, 178：758-772.

［11］　He Wei, Wang Jihong. Optimal selection of air expansion machine in compressed air energy storage：A review. Renewable and Sustainable Energy Reviews, 2018, 87：77-95.

［12］　陈海生，刘金超，郭欢，等. 压缩空气储能技术原理. 储能科学与技术，2013，2（2）：146-151.

［13］　谭心，赵琛，虞启辉，等. 小型风力-压缩空气储能系统研究概述. 液压与气动，2019（1）：47-58.

［14］　李国庆，何青，杜冬梅，等. 新型变压比压缩空气储能系统及其运行方式. 电力系统自动化，2019，43（8）：62-71.

［15］　纪律，陈海生，张新敬，等. 压缩空气储能技术研发现状及应用前景. 高科技与产业化，2018（4）：52-58

［16］　张新敬，陈海生，刘金超，等. 压缩空气储能技术研究进展. 储能科学与技术，2012，1（1）：26-40.

［17］　路唱，何青. 压缩空气储能技术最新研究进展. 电力与能源，2018，39（6）：861-866.

[18]　邱彬如. 抽水蓄能电站建设. 中国水电 100 年（1910-2010）, 2010.

[19]　Zheng Xinqian, Liu Anxiong. Phenomenon and mechanism of two-regime-surge in a centrifugal compressor. J. Turbomach, 2015, 137（8）: 081007.

[20]　Kurz R, Brun K. Process control for compression systems. Journal of Engineering for Gas Turbines and Power, 2017, 140（2）: 022401-022407.

[21]　Bianchini A, et al. Experimental analysis of the pressure field inside a vaneless diffuser from rotating stall inception to surge. Journal of Turbomachinery, 2015, 137（11）: 111007-111016.

[22]　Elfert M, et al. Experimental and numerical verification of an optimization of a fast rotating high-performance radial compressor impeller. Journal of Turbomachinery, 2017, 139（10）: 101007-101016.

[23]　Wilkosz B, et al. Numerical investigation of the unsteady interaction within a close-coupled centrifugal compressor used in an aero engine. Journal of Turbomachinery, 2013, 136（4）: 041006.

[24]　Day I J. Stall, surge, and 75 years of research. Journal of Turbomachinery, 2015, 138（1）: 011001-011001-16.

[25]　Samuel M Hipple, Harry Bonilla-Alvarado, Paolo Pezzini, et al. Using machine learning tools to predict compressor stall. Journal of Energy Resources Technology, 2020, 142（7）: 070915.

[26]　Kang Soo Young, Lee Jeong Jin, Kim Tong Seop, et al. Numerical analysis on the impact of interstage flow addition in a high-pressure steam turbine. Journal of Engineering for Gas Turbines and Power, 2018, 140: 062604-1 ~ 062604-8.

[27]　Takanori Shibata, Hisataka Fukushima, Kiyoshi Segewa. Improvement of steam turbine stage efficiency by controlling rotor shroud leakage flows—Part I: Design concept and typical performance of a swirl breaker. Journal of Engineering for Gas Turbines and Power, 2019, 041002-1-041009.

[28]　Denton J D. Some Limitations of Turbomachinery CFD. ASME Paper, 2010, GT2010-22540.

[29]　Horlock J H, Denton J D. A review of some early design practice using computational fluid dynamics and a current perspective. Journal of Turbomachinery, 2005, 127（1）: 5-13.

[30]　Venkataramani G, Parankusam P, Ramalingam V, et al. A review on compressed air energy storage-A pathway for smart grid and polygeneration. Renewable and Sustainable Energy Reviews, 2016, 62: 895-907.

［31］　Li Z, Zheng X. Review of design optimization methods for turbomachinery aerodynamics. Progress in Aerospace Sciences, 2017, 93: 1-23.

［32］　Neuimin V M. Steam turbine flow path seals: A review. Thermal Engineering, 2018, 65 （3）: 125-135.

［33］　傅昊，姜彤，崔岩.2018 年压缩空气储能技术热点回眸.科技导报，2019，37（1）：106-112.

［34］　高建强，庄绪增，敬赛.CAES 电站储气室热力学特性的数值模拟研究.电力科学与工程，2018，34（12）：72-77.

第4章

液流电池储能技术

4.1 国外发展现状

Thaller[1]（NASA Lewis Research Center，Cleveland，United States）在1974 年提出了双液流电池概念。该液流电池通过正、负极电解质溶液活性物质发生可逆氧化还原反应（即价态的可逆变化）实现电能和化学能的相互转化。与一般固态电池不同的是，传统的双液流电池（如铁铬液流电池、全钒液流电池、多硫化钠/溴液流电池等）的正极和负极电解质溶液储存于电池外部的储罐中，通过电解质溶液循环泵和管路输送到电池内部进行反应，因此电池功率与容量独立设计。从理论上讲，有离子价态变化的离子对可以组成多种液流电池。在早期的液流电池技术探索中，世界各国对铁/铬（Fe/Cr）液流电池的研发最为广泛。自 1974 年，美国 NASA 及日本的研究机构和企业均开展了 kW 级铁/铬液流电池研发，并成功开发出数十千瓦级的电池系统。然而，由于 Cr 半电池的反应可逆性差，Fe 和 Cr 离子透过隔膜交叉污染及电极析氢等问题，致使铁/铬液流电池系统的能量效率较低。因此，目前世界范围内对铁/铬液流电池的研究开发基本处于停滞状态。

大规模储能技术的安全性、可靠性是实际应用的重中之重。同时，大规模储能技术要求其使用寿命长、维护简单，生命周期的性价比要高。随着大规模储能电池技术的普及应用，电池报废后其数量是相当大的，因此储能电池生命周期的环境负荷也是重要的指标。因此，大规模电池储能技术需要满足以下基本要求：①安全性好；②生命周期的性价比高；③生命周期的环境负荷小。

液流电池的种类很多，具有很好市场前景的主要是无机体系的全钒液流电池、锌基液流电池。有机体系的液流电池近年已成为国际上基础研究的热点。众多的液流电池储能技术中，全钒液流电池储能技术具有能量转换效率高、蓄电容量大、选址自由、可深度放电、使用寿命长、安全环保等优点，成为大规模高效储能技术的首选之一。

4.1.1　全钒液流电池

澳大利亚新南威尔士大学 Skyllas 教授[2] 于 1985 年提出了全钒液流电池的概念。经过 30 多年的发展，已经开发出适用于产业化应用的液流电池技术。国外从事全钒液流电池储能技术研发和产业化的单位主要包括日本的住友电工，德国的 Fraunhofer UMSICHT，美国的西北太平洋国家实验室、UniEnergy Technology（UET），英国的 Reat 等企业和研究机构等。美国西北太平洋国家实验室提出用混合酸作为支持电解质的技术，已被 UET 采用。日本住友电工自 20 世纪 80 年代开始研发液流电池，已积累了丰富的工程化和产业化的经验，实施了多项应用示范项目；它建造的 15MW/60MW·h 全钒液流电池储能电站，已经稳定运行两年多，得到北海道电力公司很高的评价。

4.1.2　锌基液流电池技术

全钒液流电池技术存在一次性投入相对较高、易受钒价变动影响等问题。金属锌具有储量丰富、成本低、能量密度高、氧化还原反应速度快等优点，因此，以金属锌为负极活性组分衍生出的多种锌基液流电池体系，有可能开拓液流电池储能技术应用的新领域。锌基液流电池主要有：锌溴单液流电池、锌溴液流电池、锌镍单液流电池、锌铁液流电池等。锌镍单液流电池目前仍处于实验室工程放大阶段，主要通过材料、结构等关键技术的研发，来解决负极锌沉积形貌的问题。锌溴液流电池处于产业化推广阶段，目前的主要生产商包括澳大利亚的 Red flow 公司、美国的 EnSync Energy Systems、韩国的乐天化学和美国的 Primus Power。Red Flow 公司于 2018 年推出了家庭用 10kW·h 锌溴液流电池模块和可用于智能电网的 600kWh 电池系统。

4.1.3　有机体系的液流电池技术

近年来，国外许多科研工作者对液流电池新体系进行了探索。根据支持电解液的特点，液流电池新体系可分为水系和非水系。水系液流电池是以水作为支持电解质，非水系是以有机物作为支持电解质。非水系液流电池的研究，主要是追求更高的电位；水系液流电池的研究，旨在降低储能活性物质的成本，提高电池的能量密度。非水系液流电池主要问题是电流密度低、循环性能差、活性物质浓度低；水系液流电池主要问题是能量密度低、成本高。虽然液流电池在新体系的研究方面有许多论文发表，但至今没有发现有产业化应用前景的体系。

4.2　国内发展现状

在国内，中国科学院大连化学物理研究所（以下简称"大连化物所"）、中南大学、中国工程物理研究院九院等单位是国内最早开展液流电池储能技术研究与开发的机构。国内的研究开发主要集中在具有很好产业化应用前景的全钒液流电池和锌基液流电池方面，技术水平国际领先。以下就这两种液流电池作一介绍。

4.2.1　全钒液流电池

全钒液流电池具有安全性好、生命周期内的经济性好和环境友好等优势。在这方面，大连化物所研发团队形成了具有国际领先水平的自主知识产权体系，并以技术入股的形式创立大连融科储能技术发展有限公司（简称"融科储能"），以推进该技术的产业化。

近几年，大连化物所-融科储能合作团队在电池材料和电堆结构设计技术方面取得快速进步，显著提高了电堆的功率密度，使电堆的工作电流密度由原来的 $80mA/cm^2$ 提高到 $180mA/cm^2$，电堆的功率密度提高一倍以上，从而成本降低约50%。融科储能建造的国电龙源卧牛石 5MW/10MW·h 储能电站，已经安全运行6年，验证了全钒液流电池技术的可靠性和耐久性。

通过电池材料的创新和电堆结构的创新，在保持电池充放电能量效率大于80%的条件下，大连化物所使全钒液流电池的单电池的工作电流密度提高到 $300mA/cm^2$，15kW级电堆的额定工作电流密度达到 $220mA/cm^2$ 以上（电堆的能量效率不低于80%）。如果钒的价格在7万元/吨以内，对于 1MW/5MW·h 规模的全钒液流电池储能系统，储能系统一次成本可以下降到2500元/(kW·h)。电解液的成本约占储能系统总成本的50%以上。电解液不会降解，但其微量的副反应的常年累积，会造成价态失衡，进而导致储能容量的衰减；这可用价态调整技术进行在线或离线恢复，但残值在70%左右[3]。

在应用示范方面，融科储能于2012年实施了全球最大规模的 5MW/10MW·h 全钒液流电池储能系统建设，产品出口德国、美国、日本、意大利等国家，已完成近30项应用示范工程；其应用领域涉及分布式发电、智能微网、离网供电及可再生能源发电等，在全球率先实现了产业化；这标志着我国液流电池储能技术达到国际领先水平。该团队正在建设国家能源局批准建设的 200MW/800MW·h 国家级示范项目[4]。

4.2.2 锌基液流电池技术

近几年，大连化物所在锌基液流电池的基础及应用领域做了大量的工作，取得如下研究成果，包括锌溴液流电池、锌溴单液流电池和锌铁液流电池。

（1）锌溴液流电池技术

通过优化正极催化材料和正负极结构，锌溴液流电池的单电池在 $80mA/cm^2$ 运行条件下的能量效率大于80%。2017年开发出的国际首套5kW锌溴单液流电池系统，其能量效率在 $40mA/cm^2$ 运行条件下达到78%以上。

（2）锌镍单液流电池技术

为了简化传统锌镍液流电池系统，大连化物所研究团队开发出多孔碳基高容量镍正极，以此设计组装出只有一套电解液循环系统的新结构锌镍单液流电池，其在充电面容量为 $80mA \cdot h/cm^2$ 时的能量效率达到 85% 以上，且在 500 次循环内无明显衰减。

成功开发出新结构 kW 级锌镍单液流电池储能系统，并于 2017 年在大连化物所园区内，开展了百瓦级锌镍单液流电池与太阳能路灯的联用示范运行，以考察电池组的稳定性。目前联用示范的运行情况良好。

（3）锌铁液流电池储能技术

在低成本、高性能、环境友好的碱性锌铁液流电池储能技术的研究方面，通过电解液优化、隔膜结构和电池结构的设计，实现了电池在 $60\sim200mA/cm^2$ 工作电流密度范围内的运行；运用电化学经典多孔电极理论，结合隔膜结构设计、电解质溶液化学的研究成果，较好地解决了锌累积、锌枝晶等问题，取得了电池在 $80mA/cm^2$ 工作电流密度下，连续稳定运行 1000 次循环以上，且能量效率无明显衰减的成绩[5]。

4.3 全钒液流电池的发展现状

全钒液流电池是以不同价态的钒离子作为活性物质，通过钒离子价态变化实现化学能和电能相互转变的过程。正极为 VO^{2+}/VO_2^+，负极为 V^{2+}/V^{3+}，电池的开路电压为 $1.25V$。全钒液流电池技术相对于其他储能技术具有以下优势。

（1）运行安全可靠，材料资源丰富、全生命周期内环境负荷小、环境友好

全钒液流电池的储能介质为钒离子的稀硫酸水溶液，只要控制好充放电截止电压，保持电池系统存放空间具有良好的通风条件，全钒液流电池不存在着火爆炸的危险，安全性高。全钒液流电池的储能介质为钒的水溶液，全球钒资源主要集中在中国、俄罗斯和南非三个国家，我国钒资源丰富，全球目前已知的资源储量大约 6300 万吨钒，中国钒储量占世界总储藏量的 38%。

全钒液流电池储能系统运行时，钒电解质溶液在密封空间内循环使用，在使用过程中通常不会产生环境污染物质，也不受外部杂质的污染。此外，全钒液流电池中正负极电解质溶液均为同种元素，在储能系统报废后，电解质溶液可以通过在线或离线再生反复循环使用。全钒液流电池电堆及全钒液流电池系统主要是由碳材料、塑料和金属材料叠合组装而成的，来源丰富。当全钒液流电池系统废弃时，金属材料可以循环使用，碳材料、塑料可以作为燃料加以利用。因此，全钒液流电池系统全生命周期内安全性好、环境负荷很小、环境非常友好。

（2）输出功率和储能容量相互独立，设计和安置灵活

全钒液流电池的输出功率由电堆的大小和数量决定，而储能容量由电解质溶液的浓度和体积决定。要增加全钒液流电池系统的输出功率，只要增大电堆的电极面积和增加电堆的数量就可实现；要增加全钒液流电池系统的储能容量，只要提高电解质溶液的浓度或者增加电解质溶液的体积就可实现。全钒液流电池系统的输出功率在数百瓦至数百兆瓦范围，储能容量在数百千瓦时至数百兆瓦时范围。

（3）能量效率高，启动速度快，无相变化，充放电状态切换响应迅速

近几年来随着液流电池，特别是全钒液流电池材料技术和电池结构设计制造技术的不断进步，电池内阻不断减小，性能不断提高，电池工作电流密度由原来的 $60\sim80mA/cm^2$ 提高到 $220mA/cm^2$ 以上。且在此条件下，电堆的能量效率可达80%，成本大幅度降低。另外，全钒液流电池在室温条件下运行，电解质溶液在电极内连续流动，在充放电过程中通过溶解在水溶液中活性离子价态的变化来实现电能的存储和释放，而没有相变。所以，启动速度快，充放电状态切换响应迅速。

（4）采用模块化设计，易于系统集成和规模放大

全钒液流电池电堆是由多个单电池按压滤机方式叠合而成的。全钒液流电池单个电堆的额定输出功率一般在 $10\sim40kW$ 之间；全钒液流电池储能系统通常是由多个单元储能系统模块组成，单元储能系统模块额定输出功率一般在 $200\sim500kW$ 之间。与其他电池相比，全钒液流电池电堆和电池单元储能系统模块额定输出功率大，易于集成和规模放大。

（5）具有强的过载能力和深放电能力

全钒液流电池储能系统运行时，电解质溶液通过循环泵在电堆内循环，电解质溶液活性物质扩散的影响较小；全钒液流电池储能系统具有很好的过载能力，全钒液流电池放电没有记忆效应，具有很好的深放电能力。

全钒液流电池也存在其自身的不足之处：①全钒液流电池系统由多个子系统组成，系统复杂；②为使电池系统在稳定状态下连续工作，必须给包括循环泵、电控设备、通风设备等辅助设备提供能量，所以全钒液流电池系统通常不适用于小型储能系统；③受全钒液流电池电解质溶解度等的限制，全钒液流电池的能量密度较低，只适用于对体积、重量要求不高的大规模固定储能电站，而不适合用于移动电源和动力电池。

4.4 全钒液流电池的关键材料

4.4.1 电极材料

电极材料的性能好坏，直接影响着电化学反应速率、电池内阻以及电解质溶液分布的均匀性、扩散状态，进而影响着电极的活化极化以及欧姆极化，最终影响电池的能量转换效率和功率密度。电极材料的化学稳定性也影响到电池的使用寿命[6]。

根据全钒液流电池的体系特征，要求电极材料具有如下性能。①电极材料对于 VFB 正负极不同价态钒离子氧化还原电对应具有较高的反应活性和良好的可逆性，使电化学反应电荷转移电阻较小，在较高工作电流密度下不引起大的极化。②电极材料应具有稳定的三维网络结构，孔隙率适中，为电解质溶液的流动提供合适的通道，以实现活性物质的有效传输和均匀分布；电极表面与电解质溶液接触角较小，具有较强的亲和性，以降低活性物质的扩散阻力。③电极材料应具有较高的电导率，且与双极板的接触电阻较小，以降低电池的欧姆内阻。④电极材料必须有足够的机械强度和韧性，不至于在电池的压紧力作用下出现结构上的破坏。⑤电极材料必须有良好的耐腐蚀性。全钒液流电池的电解质溶液呈酸性，要求电极材料必须耐酸腐蚀。另外，正极活性物质五价钒离子（VO_2^+）具有极强的氧化性，因此还要求正极材料在强氧化性的环境中稳定；而负极活性物质二价钒离子（V^{2+}）具有极强的还原性，因此还要求负极材料在强还原性的环境中稳定。⑥电极材料必须在充放电电位窗口内稳定，析氢、析氧过电位高，副反应少，全钒液流电池的充放电电压范围一般在1.0~1.6V之间，要求电极材料在此充放电电压区间内稳定。⑦电极材料价格低，资源广泛，使用寿命长，环境友好。

从性能和成本两方面考虑，碳毡的价格相对低廉，电化学性能相对较好，能满足全钒液流电池对电极材料的使用要求。但由于各种碳毡的原丝种类、预氧化条件、碳化或石墨化条件的不同，用不同碳毡组装的电池的性能大不相同。碳毡对电池性能的影响因素与电极材料表面官能团种类及数量、碳纤维的表面形貌、电极材料的孔隙率、碳纤维在经纬方向的分布状态及电极的平整度等因素相关。

电堆报废后，电极材料可以作为燃料烧掉而有效利用，除了放出二氧化碳外，不产生任何污染环境的气体。

4.4.2 双极板材料

全钒液流电池电堆按照压滤机的方式进行组装，双极板在电堆中实现单电池之间的联结，隔离相邻单电池间的正负极电解质溶液，同时收集双极板两侧电极反应所产生的电流。此外，电堆中的电极要求一定的形变量，双极板需对其提供刚性支撑。要实现上述功能，全钒液流电池的双极板材料必须具备以下性能。①优良的导电性能，联结单电池的欧姆电阻小且便于集流，同时为提高电池的电压效率，减小电池的欧姆内阻，还要求双极板与电极之间有较小的接触电阻。②良好的机械强度和韧性，既能很好地支撑电极材料，又不至于在密封电池的压紧力作用下发生脆裂或破碎。③良好的致密性，不发生电解质溶液的渗液和漏液及相邻单电池之间的电解质溶液出现互渗。④良好的化学稳定性及耐酸性和耐腐蚀性。在全钒液流电池中，双极板一侧与强氧化性的正极五价钒离子（VO_2^+）溶液直接接触，另一侧与强还原性的负极二价钒（V^{2+}）溶液直接接触。同时，支持电解质溶液为强酸性溶液，而且电池通常在高电位条件下运行，因此，要求双极板材料应在其工作温度范围和电位范围内，具有很好的耐强氧化还原性和耐酸腐蚀性及耐电化学腐蚀性。

石墨材料具有优良的导电性、优良的抗酸腐蚀性和抗化学及电化学稳定性。无孔硬石墨板材料致密，能有效阻止电解质溶液的渗透；但其非常脆，抗冲击强度和抗弯曲强度均很低，容易在电堆装配过程中发生断裂，还无法做到很薄，造成双极板厚度较大，这就增加了液流电池堆的体积和重量。这些都限制了无孔石墨板在全钒液流电池中的应用。

柔性石墨板是由天然鳞片石墨经插层、水洗、干燥和高温膨胀后制得的膨胀石墨压制而成的一种石墨材料。柔性石墨板具有良好的导电性和耐腐蚀性，与无孔石墨相比，其重量轻，价格便宜，并且由于是柔性材料，在电堆装配过程中不容易发生脆裂。但柔性石墨是由蓬松多孔的膨胀石墨压制而成，所以致密性并不是很好，容易造成双极板两侧电解质溶液的互渗。因此，柔性石墨板必须经过改性才能够应用于全钒液流电池中作为双极板材料使用。

碳塑复合材料由聚合物和导电填料混合后经模压、注塑等方法制作成型，其机械性能主要由聚合物提供，通过在聚合物中加入石墨纤维、碳纤维、纳米碳管等短纤维以提高复合材料的机械强度，其导电性能则由导电填料形成的导电网络提供，可以用来作为导电填料的材料有碳纤维、石墨粉和炭黑，聚合物通常为聚乙烯、聚丙烯、聚氯乙烯等。碳塑复合双极板的耐腐蚀性好，机械强度和韧性好，且制备工艺简单、成本低，因此在全钒液流电池中应用最为广泛。因此提高碳塑复合材料的导电性能是目前的研究热点。

综上所述，碳塑复合双极板生产工艺简单，成本低廉，同时具有较好的机械强度和韧性，已在全钒液流电池中得到广泛应用。为显著提高双极板的导电性，以满足更高额定工作电流密度电堆的需要，今后的研究重点应当放在保持双极板材料较高力学性能的前提下，进一步提高材料的导电性；开发膨胀石墨基双极板是今后研究开发的重点；一体化电极-双极板能大幅度降低两者之间的接触电阻，提高电池能量转换效率，但制造工艺复杂，也是今后应该重点关注的研究领域[7]。

4.4.3　电解质溶液

电解质溶液是全钒液流电池的重要组成部分，它不仅决定了全钒液流储能电池系统的储能容量，而且还直接影响电堆的电性能、稳定性及耐久性。全钒液流电池正负极电解质溶液是以不同价态的钒离子作为活性物质，通常采用硫酸水溶液作为支持电解质。为提高钒离子的溶解度和稳定性，研究人员也开发了以一定比例混合的盐酸和硫酸混合溶液作为溶剂的混合酸型电解质溶液[8]。

全钒液流电池电解质溶液中，钒离子有 VO_2^+（Ⅴ）、VO^{2+}（Ⅳ）、V^{3+}（Ⅲ）、V^{2+}（Ⅱ）四种价态，正极半电池电解质溶液的活性电对为 VO_2^+/VO^{2+}，负极半电池电解质溶液的活性电对为 V^{3+}/V^{2+} 电解液作为全钒液流电池活性物质，其浓度和体积决定了电池的储能容量的大小，电解液的稳定性及温度适应性决定了电池的寿命和效率。因此，制备高稳定性、高浓度、温度适应范围广和低成本的全钒液流电池电解液仍然是全钒液流电池研究开发的重要课题。

综上，为了解决钒电解液活性物质浓度低和稳定性差的难题，存在各种控制方法：改变支持电解质浓度或种类、改变温度、调整充放电程度、引入添加剂等。这些方法的开发对于提高钒电池的能量密度和电池运行稳定性具有极其重要的工程意义。

4.4.4　离子传导（交换）膜材料

（1）离子传导（交换）膜的性能要求

离子传导（交换）膜是 VFB 的核心部件，它起着阻止正负极活性物质互混和导通离子形成电池回路的作用。因此，VFB 离子传导（交换）膜材料应具有如下性能。

① 高的离子传导性，以降低电池的内阻和欧姆极化，提高电池的电压效率。全钒液流电池以硫酸氧钒的硫酸水溶液为电解质溶液，正极活性电对为 VO^{2+}/VO_2^+，负极活性电对为 V^{3+}/V^{2+}，导电离子为质子或其他离子。因

此，要求离子传导（交换）膜具有优良的质子传导性。

② 高的离子选择性。VFB 中，正负极电解质溶液活性物质的互串会导致自放电，降低电池库仑效率，并造成电池储能容量的不可逆衰减。理想的全钒液流电池用离子传导（交换）膜材料应具有优良的质子选择透过性，避免由于正负极电解质溶液活性物质互串引起储能容量衰减和自放电。

③ 优良的物理和化学稳定性，以保证电池的长期稳定运行。由于全钒液流电池处于强酸性和强氧化性介质中，因此，要求离子传导（交换）膜材料具有优异的化学稳定性以保证其使用寿命。

④ 价格便宜，以利于大规模商业化应用推广。

（2）全钒液流电池用离子传导（交换）膜的分类及特点

研究人员就高性能的离子传导（交换）膜材料做了大量的研究工作，并开发出许多有应用前景的离子传导（交换）膜材料。按照膜的形态可以分为两类：一类为基于离子交换机理的离子交换膜；另一类为基于离子筛分机理的多孔离子传导膜。然而致密膜与多孔膜之间并无绝对的界限。按照在膜内的传导的离子的荷电状态可作如下分类。

① 阳离子交换膜

组成该类膜的分子链上含有磺酸、磷酸、羧酸等荷负电离子交换基团，可以允许阳离子（如质子、钠离子等）通过，而阴离子难以通过。

② 阴离子交换膜

组成该类膜的分子链上含有季铵、季鏻、叔胺等荷正电的离子交换基团，可以允许阴离子（如氯离子、硫酸根等）及质子自由通过，而阳离子难以通过。

③ 离子传导膜

该膜通常不含离子交换基团，通过孔径筛分进行离子选择性透过，水合质子、氯离子等体积较小的离子可以自由通过隔膜，而尺寸较大的水合钒离子则难以透过。

（3）全钒液流电池用离子传导膜材料的研究进展

质子交换膜燃料电池已经研究了 170 多年，全钒液流电池也已经研究了近

30 年时间，人们在电池用离子交换膜领域开展了大量的研究工作。按照组成膜的树脂的氟化程度不同，可以大体分为以下两类。

① 全氟磺酸基离子交换膜

全氟磺酸基离子交换膜是指采用全氟磺酸树脂制成的离子交换膜。一般来讲，在高分子材料中，C—F 键的键能远远大于 C—H 键的键能（C—F 为 485kJ/mol；C—H 为 86kJ/mol），树脂材料的氟化程度越高，其耐受化学氧化和电化学氧化的能力越强。全氟高分子材料（树脂）是指材料中的 C—H 键全部被 C—F 键取代，所以表现出优异的化学和电化学稳定性。

商品化的全氟磺酸离子交换膜主要有美国杜邦公司生产的 Nafion 系列全氟磺酸膜，日本旭化成生产的 Flemin 和旭硝子公司生产的 Aciplex 系列全氟磺酸质子交换膜，比利时 Solvay 公司生产的 Aquivion ® 膜，美国陶氏公司生产的 Dow 膜及中国东岳集团生产的全氟磺酸离子交换膜。其中，最具代表性的是美国杜邦公司生产的、商品名为 Nafion 系列全氟磺酸阳离子交换膜，简称 Nafion 膜。该膜是由全氟磺酸树脂通过熔融挤出或溶液浇铸法制备的。

Nafion 离子交换膜最初应用在氯碱行业中，后来在质子交换膜燃料电池中获得广泛研究应用。目前，Nafion 离子交换膜是全钒液流储能电池中常用的离子交换膜，根据膜厚度不同，比较常见的有 Nafion112、Nafion115、Nafion117 等规格。这些离子交换膜的 IEC（离子交换容量）为 0.91mmol/g，厚度分别约为 $50\mu m$、$125\mu m$ 和 $175\mu m$。膜的厚度不同，其组装成的电池的性能也有很大差别。例如，在 $80mA/cm^2$ 的充放电条件下，Nafion115 的库仑效率和能量效率可以达到 94% 和 84%；而相同条件下 Nafion112 的库仑效率和能量效率仅为 91% 和 80%。这是因为 Nafion115 比 Nafion112 厚 1 倍以上，其阻隔钒离子互混的能力更强。

② 多孔离子传导膜

为了克服非氟离子交换膜稳定性差和全氟磺酸离子交换膜价格昂贵的问题，大连化物所的张华民教授在多年研究开发经验积累的基础上，突破了传统的"离子交换传导机理"的束缚，原创性地提出了"离子筛分传导机理"。在此机理的指导下，通过控制多孔膜的孔径、空隙率和孔径分布，成功合成出不含离子交换基团的非氟离子筛分传导膜，开发出批量化生产工艺，建立了产业化技术平台，实现了规模化生产并成功应用于多项百千瓦全钒液流电池工程应用示范项目，显示出优良的电池性能和优异的耐久性、可靠性。

在"离子筛分传导机理"的指导下，大连化物所经过 10 余年的努力，在非氟离子传导膜研究领域也取得关键技术突破，成功开发出两代高离子选择性、高稳定性、高导电性的非氟离子传导膜，并完成了中试放大。测试结果表明，该非氟离子传导膜的化学与电化学性能及机械强度等物理性能都非常优异。利用第 1 代非氟离子传导膜组装了单电池并进行了充放电循环加速寿命考察试验。所开发的非氟离子传导膜具有非常优异的化学和电化学稳定性及耐久性，经过 10000 次充放电循环加速寿命试验，电池的库仑效率、电压效率及能量效率没有明显的变化。

4.5　未来发展方向的预测与展望

经过近 20 年的努力，我国液流电池储能技术水平处于国际领先地位，已进入工程应用示范阶段。但是要推进液流电池储能技术的普及应用，建立液流电池储能产业，还需要官、产、学、研、用（户）共同努力，加大持续的投入，不断创新，完善技术，大幅度提高液流电池储能系统的可靠性和稳定性，降低液流电池的制造成本，建立可行的商业化模式，以满足大规模实用化、产业化的要求。提高液流电池的可靠性、稳定性，降低成本。同时，加强能源存储与转化学科建设，推进液流电池技术和产业化的发展。主要包括以下几个方面。

（1）加强电堆结构设计的数值模拟方针研究：对于全钒液流电池而言，提高电解质溶液在电堆内的分布均匀性，降低电堆内阻，减小欧姆极化，建立电堆高功率密度（高额定工作电流密度）电堆的设计集成方法。对于恒功率充放电的 30kW 以上级电堆，2020 年，平均额定工作电流密度达到 220mA/cm^2，2025 年达到 300mA/cm^2。

（2）锌基液流电池包括传统的锌溴液流电池、锌溴单液流电池、锌镍单液流电池和锌铁液流电池等：由于电池材料来源广泛，价格便宜，系统安全，在用户端储能领域有着潜在的应用前景。研究锌在电极表面的沉积、溶解机理和调控机制、提高锌的有效可逆沉积量，解决锌枝晶问题，提高锌基液流电池的能量密度是今后的研究重点之一；同时，突破低成本的锌基液流电池电堆结构和集成技术与工艺开发也是今后的研究重点。

（3）有机电堆液流电池新体系：近年来，国外许多科研工作者对液流电池新体系开展了探索研究。根据支持电解液的特点，探索研究的液流电池新体系可分为水系和非水系。水系液流电池是以水作为支持电解质，非水系是以有机物作为支持电解质。对非水系液流电池的研究，主要是追求更高的电位；对水系液流电池的研究旨在降低储能活性物质的成本，提高电池的能量密度。非水系液流电池主要问题是电流密度低，循环性能差，活性物质浓度低；水系液流电池主要问题在于能量密度低，成本高。虽然在液流电池在新体系的研究方面做了大量研究工作，发表了许多研究论文，尽管至今没有发现有产业化应用前景的体系，但值得跟踪。

（4）新一代高性能、低成本的全钒液流电池关键材料的开发：高性能、低成本液流电池关键材料是研制高性能、低成本液流电池的物质支撑。其研究内容主要包括：高稳定性、高浓度电解质溶液；高离子选择性、高导电性、高化学稳定性离子传导（交换）膜；高导电性、高韧性双极板；高反应活性、高稳定性、高厚度均匀性电极（碳毡材料）。

目前，全钒液流电池电解质溶液的支持电解质分为硫酸水溶液和盐酸、硫酸混合酸水溶液两种。硫酸的蒸气压较低，所以硫酸体系电解质溶液的腐蚀性小，但钒在稀硫酸水溶液中的溶解度相对较小，造成其能量密度低，工作温度窗口较窄。在盐酸、硫酸混合酸水溶液中，钒的溶解度较高，稳定性好，所以盐酸、硫酸混合酸体系的能量密度高，工作温度窗口宽。但由于盐酸的蒸气压高，腐蚀性强，在充电过程中会有氯气生成。所以，对电堆材料和管路材料的要求高，从而提高了电池系统的成本。因此，研究开发高浓度、高稳定性、低成本的全钒液流电池电解质溶液体系拓展钒电解质溶液的使用温度范围和高比能量、高稳定性、低成本的液流电池新体系是液流电池电解质溶液的重要研究课题。

目前，全钒液流电池中使用的离子传导（交换）膜是全氟磺酸质子交换膜。开展高离子选择性、高导电性、高化学稳定性、环境友好、低成本的非氟离子传导膜对推进全钒液流电池的产业化具有重要意义。

在保持双极板高致密性、高机械强度、高韧性的条件下，进一步提高双极板的电导性，对于降低电堆的内阻，提高电池的工作电流密度，即功率密度具有重要作用。因此，需要开发满足上述性能要求的双极板材料。

电极的性能与液流电池电堆内的活化极化、欧姆极化和浓差极化都密切相关。提高电极的催化反应活性、导电性以及密度分布规律性和厚度均匀性是高性能电极研究开发的重点。

（5）高功率密度电堆的开发：液流电池电堆是发生充放电反应，实现电能与化学能相互转换的部件，是液流电池的核心部件，电堆的性能和可靠性直接影响液流电池储能系统的性能和可靠性。目前液流电池电堆的工作电流密度较低，造成其功率密度较低、材料用量大，成本高，影响其大规模普及应用。因此，优化电堆的结构设计，提高电解质溶液活性物质钒离子在电堆内部的时空分布均匀性，降低离子传导膜、电极、双极板之间的接触电阻，可以有效降低电堆内的欧姆极化，从而提高电堆的电压效率和能量效率。开展新型电堆结构设计优化，研究开发高功率密度全钒液流电池电堆的结构设计技术，使电堆的工作电流密度由现在的 $80mA/cm^2$ 提高到 $200mA/cm^2$，进一步努力，提高到 $300mA/cm^2$ 上，同时提高电解质溶液的利用率，是液流电池结构设计与集成的重要研究开发课题。

全钒液流电池系统包括电堆、电解质溶液储供子系统、电池管理子系统等组成，系统相对复杂。开发高可靠性、高稳定性、低成本的大功率液流电池模块的设计集成技术和百兆瓦级全钒液流电池储能系统的集成及智能控制管理策略及综合能量管理技术也极为重要。

全钒液流电池技术已接近成熟，处于产业化应用示范阶段和应用推广阶段，需要政府加大对储能新技术开发、工程转化、应用示范、产业化等方面的经费支持力度，择优选择创新能力强、具有自主知识产权的研究机构和企业给予重点支持。明确储能产业政策，规范储能技术标准，推动储能技术的市场应用。推进全钒液流电池储能技术的产业化进程。

4.6 发展路线图

全钒液流电池储能中长期发展路线图见图 4-1。

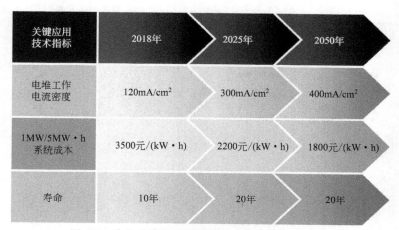

关键应用技术指标	2018年	2025年	2050年
电堆工作电流密度	120mA/cm²	300mA/cm²	400mA/cm²
1MW/5MW·h系统成本	3500元/(kW·h)	2200元/(kW·h)	1800元/(kW·h)
寿命	10年	20年	20年

图 4-1　全钒液流电池储能系统中长期发展路线图

降低全钒液流电池储能系统成本、创新商业模式是全钒液流电池储能技术产业化普及应用的关键。全钒液流电池的额定输出功率＝工作电压×工作电流密度×电极总面积，降低全钒液流电池储能系统成本的关键是提高全钒液流电池的额定工作电流密度可以有效降低电池的材料使用量，从而大幅度降低其成本。

另外，全钒液流电池由于电解质溶液通过在线或者离线再生，可以反复循环利用，所以，全钒液流电池储能，系统报废后，对于 1MW/5MW·h 全钒液流电池储能系统，每千瓦时电解质溶液需要大约 10kg 五氧化二钒，当片钒（五氧化二钒）的价格在不超过 8 万元/吨时，电解质溶液的价格大约为 1350 元；电堆的额定工作电流密度达到 300mA/cm² 时，电池系统的成本大约为 4000 元/千瓦，5MW·h 电解质溶液的成本将会是 6750 元，占总成本的 69％。电解质溶液的残值按 70％计算，每千瓦的残值大约为 1000 元，实际成本为 1200 元/千瓦。中长期经济技术指标见表 4-1。

表 4-1　全钒液流电池储能系统中长期经济技术指标

年份	能量密度 /(W·h/L)	功率密度 /(W·h/kg)	持续放电 时间/h	循环次数 /次	响应速度	功率成本 元/kW	能量成本 元/(kW·h)
2017	15~20	30~50	2~30	>15000	毫秒级	9000	3200
2025	20~25	35~55	2~50	>15000	毫秒级	4000	2500
2050	25~30	40~60	2~100	>15000	毫秒级	3000	2000

锌基流电池储能系统中长期发展路线图见图 4-2。

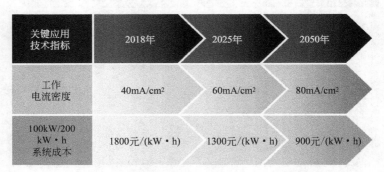

图 4-2　锌基流电池储能系统中长期发展路线图

　　锌基液流电池如锌溴液流电池、锌溴单液流电池、锌镍单液流电池等，由于储能活性物质资源丰富、来源广泛、价格便宜，具有广阔的发展前景。随着电堆额定工作电流密度的增加，电池的成本会不断下降，从而增加市场竞争力。

● 参考文献 ●

[1]　Thaller L H. Electrically rechargeable redox flow cells. NASA-TM-71540, 1974 (N74).

[2]　Skyllas Kazacos M. An historical overview of the vanadium redox flow battery development at the university of new south wales, Australia. www. ceic. unsw. edu. au/centers/vrb/overview. htm, 2005-10-02.

[3]　Electricity Storage Association Inc. Technologies/VRB. ［2004-07-23］. http://www. electricitystorage. org/tech/technologies_technologies_vrb. htm.

[4]　世界最大级氧化还原液流电池启动［2016-01-06］. http://chuneng. bjx. com. cn/news/20160106/698554. shtml.

[5]　Kwak B S, Dong Y K, Sang S P. Implementation of stable electrochemical performance using a $Fe_{0.01}ZnO$ anodic material in alkaline Ni-Zn redox battery. Chemical Engineering Journal, 2015, 281: 368-378.

[6]　Red Flow Limited. Redflow sustainable energy storage. www. redflow. com, 2018-03-18.

[7]　Gong Ke, et al. Nonaqueous redox-flow batteries: Organic solvents, supporting electrolytes, and redox pairs . Energy & Environmental Science, 2015, 8: 3515-3530.

[8]　Janoschka T, Martin N, Martin U, et al. An aqueous, polymer-based redox-flow battery using non-corrosive, safe, and low-cost materials. Nature, 2015, 527: 78-81.

第5章

高温钠电池

5.1 概述

高温钠电池是由钠离子导电的陶瓷电解质为隔膜，以金属钠或钠的化合物为活性物质的一类二次电池，典型的体系是钠硫电池和 ZEBRA 电池。

5.1.1 钠硫电池与钠镍电池

(1) 钠硫电池

钠硫电池是 1968 年美国福特汽车公司发明的，是最典型的金属钠为电极的二次电池之一，也是到目前为止应用得比较成功的一种大规模静态储能技术。从 2000 年到 2014 年，除抽水蓄能、压缩空气以及储热项目外，钠硫电池在全球储能项目中所占的比例约为 $40\%\sim45\%$，占据领先地位。钠硫电池是一种以单一 Na^+ 导电的 β-氧化铝陶瓷兼作电解质和隔膜的二次电池，它分别以金属钠和单质硫作为阳极和阴极活性物质[1]。其电池形式如下：

$$(-)Na(液)|\beta\text{-氧化铝}|Na_2S_x,S(液)(+)$$

钠硫电池在 350℃时的电动势与放电深度的关系，在 S 含量为 $100\%\sim78\%$ 的区间内，硫电极中形成 S 与 $Na_2S_{5.2}$ 的不相容液相，电池的电动势稳定在 2.076V；随着放电的进一步进行，电池的电动势不断下降，直至 $Na_2S_{5.2}$

的反应至 $Na_2S_{2.7}$，电动势并稳定在 $1.74V$。电池在实际工作过程中，由于极化的存在导致充放电电压偏离电池的电动势，且充电过程的极化明显高于放电过程，即所谓的非对称极化。

　　钠硫电池的工作温度为 $300\sim350℃$。图 5-1 是中心钠负极的钠硫电池结构和工作原理示意图。金属钠装载在 β-氧化铝电解质陶瓷管中形成负极。整个电池包括熔融钠负极、钠极毛细层、固体电解质、熔融硫（或多硫化钠）、硫极导电网络（一般为碳毡）、集流体和外壳兼集流体等部分。在电池的工作温度下，钠与硫均呈熔融态。电池放电时，负极钠失电子变为 Na^+，Na^+ 通过 β''-氧化铝固体电解质迁移至正极与硫离子反应生成多硫化钠，同时电子经外电路到达正极使硫变为硫离子。反之，充电过程中，Na^+ 通过固体电解质返回负极与电子结合生成金属钠。电池的开路电压与正极材料（Na_2S_x）的成分有关，通常为 $1.6\sim2.1V$。为了保证固体电解质 β''-氧化铝具有足够高的离子导电，需要一定的温度，但另一方面，在过高的温度下硫极多硫化钠会产生很高的蒸气压而在电池内部产生较大的压力，使电池的安全性能降低，因此钠硫电池的实际工作温度控制在 $300\sim350℃$。除中心钠负极的设计外，还有将硫装入电解质陶瓷管内形成正极的中心硫设计，其电池工作原理相同，但由于硫中心的结构不利于电池的容量设计，实用化的电池基本采用中心钠负极的结构。

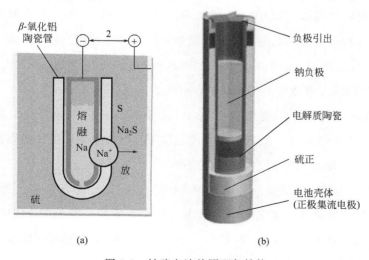

(a)　　　　　　　　(b)

图 5-1　钠硫电池的原理与结构

钠硫电池具有以下主要的特性。①比能量高。钠硫电池理论比能量为 $760W \cdot h/kg$，实际比能量达到 $150\sim200W \cdot h/kg$，是铅酸电池的 $3\sim4$ 倍。②容量大。用于储能的钠硫单体电池的容量可达到 $600A \cdot h$ 甚至更高，能量达到 $1200W \cdot h$ 以上，单模块的功率可达到数十千瓦，可直接用于储能。③功率密度高，放电的电流密度可达到 $200\sim300mA/cm^2$，充电电流密度通常减半执行。④库仑效率高。由于采用单离子导电的固体电解质，电池中几乎没有自放电现象，充放电效率几乎为 100%。⑤电池运行无污染。电池采用全密封结构，运行中无振动、无噪声，没有气体放出。⑥寿命长。钠硫电池中没有副反应发生，各个材料部件具有很高的耐腐蚀性，产品的使用寿命达到 $10\sim15$ 年。⑦电池结构简单、制造便利、原料成本低、维护方便。

但钠硫电池也存在一些劣势，首先钠硫电池在 $300\sim350℃$ 温度区间运行，为储能系统的维护增加了难度。其次，液态的钠与硫在直接接触时会发生剧烈的放热反应，给储能系统带来了很大的安全隐患，钠硫电池中使用陶瓷电解质隔膜，本身具有一定的脆性，运输和工作过程中可能发生对陶瓷的损伤或破坏，一旦陶瓷破裂，将发生钠与硫的直接反应，造成安全问题。此外，钠硫电池在组装过程中，需要操作熔融的金属钠，需要有非常严格的安全措施。

（2）钠镍电池（ZEBRA 电池）

与钠硫电池类似，ZEBRA 电池也是一种以单一 Na^+ 导电的 β-氧化铝陶瓷兼作电解质和隔膜的二次电池，由熔融钠负极和包含过渡金属氯化物（MCl_2，M 可以是 Ni、Fe、Zn 等过渡金属元素）、过量的过渡金属 M 为正极组成。图 5-2 是 ZEBRA 电池的结构及其基本电化学机制。

ZEBRA 电池工作温度为 $250\sim300℃$。并且，正极中的活性物质 $NiCl_2$、Ni 以及 NaCl 均为固体，只有在一定的温度下，电极中物质的扩散系数达到一定的水平，才能实现电池反应的快速进行。

$300℃$ 时电池的开路电压为 $2.58V$，理论比能量 $790W \cdot h/kg$。除了钠/氯化镍体系外，氯化铁、氯化锌等也可作为活性物质构成类似的 ZEBRA 电池。电池在放电态时组装，即将 Ni 粉和 NaCl 的混合物装入电池的正极腔，在其中的空隙中填入液态的辅助电解质，通常为 $NaAlCl_4$。

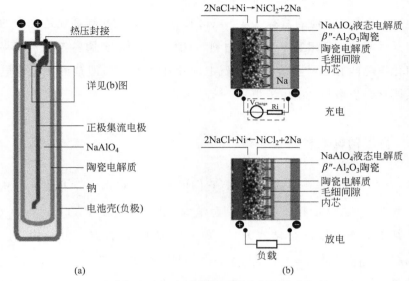

图 5-2 ZEBRA 电池结构及其基本电化学机制

钠/氯化铁电池的开路电压为 2.35V（295℃）。铁系 ZEBRA 电池的总反应为：

$$FeCl_2 + 2Na \Longrightarrow Fe + 2NaCl$$

但电池反应的历程比上述反应要复杂得多，有一系列中间过渡产物形成。

ZEBRA 电池具有很强的耐过充电和过放电的能力。过充电反应为：

$$2NaAlCl_4 + Ni \Longrightarrow 2Na + 2AlCl_3 + NiCl_2$$

295℃时的电位为 3.05V。

电池过放电反应为：$NaAlCl_4 + 3Na \longrightarrow Al + 4NaCl$

基于上述的过充、过放的电池反应，ZEBRA 电池可以承受至少 1000 次以上 100DOD% 的深度充电和放电，而不出现安全事故，这一点在其他二次电池中很少出现，体现了 ZEBRA 在安全性方面独特的优势。

基于上述电化学反应，ZEBRA 电池呈现短路型的损坏机理，因此，在电池组中，即使有一个电池出现损坏，电池组仍然可以运行。由于 ZEBRA 电池没有副反应，其库仑效率为 100%，从而可以比较容易地实现对电池充放电状态的估计。ZEBRA 电池采用全密封结构的设计，并在恒定的温度下工作，因此具有很强的环境适应性和零维护的特性[2]。

组成 ZEBRA 电池的基本元素 Na、Cl、Al、Fe、Ni 等都在地壳中的储量丰富，开采容易，且组装电池的原材料 NaCl、Ni、Fe 金属粉等制造容易，因此钠氯化镍电池的原材料价格与钠硫电池相比更低，即便是钠氯化镍电池体系，其原材料价格与钠硫电池持平[3-5]。

5.1.2　高温钠电池材料

Na-β/β''-Al_2O_3 是一类铝酸钠盐，它们可统称为 β-Al_2O_3。根据其结构特征不同，主要有 β-Al_2O_3 和 β''-Al_2O_3 两种结构，图 5-3 是 β-Al_2O_3 和 β''-Al_2O_3 的结构。其中 β-Al_2O_3 的化学式为 $Na_2O \cdot 11Al_2O_3$，具有六方结构，空间群 $P6_3/mmc$，晶格常数 $a=5.59$Å（1Å$=10^{-10}$，余同），$c=22.53$Å；β''-Al_2O_3 的化学式为 $Na_2O \cdot 5.33Al_2O_3$，具有三方结构，空间群 $R3m$，晶格常数 $a=5.59$Å，$c=33.95$Å；β-Al_2O_3 的结构可视为由 Al、O 原子密堆积的尖晶石基块和 Na、O 原子疏松排列的中间层组成的，尖晶石基块具有与 $MgAl_2O_4$ 相同的原子排列，氧离子呈立方密堆积，Al^{3+} 占据其中的四面体和八面体间隙位置。基块之间则依靠其中的铝原子与钠氧层中的氧原子形成的 Al—O—Al 桥进行连接。一个单位晶胞内含有两个尖晶石基块，相邻的基块呈镜面对称。中间层中存在很大比例的空位，为 Na^+ 在层内的迁移提供了通道，而在尖晶石基块中原子是密堆积的，没有可提供离子迁移的空位和通道，因此，β-Al_2O_3 的钠离子传导是各向异性的，只能在钠氧层内进行[4]。

在钠氧层中迁移离子的分布是无序的，随机地占据部分等效位置，随着温度的升高，这种无序性增加。与 β-Al_2O_3 不同的是，β''-Al_2O_3 的单胞由三个尖晶石基块组成，且相邻的两个基块呈三次螺旋轴非对称分布，钠氧层中的原子密度比 β-Al_2O_3 更小，空间更大，空位更多，Na^+ 迁移的势垒更小，因此 β''-Al_2O_3 的离子电导率大于 β-Al_2O_3，在钠硫电池中实际使用的基本都是高电导率的 β''-Al_2O_3 的陶瓷。Na-β''-Al_2O_3 在 150℃ 附近发生二维的有序/无序转化，在高温区中间层内形成了准液态的离子无序分布，这种特征使电导活化能大大降低，电导率-温曲线在该温度处发生了转折，偏离 Arrehnius 线性关

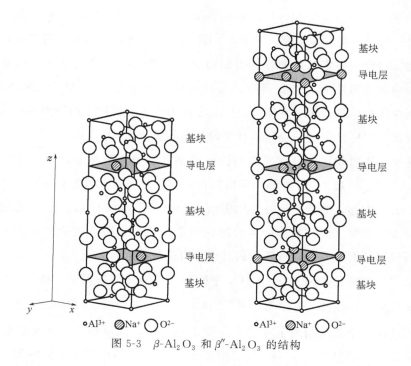

$\circ$Al³⁺ ⊘Na⁺ ○O²⁻　　　　$\circ$Al³⁺ ⊘Na⁺ ○O²⁻

图 5-3　β-Al$_2$O$_3$ 和 β''-Al$_2$O$_3$ 的结构

系。而 Na-β-Al$_2$O$_3$ 则在整个温度范围内服从 Arrehnius 线性关系。

β''-Al$_2$O$_3$ 是高钠含量的亚稳定结构，通常需要加入 MgO 或 Li$_2$O 等稳定剂对 β''-Al$_2$O$_3$ 的结构进行稳定。当稳定剂的阳离子半径小于 0.97Å 时，可以用来稳定 Na-β''-Al$_2$O$_3$ 相，而当其大于 0.97Å 时不能够起到对 Na-β''-Al$_2$O$_3$ 相的稳定作用，只能得到 Na-β-Al$_2$O$_3$ 相。单晶 Na-β-Al$_2$O$_3$ 垂直于 c 轴方向上 300℃时的电阻率低至 2.5Ω·cm，与熔盐的数量级相同。由于其结构的各向异性，陶瓷的电阻率要比单晶低。多晶或 β-Al$_2$O$_3$ 陶瓷的离子导电性主要取决于三方面的因素：β-Al$_2$O$_3$ 和 β''-Al$_2$O$_3$ 相的相对含量、化学组成、显微结构与晶粒大小。

β-Al$_2$O$_3$ 陶瓷的离子电导率与 β 和 β''-Al$_2$O$_3$ 两相的相对含量呈线性关系，陶瓷中的 β''-Al$_2$O$_3$ 相含量越高，则电阻率越低，导电性越好；显微结构对导电性也有较显著的影响，通过特殊的工艺制备均匀晶粒尺寸的粗晶和细晶 β''-Al$_2$O$_3$ 陶瓷并测试其导电性能，发现 300℃时粗晶陶瓷（约 100μm）的电阻率为 2.81Ω·cm，细晶试样（约 1～2μm）则高达 4.8Ω·cm，二者的活化能亦有较大差距，分别为 $5.11 \sim 5.60 kcal/mol$（$1kcal = 4.186kJ$，余同）和 $3.66 \sim 4.22 kcal/mol$。但另一方面，由于 $\beta\text{-}Al_2O_3$ 具有二维结构特征，使多晶陶瓷中晶粒往往表现出一定的取向性，因而粗晶陶瓷的导电性会呈现一定的各相异性，影响其使用性能。与此同时，晶粒过分生长会导致 $\beta\text{-}Al_2O_3$ 陶瓷强度、断裂韧性等力学性能显著下降，致使其在各种电化学器件中的使用寿命大大缩短，因此，实际使用的陶瓷应具有均匀的细晶显微结构。

化学组成对陶瓷导电性的影响比较复杂，首先需要将 $\beta\text{-}Al_2O_3$ 基本组分如 Na_2O、Li_2O 或 MgO 等的比例控制在一定的范围内，以获得最佳的离子导电性；另一方面，杂质对导电性的影响也十分显著，如 CaO、SiO_2 等通常都是以较大的团聚体混入粉体中并最终在陶瓷的晶界上形成较大尺寸的非导电相，不仅使陶瓷的电导率降低，而且还会引起晶粒的异常长大。

值得注意的是，$Na\text{-}\beta/\beta''\text{-}Al_2O_3$ 中的 Na^+ 具有高度的离子交换性，特别是 $Na\text{-}\beta''\text{-}Al_2O_3$ 中的 Na^+ 几乎可以被所有的一价、二价和三价阳离子交换，其交换的程度取决于交换阳离子在交换介质中的浓度，浓度越高，被交换的 Na^+ 量越大，一定的时间后，Na^+ 与交换离子之间会达到平衡。不同的阳离子被交换到 $Na\text{-}\beta/\beta''\text{-}Al_2O_3$ 中后，会引起其晶胞参数的变化，特别是大尺寸的阳离子会使 c 轴方向发生十分明显的变化。在陶瓷中发生离子交换，当晶胞尺寸发生明显变化时，会使陶瓷的微结构以及力学性能受到严重的损害，甚至会使陶瓷产生微裂纹，甚至破裂。因此钠硫电池的电极材料需要很高的纯度，以免发生破坏性的离子交换。除了通常的各种金属离子外，水合质子也可以对 $Na\text{-}\beta/\beta''\text{-}Al_2O_3$ 中的 Na^+ 进行交换，被交换的 $Na\text{-}\beta/\beta''\text{-}Al_2O_3$ 的 c 轴晶胞参数发生显著增大，陶瓷的力学强度会被显著破坏，因此，$Na\text{-}\beta/\beta''\text{-}Al_2O_3$ 陶瓷通常需要在干燥的环境中进行保存。

高质量的 $Na\text{-}\beta''\text{-}Al_2O_3$ 陶瓷管是钠硫电池获得高性能的前提。钠硫电池装配通常都是在常温下进行的，装配时要求所有的部件具有很高的尺寸精度，从而保证装配电池的可靠性。由于 $Na\text{-}\beta''\text{-}Al_2O_3$ 中碱金属含量高，二维的晶体结构特征以及成分的不均匀性使陶瓷中的晶粒很容易发生过分长大；钠在高温下具有高度的挥发性，陶瓷的成分很容易偏离设计的计量比；约在 1580℃ 时，陶瓷中会出现大量的液相，一方面它可以促进陶瓷的烧成，而另一方面又会导致烧结的陶瓷管产生严重的变形。

固相反应法是最常见且被广泛应用于批量化生产的技术。其基本的工艺步骤包括：前驱粉体的合成与造粒，素坯的成型与脱塑，烧成与加工。针对各个步骤也形成了一系列不同的方法。如粉体的合成，最简单的方法是将 α-Al_2O_3、NaOH 或 Na_2CO_3、MgOH 或 MgO、Li_2CO_3 等化合物按照一定的比例在水或有机介质中球磨混合成均匀的浆料，通过喷雾等方法进行干燥和造粒形成高流动性的陶瓷粉体，采用等静压等各种方法成型得到素坯，经 1600℃ 以上高温烧结后得到致密的陶瓷，再经过必要的加工即得到要求尺寸的陶瓷管。陶瓷管的相对密度通常达到 99% 以上，陶瓷管的压环强度达到 250～300MPa。

美国盐湖城犹他大学和 Ceramatec 公司合作研制了一种基于 Li_2O 稳定剂的 Zeta 工艺路线，其中以 Li_2O 和 Al_2O_3 预先反应形成 Zeta 铝酸锂。我国中国科学院上海硅酸盐研究所进一步研制了双 Zeta 工艺，首先将锂盐和钠盐分别与 α-Al_2O_3 进行反应，合成得到铝酸锂和铝酸钠化合物，Zeta-铝酸锂具有与尖晶石类似的结构，铝酸钠的结构类似于 Na-β-Al_2O_3，被类似地称作为 Zeta-铝酸钠，前驱铝酸盐的形成一方面可以有效地提高低含量组分钠和锂在最终材料中分布的均匀性，同时 Zeta 结构的形成可以引导 β''-Al_2O_3 结构的生成，因此，用这种双 Zeta 工艺可以获得高均匀性的 Na-β''-Al_2O_3 陶瓷管，并可以实现规模化的制备。为了进一步提高陶瓷粉体的烧结活性，各种的化学法也用于合成前驱化合物，包括溶胶凝胶法、燃烧法、双氢氧化物前体法、醇盐分解法等。化学法合成的前体具有比固相合成法产物更高的烧结活性、粉体颗粒度细、化学组成均匀、但制备量小、成本高，很难适用于规模化生产。

日本 NGK 公司和中国科学院上海硅酸盐研究所主要采用这种等静压成型技术，成型时坯体中含有的黏结剂等有机组分含量较低，经一定温度的素烧可以全部排除，对陶瓷的致密化基本不会产生影响。美国的 GE 公司最早研制了电泳法成型 Na-β''-Al_2O_3 陶瓷坯体，不需要进行等静压压制，即可获得高质量的陶瓷管，相对密度大于 99%，这种技术也被用于规模化制备中，这种技术的最大优势是对异型陶瓷的适应性强。此外，挤压成型也被应用于制备 Na-β''-Al_2O_3 陶瓷，所得最终产品的相对密度达到 98%，其主要的优势是成型的素坯壁厚均匀性高。

烧成是 Na-β''-Al$_2$O$_3$ 陶瓷制备过程中最困难的步骤，如前所述，一方面，Na-β''-Al$_2$O$_3$ 陶瓷中含有大量的碱金属组分在高温时很容易挥发，同时在高于 1580℃时烧结体中会产生一定含量的液相，很容易引起陶瓷的变形，另外，强碱性的挥发物腐蚀性强，会对炉体、坩埚等产生严重的腐蚀，目前能适用于 Na-β''-Al$_2$O$_3$ 陶瓷烧成的坩埚材料主要有铂金和氧化镁两种，从成本考虑，由于铂金可以反复利用，最终用于规模生产时的成本要低于氧化镁坩埚。

为了进一步优化 Na-β''-Al$_2$O$_3$ 陶瓷，提高陶瓷的力学性能，多个实验室还开展了复合陶瓷的研究，其中，以 ZrO$_2$ 为第二相添加剂的复合体系最为有效并在规模化制备中可以得到应用。我们知道，ZrO$_2$ 具有单斜（m）、四方（t）和立方（c）三种同质异构体，随着温度的变化可以发生如下的相变：

$$m\text{-}ZrO_2 \xrightleftharpoons{1170℃} t\text{-}ZrO_2 \xrightleftharpoons{2370℃} c\text{-}ZrO_2 \xrightharpoonup{2680℃} 液相$$

其中，$t\text{-}ZrO_2 \rightarrow m\text{-}ZrO_2$ 的相变表现为马氏体相变的特征，在相变过程中无热效应，无扩散，但产生约 8% 的切向应变和 3%～5% 的体积膨胀，这种 $t\text{-}ZrO_2 \rightarrow m\text{-}ZrO_2$ 马氏体相变具有有效的增韧作用，被广泛应用到一系列复相陶瓷中。相分析表明，ZrO$_2$ 与 Na-β''-Al$_2$O$_3$ 的复合陶瓷体系具有理想的化学相容性，两相之间不发生化学反应。

加入不同含量的四方或立方 ZrO$_2$ 对 Na-β''-Al$_2$O$_3$ 陶瓷的显微结构有显著的影响，未加入 ZrO$_2$ 时 Na-β''-Al$_2$O$_3$ 陶瓷的晶粒均匀性很差，存在明显的异常大晶。加入 5% ZrO$_2$ 时，对异常晶粒的抑制作用尚不明显；加入量为 10% 时，有明显的抑制作用，加入量达到 15% 时，Na-β''-Al$_2$O$_3$ 晶粒的异常生长完全被抑制。ZrO$_2$ 作为第二相主要分布在 Na-β''-Al$_2$O$_3$ 陶瓷的晶界上。无论是加入立方或四方相 ZrO$_2$，复合陶瓷的力学性能较 Na-β''-Al$_2$O$_3$ 陶瓷有明显的改善，尤其在 $t\text{-}ZrO_2$-β''-Al$_2$O$_3$ 复合陶瓷中，应力诱导的 $t\text{-}ZrO_2 \rightarrow m\text{-}ZrO_2$ 相变增韧是其中的主要增韧增强机制。除了上述的相变增韧外，微裂纹增韧以及裂纹偏转增韧也对复合陶瓷的力学性能提高起到了重要的作用，并同时存在于不同相 ZrO$_2$ 复合的陶瓷中。氧化锆复合 Na-β''-Al$_2$O$_3$ 陶瓷作为一种简单有效的技术路线，可直接应用于实用化陶瓷的制备中。

负极是阳极反应和活性物质钠的贮存室，作为钠硫电池的安全设计之一，在电解质陶瓷管表面制造毛细层可以控制钠向电解质表面输送的速度，避免陶瓷管破裂时大量的钠与硫之间的短路反应，毛细层可以是修饰在电解质陶瓷管内表面的碳、金属、氧化物等的多孔材料层，也可以是金属网，在毛细层的内表面衬有金属管，也称为钠芯，并在底部开孔与毛细层联通，钠即储存在金属管内。批量制备电池时将定量熔融的钠直接加入负极室即可。

硫极通常采用预制技术制备，将熔融的硫注入与正极室相同形状和尺寸的碳材料内，冷却后凝固成预制的正极，电池组装时将预制的正极插入正极室后进行密封即可。预制硫极的技术简单实用，且适用于规模化生产，被广泛采用。

密封是钠硫电池的核心技术，密封性能直接影响电池的性能和寿命。和钠硫电池相关的密封技术包括陶瓷/陶瓷、陶瓷/金属以及金属/金属等不同材料部件之间的密封。其中，陶瓷与陶瓷，即 $Na\text{-}\beta''\text{-}Al_2O_3$ 陶瓷与 $Na\text{-}\alpha\text{-}Al_2O_3$ 陶瓷绝缘件之间的密封主要采用玻璃密封的技术，通过调整玻璃的膨胀系数，可以实现两个部件之间高质量的密封。目前国内外已开始研发与 β- 或 α-陶瓷热系数更适应的玻璃陶瓷材料作为密封材料，这也是降低单电池成本的一个新途径。金属与金属之间的密封主要指电池外壳（同时充当正极集流电极，一般采用不锈钢）与连接 $\alpha\text{-}Al_2O_3$ 陶瓷绝缘环的过渡不锈钢连接件之间的焊接，常用电子束或激光焊接技术焊接不锈钢件，可以达到很高的焊接质量。焊接时需要很好地控制功率，以保证焊接部位的温度适中而不损坏相邻的陶瓷和玻璃部件。

ZEBRA 电池的正极含有过渡金属的 NaCl、过渡金属氯化物以及过量的过渡金属。过量的过渡金属加入后，可以保证正极具有良好的电子导电性，并使电池的电性能稳定，为保证电池的活性，其中还包含有第二相电解质 $NaAlCl_4$。对钠氯化镍电池体系，300℃时的开路电压为 2.58V，镍的 ZEBRA 电池可以允许 170～400℃ 的宽温度范围。在正极内构筑良好的电子导电通道是保证 ZEBRA 电池性能的前提，因此，电池组装时在正极中加入适当过量的 Ni 可以保证形成很好的镍网络，形成牢固的电子导电通路，保证电池稳定的循环性能。

钠氯化铁（$Na/FeCl_2$）电池 250℃ 的开路电压为 2.35V，略低于钠镍电池，因为 NaCl 与 $FeCl_2$ 在 374℃ 时形成低共熔物，Fe^{2+} 会溶解在熔盐中并进入电解质陶瓷，导致电解质陶瓷和电池的电阻增加。Fe 进入陶瓷电解质后使 β-氧化铝的内面积增加，同时其晶胞参数发生变化。因此，钠氯化铁电池的运行温度需要限定在 175～300℃ 范围。铁的氯化物在液相电解质中可溶，会造成陶瓷电解质表面中毒并引起电池内阻增大，电池的电压下降，如在正极中加入少量的金属 Ni 可以在 2.58V 电压时形成镍的氯化物，从而阻止 2.75V 以上电压时生成 $FeCl_3$。加入镍还有另外一个作用，就是改善金属网络的形貌，长期循环后形成由非常细小的 Ni-Fe 合金颗粒组成的大的团聚体。

5.2 高温钠电池发展现状

5.2.1 钠硫电池

钠硫电池作为一种高能固体电解质二次电池最早发明于 20 世纪 60 年代中期，早期的研究主要针对电动汽车的应用目标，包括美国的 Ford、日本的 YUASA、英国的 BBC 以及铁路实验室、德国的 ABB、美国的 Mink 公司等先后组装了钠硫电池电动汽车，并进行了长期的路试。但长期的研究发现，钠硫电池作为储能电池更具有优势，而用作电动汽车或其他移动器具的电源时，不能显示其优越性，且早期的研究并没有完全解决钠硫电池的安全可靠性等问题，因此钠硫电池在车用能源方面的应用最终被人们放弃。比功率和比能量、原材料成本、温度稳定性以及无自放电等方面的优势，使钠硫电池成为目前最具市场活力和应用前景的储能电池之一[6]。

大容量管式钠硫电池是以大规模静态储能为应用背景的。自 1983 年开始，日本 NGK 公司和东京电力公司合作开发，1992 年实现了第一个钠硫电池示范储能电站的运行至今，已有 20 余年的应用历程。从 2000 年到 2014 年，除抽水蓄能、压缩空气以及储热项目外，钠硫电池在全球储能项目中所占的比例约为 40%～45%，占据领先地位。目前 NGK 的钠硫电池成功地应用于城市电网的储能中，有 250 余座 500kW 以上功率的钠硫电池储能电站在日本等国家投入商业化示范运行，电站的能量效率达到 80% 以上。目前，钠硫电池储能占整个电化学储能市场的 $40\%\sim45\%$，足见其在储能应用方面非常成功。

钠硫电池储能电站的应用，分别涉及削峰填谷、电能质量改善、应急电源以及风电的稳定输出等方面。最大的一座钠硫电池储能电站的功率达到 34MW，由 17 套 2MW 的分系统组成，应用于日本六村所风电场 51MW 风力发电系统，保证了风力发电输出的平稳，实现了与电网的安全对接，见图 5-4。

图 5-4　34MW 风电站用钠硫电池储能系统

NGK 在九州电力公司的福冈县丰前发电站站内建成了 50MW/300MW·h 的 NAS 电力储能系统，相当于 3 万户一般家庭一天的电力使用量，2015 年开始运行，成为世界最大能量的蓄电池设备。

除较大规模在日本应用外，钠硫电池储能技术也已经推广到美国、加拿大、欧洲、西亚等国家和地区。储能站覆盖了商业、工业、电力、供水、学校、医院等各个部门。据预测，钠硫电池有望使电价达到 32 美分/千瓦时，成为最经济最有前景的储能电池之一。表 5-1 所列为钠硫电池在全球范围内已运行的代表性项目。

表 5-1　近 5 年来 NGK 在全球范围内已运行的项目概况

序号	项目名称	完成时间	项目地点	规模	应用
1	TEPCO 电源支撑	1997 年 3 月	日本，Tsunashima	6MW/48MW·h	负荷调平
2	NGK 办公楼	1998 年 6 月	日本，爱知县	500kW/4MW·h	商业

续表

序号	项目名称	完成时间	项目地点	规模	应用
3	Toko 电气	1999 年 6 月	Ssitama	2MW/16MW·h	负荷调平
4	TEPCO	2001 年 10 月	日本 Asahi 酿酒厂	1MW/7.2MW·h	工业
5	TEPCO	2002 年 12 月	Honda/Tochig	1.8MW	工业
6	Tokyo 市中心	2003 年 8 月	Kasai 水厂	1.2MW/7.2MW·h	工业
7	TEPCO 化学工厂	2003 年 11 月	日本	2.4MW/16MW·h	工业
8	Sage 市中心	2004 年 3 月	日本,市政厅	600kW/3.6MW·h	应急电源
9	TEPCO 污水处理厂	2004 年 4 月	Morigasaki PFI	9.6MW/64MW·h	负荷调平
10	TEPCO 负荷调平	2004 年 6 月	照相机制造厂	1.8MW/12MW·h	工业
11	TEPCO	2004 年 8 月	医院	600kW/4MW·h	应急电源
12	TEPCO	2004 年 7 月	日立汽车	9.6MW/64MW·h	工业负荷调平
13	TEPCO	2004 年 10 月	日本,大学	2.4MW/16MW·h	负荷调平
14	TEPCO	2004 年 10 月	日本,飞机制造厂	4.8MW/32MW·h	负荷调平
15	世博会	2004 年 12 月	名古屋	600kW/4MW·h	负荷调平及应急电源
16	日本福岛六所村项目	2008 年 8 月	日本,六村所	34MW	可再生能源并网
17	AEP 延缓分布式电网项目Ⅱ	2008 年 11 月	美国,Milton	2MW/14.4MW·h	输配电领域
18	AEP 延缓分布式电网项目Ⅰ	2008 年 12 月	美国,Churubusco	2MW/14.4MW·h	输配电领域
19	NYPA 长岛公交汽车站项目	2009 年 9 月	美国,Garden	1MW/7MW·h	工业应用
20	留尼汪岛钠硫电池储能项目	2009 年 12 月	法国,留尼汪岛	1MW/7.2MW·h	海岛储能
21	Younicos 钠硫电池储能项目	2010 年 1 月	德国	1MW/6MW·h	海岛储能
22	Xcel 能源公司风电场项目	2010 年 8 月	美国,Luverne	1MW/7MW·h	可再生能源并网
23	卡特琳娜岛高峰负荷项目	2011 年 12 月	美国,卡特琳娜岛	1MW	海岛储能
24	加拿大水电公司储能项目	2012 年 5 月	加拿大,Golden	2MW/14MW·h	工业应用
25	PG&E Vaca 电池储能项目	2012 年 8 月	美国,瓦卡维尔	2MW/14MW·h	输配电领域
26	PG&E Yerba Buena 储能项目	2013 年 5 月	美国,圣何塞	4MW/28MW·h	工业应用

到目前为止，钠硫电池在以下几个方面已经广泛应用。①削峰填谷。在用电低谷期间储存电能，在用电高峰期间释放电能满足需求，是钠硫电池主要的储能应用。②可再生能源并网。以钠硫电池配套风能、太阳能发电并网，可以在高功率发电的时候储能，在高功率用电的时候释能，提高电能质量。③独立发电系统。用于边远地区、海岛的独立发电系统，通常和新能源发电相结合。④工业应用。企业级用户在采用钠硫电池夜间充电、白天放电以节省电费的同时，还同时能够提供不间断电源和稳定企业电力质量的作用。⑤输配电领域。用于提供无功支持、缓解输电阻塞、延缓输配电设备扩容和变电站内的直流电源等，提高配电网的稳定性，进而增强大电网的可靠性和安全性。

钠硫电池在工业应用的比例最高，达到 50% 以上，在商业、研究机构、大学以及自来水公司、医院、政府部门、地铁公司等部门也都有一系列储能系统的运行。

2010 年上海世界博览会期间，中国科学院上海硅酸盐研究和上海电力公司合作，实现了 100kW/800kW 钠硫电池储能系统的并网运行，2015 年，上海钠硫电池储能技术有限公司在崇明岛风电场实现了兆瓦时级的商业应用示范[7]，见图 5-5。

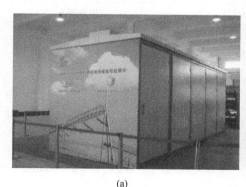

(a)   (b)

图 5-5　上海世博会期间示范的 100kW/800kW·h 以及崇明 1.2MW·h 电站

日本 NGK 开发的单体钠硫电池容量为 632A·h，相比之下，我国自主开发的单体电池容量更大，达到 650A·h。表 5-2 及表 5-3 是 NGK 和我国开发的钠硫电池模块的性能。

表 5-2　NGK 开发的储能钠硫电池模块的性能

电池模块参数	50kW 模块		12.5kW 模块
	Ⅰ型	Ⅱ型	Ⅱ型
尺寸 $W \times D \times H$/mm	2170×1690×640		680×1400×649
质量/kg	3400		750
直流输出/kW	52.1	52.1	13.4
平均放电电压/V	59.7	597	132
能量/(kW·h)	375	375	80.4
电池连接方式	[8S×10P]×4S	320S	72S
最大功率/正常功率/%	NA	500	500

表 5-3　我国生产的钠硫电池模块的性能

模块型号	MCN1-5P	MCN1-25P
额定功率/kW	5	25
额定放电电流/A	240	240
放电时间/h	4～6	4～6
额定电压/V	28	144
过功率倍数/时间/h	1.5/1	1.5/1
工作电流电源	AC:380V/1A	AC:380V/3A
待机热损失/W	<350	<1900
电池连接方式	7S3P2S	12S3P6S

5.2.2　ZEBRA 电池

ZEBRA（zero emission battery research activities）电池是一类基于 β''-Al_2O_3 陶瓷电解质的二次电池，常被称为钠氯化物电池、钠镍电池、钠盐电池，甚至称为斑马电池。ZEBRA 电池是 1978 年由南非 Zebra Power Systerns 公司的 Coetzer 发明的，之后由英国 B 研究发展公司继续开展工作，10 年后 AEG（后为 Daimler）公司和美国 Anglo 公司也加入该项目的开发。此外，美国 Argonne 国家实验室和加州技术研究所的 Jet 推进实验室以及日本 SEIKO EPSON 公司也在积极进行研究和试验。

钠-氯化镍电池通过了 USABC（美国先进电池联合会）制定的极为严格的

安全考核，共有冲击、摔落、滚动、贯穿、浸泡、辐射热、热稳定性、隔热损坏、过加热、热循环、短路、过充电、过放电、极端低温和滥用振动等共 16 项试验项目。钠氯化镍电池具有过热状态下不会着火爆炸，电池性能与周围环境温度完全无关，能在恶劣环境下工作，外部工作环境的温度范围可为 $-40 \sim 70 ℃$。表 5-4 列出了 ZEBRA 电池通过的 4 大类 16 项安全考核项目。

表 5-4　ZEBRA 电池的滥用试验及考核结果

试验类别	试验内容	试验结果	结论
机械滥用试验	冲击	可运行,性能无变化	通过
	跌落	无明火,无爆炸	通过
	贯穿	无名火,无爆炸,无渗出,喷水雾后无反应	通过
	滚动	可运行,性能无变化,无泄漏	通过
	浸泡	干燥后可运行,无水污染	通过
热滥用试验	热辐射	在汽油火中 30min,内部无温升,保持原样	通过
	热稳定性	全充电电池直至 600℃ 是稳定的	通过
	隔热损坏	外表温度适度增至 80℃	通过
	热循环	在 $-40 \sim 80℃$ 之间完全运行,允许冷热循环	通过
电滥用试验	短路	无温度上升	通过
	过充电	在 150%OCV 过充电 12h 后可运行	通过
	过放电	在过放电 135% 后可运行	通过
	极端低温	在 $-40℃$ 环境温度下可运行	通过
振动试验	滥用振动	可运行	通过

对 ZEBRA 电池的正极组成进行改性是提高电池比能量的有效途径，基于钠/氯化镍电池反应的 ZEBRA 电池能量密度约 $94 W \cdot h/kg$，通过在正极材料中加入添加剂（如 Al 和 NaF），可使电池的能量密度提高到 $140 W \cdot h/kg$。加入的 Al 在电池首次充电过程中与 NaCl 发生反应生成 $NaAlCl_4$ 和金属钠。生成的金属钠存储在负极中可提高电池容量，同时生成的 $NaAlCl_4$ 可提高正极的离子电导性。在正极材料中掺杂 $FeCl_2$，ZEBRA 电池的功率密度可以得到有效的提高。

ZEBRA 电池特有的高安全性避免了在储能系统设计时过多的附加安全设施，系统内不需要预留过多的通风降温空间，系统可持续高功率运行，实际比能量高。管型设计的 ZEBRA 电池已经进入规模化应用，最早实现规模生产的是瑞士的 MAS-DEA 公司，2010 年该公司的产能达到 40000 只。

20 世纪 80 年代，钠盐电池由美国 GE 公司重新启用，通过其全球研发中心整合了美国、印度、中国研发中心的四五十位科学家参与，如今已将这项技术发展到相对成熟的阶段，并在全球申请了 167 项专利。GE 公司 2011 起投资 1.7 亿美元在纽约 Schenectady 建造年产能 1GW·h 的 ZEBRA 电池制造工厂，所生产的 Durathon 电池自 2012 年开始也实现了商业应用。ZEBRA 电池主要应用在电动汽车、电信备用电源、风光储能以及 UPS 等方面。目前，钠盐电池技术已经应用在全球 25 个国家，建成了太阳能、风电组合、峰值管理、通信基站等储能项目，运营时间超过 100 个月，有 10 余座兆瓦级电站在运行中。

由于 ZEBRA 电池优异的安全性，已在纯电动和混合动力汽车上展示了良好的应用前景。目前在欧美有超过 1 万辆 ZEBRA 电池电动车在运行中，这些电动车包括微型轿车、卡车、货车及大客车等。德国 AEG Anglo Batteries GmbH 一辆用钠/氯化镍电池组装的电动汽车在 3 年多时间的实际路试中已运行了大于 11 万公里（相当于 1200 次正常循环）而无须任何维护。使用液冷技术的 ZEBRA 电池已经被装配在 Renault Twingo、Clio、Opel Astra、奔驰和宝马 3 系列的汽车中。ZEBRA 电池作为新一代车用高能电池已显示了它的优势。此外，美国 GE 公司曾于 2007 年 5 月在美国 Los Angeles 展示了装配有 ZEBRA 的混合动力（柴油-电）机车，用于回收机车在制动过程中的能量。

ZEBRA 是远程通信行业一种十分理想的备用电源。它要求电池永久性地与动力供应系统相连接，在完全充电状态下电压接近开路电压，电池放电只出现在动力供应失效的情况下。用于远程通信的 ZEBRA 电池的容量较用于电动汽车的电池高，一般为 32～40A·h。ZEBRA 电池较宽的工作温度范围和很好的安全性为其在气候恶劣的地区应用于远程通信提供了良好的条件。GE 公司的 Durathon 电池的第一批客户是位于南非约翰内斯堡的 Megatron Federal 公司，其主要产品和服务涵盖发电、输配电和电信领域，这些电池被装在尼日利亚的一些手机信号站上。使用 Durathon 电池后，每个电话塔 20 年大约可节约成本 130 万美元。

ZEBRA 电池系统还被广泛用于光伏电站的储能，相关的储能系统在美国、英国、法国、意大利、西班牙、韩国、南非、希腊等国家得到了大量的应用。

此外，ZEBRA 电池在军事上的应用也非常引人注目，美国加州技术研究所的 Jet 推进实验室从 20 世纪 80 年代末就开始对 ZEBRA 电池作为未来空间电源应用进行了一系列的基础研究。欧洲空间研究和技术中心从 20 世纪 90 年代初也开始对该电池进行了大量的研究试验，专门设计研制的钠／氯化镍原型空间电池在低地球轨道（LEO）条件下进行了模拟试验评估，初步结果表明这种电池在 LEO 轨道飞行器上有良好的应用前景。

由于 ZEBRA 电池特有的安全性能，它被成功应用于救生潜艇的驱动电源。英国制造的 LR7 型深潜救生艇（图 5-6），唯一采用了 ZEBRA 电池为动力电源，位于艇体的左右下侧，对称布置。该救生艇出口到中国以及美国、法国、韩国等多个国家。2000 年 8 月，俄罗斯"库尔斯克"号核潜艇在巴伦支海沉没，当时参与救援工作的主力，就是英国军方的 LR5 型深潜救生艇（LR7 的前身）。而 LR7 比 LR5 更先进，是当时世界上最好的新型深潜救生艇。全长 25ft（约 7.6m，1ft＝0.3048m），可在 300m 深度潜航 12h 以上。LR7 可在恶劣海况下对各种型号的核潜艇及常规潜艇实施救援，每次最多能搭载 18 名遇险者。ZEBRA 的高安全性以及高比能量是 LR 救生艇成功的重要因素。

图 5-6　英国制造的 LR7 型深潜救生艇

在我国，中国科学院上海硅酸盐研究所 2010 年起在国家 973 课题的支持下，开展钠镍电池相关的基础研究，解决了一系列关键技术问题，特别是和关键材料有关的基础问题，2014 年起与企业合作，开发 50A·h 容量的钠镍电池，并于 2017 年 5 月与企业签订协议，成立上海利隆奥能瑞拉新能源技术有限公司，推进钠镍电池的产业化，公司设计产能 100MW·h，对推进我国高安全储能技术的发展具有积极的作用。此外，我国曾有宁夏绿聚能源股份有限公司等企业开发 ZEBRA 电池，由于技术方面的障碍，未能取得有效地持续和进展。美国 GE 公司为从根本上降低钠镍电池的成本，于 2017 年 1 月 18 日与浙江超威集团共同成立浙江绿明能源有限公司，开展 Durathon 钠镍电池（钠盐电池）的生产、研发及销售。公司初期设计产能 100MW·h，目前已经开始设备进场，并逐步调试。据了解，超威钠盐电池项目共分两期建设，计划建成 500MW·h 的产能。在产品运用方面，超威第 1 代钠盐电池产品主要运用在电网储能、通信基站及动力电源领域，借助钠盐电池的应用优势，为解决当前绿色能源发展中存在的因储能能力不足导致的弃风、弃光、弃谷电问题提供有效地解决途径。未来的第 2 代、第 3 代钠盐电池，将计划为新一代高能效汽车、火车机车和矿用车辆、船舶等领域的大型混合动力或纯电动交通工具提供储能。据报道，钠盐电池有 70% 材料实现了国产化，80% 的设备实现了国产化，将大幅降低电池的成本和价格，对钠镍电池的规模化应用有重要的意义，目前已先后与美国、日本、加拿大、英国、南非等国客户进行了合作洽谈和产品对接，并与相关合作伙伴签订了战略合作协议[8,9]。

管式设计的钠硫电池虽然充分显示了其大容量和高比能量的特点，在多种场合获得了成功的应用，但与锂离子电池、超级电容器、液流电池等膜设计的电化学储能技术相比，它在功率特性上没有优势。平板式设计有一些管式电池不具备的优点。首先，平板式设计允许使用更薄的阴极，对给定的电池体积，有更大的活性表面积，有利于电子和离子的传输；其次，相对管式电池使用的 1～3mm 厚的电解质，平板式设计可使用更薄的电解质（小于 1mm）；另外，平板式设计使得单体电池组装电池堆的过程简化，有利于提高整个电池堆的效率。因此，平板式设计的电池可能获得较高的功率密度和能量密度。美国西北太平洋国家实验室（PNNL）对中温 Na-S 电池进行了研究，并取得了较好的结果，其原理设计如图 5-7 所示。该电池的特点在于采用厚度为 $600\mu m$ 的 $\beta''\text{-}Al_2O_3$ 陶瓷片作为固体电解质，1mol/L NaI 的四乙二醇二甲醚溶液作为阴极溶剂。由于 $600\mu m$ 的 β''-氧化铝片在 150℃时的电导率为 8.5×10^{-3} S/cm，远大于聚合物和液态电解质，而且其阴极材料 Na_2S_4 和 S 的混合物在阴极溶剂中有大的溶解度，因此电池在 150℃下有较好的电化学性能。但是，平板钠硫电池存在密封脆弱导致安全性能差等严重隐患，还有待进一步的研究和开发。

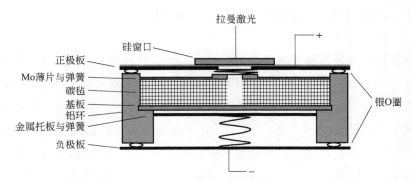

图 5-7　中温钠硫电池结构设计

钠硫电池虽然在大规模储能方面成功应用近 20 年，但其较高的工作温度以及在高温下增加的安全隐患一直是人们关注的问题。近年来，人们在探索常温钠硫电池方面开展了一系列的研究工作。一些实验室研究了使用聚合物（PEO 或 PVDF）或有机溶剂（四乙二醇二甲醚或碳酸乙烯酯以及碳酸二甲酯）作为电解质的室温 Na-S 电池。韩国国立庆尚大学研究了四乙二醇二甲醚作为阴极溶剂的室温 Na-S 电池的放电反应机理，并得到了高的首次放电容量（538mA·h/g），然而该容量在 10 次循环后下降为 240mA·h/g。我国上海交通大学采用与锂离子二次电池类似的方法组装室温纽扣 Na-S 电池，采用 S 和聚丙烯腈的复合物作为阴极材料，得到了 655mA·h/g 的首次放电容量，18 次循环后容量下降到 500mA·h/g。这些研究工作对钠硫电池的低温化是有益的尝试，但它们离实际应用的距离还很远。在某种意义上，这些室温 Na-S 电池借鉴了 Li-S 电池的概念，因此存在着与 Li-S 电池类似的问题，例如阴极组分溶于电解液导致自放电和快速的容量衰退，钠枝晶的形成和对电池失效的影响，硫阴极利用率低等问题。

　　大容量钠硫电池在规模化储能方面的成功应用以及钠与硫在资源上的优势，激发了人们对钠硫电池更多新设计和技术进行开发的热情，钠硫电池储能技术的发展势头将在较长的时间内继续保持并不断取得新进展[10]。

5.3　我国高温钠电池发展战略

5.3.1　高温钠电池关键科学问题与技术挑战

　　高温钠电池是以陶瓷电解质为隔膜的二次电池，一方面具有比能量高、资源丰富、寿命长等优势，同时使用脆性陶瓷为核心材料，不仅增加了制造的难度，也为电池安全可靠性增加了技术上的难度。钠硫电池自 1992 年开始示范起，至今已经结合实际应用近 30 年，对储能技术的发展起到了非常重要的作用，然而较高的制造成本以及无法消除的安全隐患也在很大程度上抑制了它的大规模化应用，钠镍电池虽然近零安全隐患，但由于制造难度大以及功率特性限制了它的快速发展。归纳起来，高温钠电池的关键科学问题包括：①钠离子固体电解质导电机制的及新材料体系的发展；②固体电解质的强化与性能退化问题；③不同固体材料结合的界面科学与可靠性问题；④高温条件下固/固界面的动力学行为；⑤失效情况下钠电池体系的反应行为。

　　高温钠电池的主要技术挑战：①高性能固体电解质的低成本制造技术；②高可靠性的材料组合技术低成本化；③高温电极的组成与结合优化设计与性能提升；④储能系统的安全可靠性设计与技术保障；⑤高性能钠电池的低温化；⑥材料及电池制造的关键装备水平提升。

5.3.2　高温钠电池发展方向与路线图

　　高温钠电池发展的方向主要是：成本化；低温化；通过平板式设计实现高功率；通过电极组成设计，提升电池的能量密度。路线图见图 5-8。

　　钠电池以陶瓷电解质为核心材料，因此陶瓷材料是电池高性能的先决条件，在路线图中对两个主要的指标及陶瓷的离子电导率和抗折强度进行了规

指标	2018年	2025年	2050年
陶瓷离子电导率	0.08S/cm	0.12S/cm	0.5S/cm
陶瓷强度	230MPa	280MPa	350MPa
电池比能量	100W·h/kg	150W·h/kg	300W·h/kg
寿命	5～8年	8～15年	20年
价格	2000元/(kW·h)	1200元/(kW·h)	600元/(kW·h)
系统能量效率	78%	85%	93%

图 5-8　高温钠电池发展路线图

划，在此基础上，提出了电池的指标，包括比能量、系统能量效率、使用寿命、价格等，至 2025 年可在现有电池设计的基础上进行性能提升，但到 2050 年需要对现有电池结构进行革新，所实现的比能量可与其他各种储能电池相比，并具有很高的性价比[11,12]。

参考文献

［1］ 胡英瑛，温兆银，芮琨，等.钠电池的研究与开发现状.储能科学与技术，2013，2（2）：81-90.

［2］ Yang Z G, Zhang J L, Kintner-meyer M C W, et al. Electrochemical energy storage for green grid. Chem. Rev. , 2011, 111（5）: 3577.

［3］ Lu X, Kirby B W, Xu W, et al. Advanced intermediate-temperature Na-S battery. Energy Environ. Sci. , 2013, 6: 299-306.

［4］ Wen Z Y, Hu Y Y, Wu X W, et al. Main challenges for high performance NAS battery: Materials and interfaces. Advanced Functional Materials, 2013, 23（8）: 1005-1018.

［5］ Sudworth J L. The sodium/nickel chloride（ZEBRA） battery. Journal of Power Sources, 2001, 100（1-2）: 149-163.

［6］ 温兆银.钠硫电池及其储能应用.上海节能，2007（2）：7-10.

［7］ Wen Z Y, Gu Z H, Xu X H, et al. Research activities in Shanghai Institute of Ceramics, Chinese Academy of Sciences on the solid electrolytes for sodium sulfur batteries. Journal of Power Sources, 2008, 184（2）: 641-645.

［8］ Coetzer J, Sudworth J L. A second generation sodium nickel chloride ZEBRA cell. EVS 13, Osaka, Oct. 1996.

[9]　Wen Z Y, Cao J D, Gu Z H, et al. Research on sodium sulfur battery for energy stor-
　　　age. Solid State Ionics, 2008, 179（27）: 1697-1701.

[10]　丁玉龙，来小康，陈海生，等. 储能技术及应用. 北京: 化学工业出版社，2017: 124.

[11]　Gallowa R C, Haslam S. The ZEBRA electric vehicle battery: Power and energy improve-
　　　ments. Journal of Power Sources, 1999, 80（1-2）: 164-170.

[12]　中关村储能产业联盟（CNESA）. 2017 储能系统白皮书. 北京: CNESA,2017.

第6章

新概念储能电池

6.1 概述

　　大规模储能技术是构建智能电网、有效利用可再生能源、实现全球能源互联网的主要支撑基础之一。在现有的储能方式中，电化学储能技术以其简单高效的特点受到广泛地关注，成为许多储能应用领域的主要发展方向[1,2]。然而，现有的蓄电池体系几乎都难以满足大规模储电的应用要求：传统的铅酸、镉镍电池均含有大量有害的重金属元素，大规模应用受到环境保护的限制。镍氢、全钒液流电池采用昂贵的稀有金属，资源与价格上难以满足大规模储电的成本要求。虽然先进的锂离子电池在分布式储能领域表现出明显的应用优势，但基于过渡金属氧化物正极和有机溶剂电解质的现有二次锂电池体系大多存在着高成本和安全性问题，能否支持大规模储能尚存在许多难以克服的障碍。实际上，在大多数固定式储能的场合，能量密度并非首要考虑的因素，成本与安全性通常是更为关心的指标。因此，理想的规模储能电化学体系在兼顾能量密度、功率密度等性能指标的同时，必须具有资源广泛、价格低廉、环境友好、安全可靠的综合优势。基于这一考虑，过去10多年来人们积极开展了电化学储能新概念、新材料和新技术的探索，通过构建更加廉价、更加安全、更加绿色的新体系，为未来规模储能提供新的选择。在众多脱颖而出的储能机制和技术方案中，基于下述4类共性技术的新型储能电化学体系展示出良好的应用发展前景。

6.1.1 基于水溶液电解质的离子嵌入型二次电池

在传统的水溶液蓄电池中（如 Ni-Cd、Ni-MH 和 Pb-PbO$_2$），水分子不仅作为电解质溶剂，同时作为一种反应组分提供质子或氢氧根参与正、负极反应，在此情况下水溶液的电化学窗口（约 1.23V）决定了电池工作电压的上限，由此而导致大多数水系电池的工作电压不超过 1.5V。即使采用高超电势析氧/析氢的正负极（如 PbO$_2$/Pb），水系铅酸电池的工作电压至多不过2.0V。因此，这类基于传统氧化还原反应的蓄电池体系在理论能量密度方面大都不尽人意，很难超过 80W·h/kg。此外，这类电池的充放电反应涉及正负极材料的结构和形貌变化，而能够满足长期循环稳定性的材料体系十分有限，至今广泛商品化的水系蓄电池不外乎镍镉、铅酸等少数几种。为突破这一局限，近年来人们开展了利用离子嵌入反应构建"摇椅式"水溶液二次电池的探索[3,4]。在这类电池反应中，金属离子（如 Li$^+$、Na$^+$、K$^+$、Zn^{2+} 等）在充电时从正极晶格中脱嵌进入溶液，同时溶液中同种离子嵌入负极晶格；放电过程正好与之相反，金属离子从负极中脱出再返回正极晶格，整个反应过程并未涉及水分子的氧化还原。由于水分子仅仅作为电解质溶剂、并不参与电极反应，采用适当的表面修饰或通过改变水分子的缔合状态大幅提高水的分解电压，从而大幅提升水系离子嵌入型电池的工作电压。其次，在过去几十年嵌入化学的研究中，已经开发出多种多样的金属离子嵌入材料，为发展高电压、高容量的水系离子嵌入型电池积累了良好的基础。可以预期，随着界面调控技术和嵌入材料的发展，不久的将来可以看到具有高电压、高容量和高安全性的先进水系二次电池闪亮登场，为规模储能提供更为理想的选择。

6.1.2 全固态电池

全固态化是提升现有高能量密度二次电池安全性的一种共性技术。目前商品化锂电池或钠电池大多采用高活性正负极材料和低闪点易挥发有机溶剂，一且发生短路、过充电、机械或热冲击，则可能引发一系列放热反应，导致电池内部温度和压力急剧上升，从而产生破裂、燃烧、爆炸等安全性事故。如果采用以热稳定性无机固体电解质替代可燃性有机液体电解液构建全固态电池，则可有效降低此类安全性事故。经过几十年的广泛探索，多种结构类型的锂（钠）离子导体，如 NASICON 和石榴石型氧化物、玻璃或陶瓷型硫化物，在室温下均表现出 10^{-3} S/cm 量级的离子电导率，接近或达到液态电解质的离子导电能力。特别是，其中一些化合物具有较高的化学稳定性和较宽的电化学窗口，基本满足电池应用的要求[5-7]。如果将这类固体电解质用于构建新一代蓄电池，在解决现有锂离子（或钠离子）电池能量密度偏低和循环寿命偏短这两个关键问题的同时，有望彻底解决电池的安全性问题。因此，发展兼具高能量密度和高安全性的全固态电池不仅满足规模储能的技术要求，也代表了电池技术的发展方向。

6.1.3　液态金属电池

液态金属电池（liquid metal battery）是一类最新提出的电化学储能技术[8,9]，其最早的概念可追溯到 20 世纪由美国铝业公司（Aluminum Company of America，Alcoa）发展的全液态的 Hoopes 电解槽。Hoopes 槽的设计原理是在 AlF_3-NaF-BaF_2 熔融盐中电解低纯度的铝（主要成分是 Al-Cu 合金），得到纯度较高的液态金属 Al，由于液态 Al 密度较小，浮在熔盐层上面。Hoopes 槽是设计最早的全液态电化学池，但是 Al 和 Al-Cu 合金的开路电压只有 0.08V 左右，不足以作为一种储能电池应用。在之后的几十年内，美国通用汽车公司和 Argonne 国家实验室又在此基础上先后开展了热再生电池和双金属电池的研究，发展了系列双金属电池体系，如 Li-Pb、Na-Sn 等。后来由于电动汽车方向的发展和国际形势的变化，双金属储能电池被拥有更高能量密度的电池体系取代。近年来，由于可再生能源的大力开发和利用，可再生能源发电入网对大规模储能的需求越来越紧迫，面向电网储能应用的"液态金属电池"新概念被美国麻省理工学院（MIT）的 Sadoway 教授团队提出。液态金属电池采用液态金属为电极，熔融无机盐为电解质，电池在 300～700℃ 运行时各组分由于密度不同自动分层。基于这种全液态的结构，液态金属电池拥有固态电池难以实现的诸多优势。首先，全液态结构赋予液态金属电池快速的液-液界面动力学性质，可以实现高倍率充放电且电化学效率高；同时，无须考虑传统固态电极材料的稳定性问题，摒弃了常规电池隔膜。由于此类电池的正负极均为液态金属，拥有良好的电子导电特性；电解质为熔融的无机盐，拥有快速的离子电导率和传质动力学；与传统的储能电池相比，液态金属电池无须考虑固体电极（隔膜）材料的稳定性问题，拥有更高的循环稳定性和更长的寿命。对于固定化、大规模储能而言，液态金属电池无疑是一种具有竞争优势的新选择。

6.1.4　多电子二次电池

多电子二次电池是一种具有高能量密度的新型储能技术。目前锂离子电池由于其高电压、无记忆效应等众多优点得到了研究者们的广泛关注，也是应用最为成功的电池。但是，锂离子电池始终面临着锂资源短缺、安全性、能量密度等诸多问题的限制。多电子二次电池如镁、铝电池有着锂离子电池不可比拟的优势。首先，多电子二次直接以金属作为负极材料，相比于以碳材料为负极的锂离子电池而言，有潜力大大提高电池的能量密度。此外，镁、铝负极在电池循环过程中不会产生金属枝晶，提高了电池的安全性能。同时，在多电子二次电池充放电过程中，一个多价金属阳离子可以携带更多的电荷，当正极材料提供相同数量的嵌入位点时，多电子二次电池相比于锂离子电池可以提供更多的电能。因此，发展高能量密度、高安全性、低成本的多电子二次电池在民用电池领域有着很好的应用价值和发展前景。

上述几类新概念电池虽然在组成与结构上各不相同，但均具有潜在的高能量密度、较低的运维成本和较高的安全性，分别适合于微网储电、分布式和大规模储能应用。例如，兼顾高能量密度和高安全性的全固态电池和多电子二次电池十分适合于个人和家庭的微型或移动式储能产品，成本低廉的水系锂（钠或锌）离子电池则适合于分布式局域电网的储能系统，而液态金属电池更适合于大规模新能源电站的储能应用。

实际上，上述新概念电池也可看作是现有电化学储能体系向低成本、高安全性方向的拓展。一些现有的高能量二次电池体系（如锂-硫、钠-硫电池）通过全固态化可以大幅提升安全性和循环寿命；许多碱或碱土金属离子在水溶液中的嵌入反应为开拓低成本储能体系提供更加丰富的选择；开展多电子二次电池可以拓展和丰富除锂离子电池之外的体系；利用液态金属电池的构思可以更广泛地拓展金属与合金化合物的储能应用。总之，通过上述新概念电池体系的研究，可以弥补现有电化学储能技术的不足之处，为未来规模储能应用提供先进的技术支持。

6.2　发展现状

6.2.1　国际发展现状

进入 21 世纪以来，随着可再生能源的广泛开发，高效储能技术成为能源领域的研究热点。在应用需求的驱动下，几乎所有的二次电池体系均尝试用于不同场合的储能试验。鉴于规模储能对于电池成本和寿命的苛刻要求，现有的二次电池体系大多难以完全满足应用需求。为此，国际上一些发达国家均对发展新一代储能电池给予高度关注和大力支持。2009 年，日本新能源产业技术综合开发机构（NEDO）对动力蓄电池研发工作进行了详细地规划，并制定了路线图和行动计划，对动力蓄电池的发展趋势化分为 3 个阶段，即性能改良（2010 年前）、先进电池（2015 年前）和革新电池（2030 年后）。其中，动力电池向高能量型和高功率型两个方向发展。2012 年，美国能源部拨款组建一个国家级电池与能量储存研究中心（由 5 个国家实验室、5 所大学和 4 家公司组成），目标是突破目前限制电池发展的瓶颈，推出新一代高能量密度蓄电池。2014 年 3 月，韩国政府也在长期发展规划中重点突出大容量锂离子电池，解决其高成本和能量密度问题。在此背景下，人们针对储能应用的特点，广泛开展了二次电池新原理和新技术的研究，构建了一些具有应用前景的新体系。

早在 1994 年，加拿大电化学家 Dahn 等提出了利用锂离子嵌入反应构建

"摇椅式"水溶液二次电池的思想，并报道了基于 Li_2SO_4 水溶液的锂离子电池。由于早期选用的电极材料可逆容量不高，且存在质子共嵌入、溶解流失等问题，致使这类水系锂离子电池的循环性能较差。随后，国际上许多课题组开展了水系锂离子电池的材料研究，先后报道了一些具有一定能量密度和循环性的新体系。表 6-1 给出了几种代表性的水溶液锂离子电池以及相应的电化学性能[10-12]。可以看出，其中 $LiV_3O_8/LiMn_2O_4$ 电池可实现的储能密度达到 $60W \cdot h/kg$，循环寿命可达 400 周，展示出替代传统水溶液蓄电池的发展前景。然而，这类电池仍然受制于水溶液体系的电压限制，大多不超过 $1.5V$。此外，由于电极材料在充放电过程的缓慢溶解，这类电池长期循环稳定性尚不能令人满意。为解决这些问题，2015 年美国陆军研究实验室许康等提出了"盐中水"型高浓度电解质，以此可望将水系锂离子电池的工作电压提升至 $3.0V$ 以上，同时循环寿命提高至 1000 周以上[3]。显然，这些新思想为构建新一代高能量密度、长寿命水系储能电池提供了发展方向。

表 6-1 几类水溶液锂离子电池体系

全电池体系	电解质	理论比能量 /(W·h/kg)	循环周次	平均工作电压/V
$LiV_3O_8/LiMn_2O_4$	$2mol/L\ Li_2SO_4$	64.2	400	1.04
$V_2O_5\ xerogel/LiMn_2O_4$	饱和 $LiNO_3$	69	100	1.0
$LiV_3O_8/LiNi_{0.8}Co_{0.09}O_2$	$1mol/L\ Li_2SO_4$	30～60	100	1.5
$LiTi_2(PO_4)_3/LiMn_{0.05}Ni_{0.05}Fe_{0.9}PO_4$	饱和 Li_2SO_4	78.3	50	0.9
$LiV_2O_5\text{-}PANI/LiMn_2O_4$	$5mol/L\ LiNO_3$	51.7	120	1.1
$LiV_3O_8/LiCoO_2$	饱和 $LiNO_3$	57.7	100	1.05

为进一步降低材料成本，水系离子嵌入型电池的研究进一步拓展到钠离子、钾离子，以及碱土金属和其他电负性过渡金属离子体系。表 6-2 列出了近年来报道的几种代表性的水溶液钠离子电池体系，并与水溶液锂离子电池做一比较。可以看出，有些体系的能量密度上与水系锂离子电池相差无几，而有些体系则表现出优异的循环性能，循环上万次后容量保持率仍高达 97% 以上。对于固定式大规模储能而言，能量密度并非首要的考虑因素，因此水系钠离子电池以其廉价、安全的特点更具应用优势。基于这一思想，美国 Aquion Energy 公司在 2015 年率先推出以氧化锰正极、磷酸钛钠负极、硫酸钠水溶液电

解质的水系钠离子电池。这一电池系统已用于美国夏威夷 1MW·h 的离网太阳能微电网，也分别用于美国加利福尼亚州 80kW·h 的农场太阳能储能系统和 90kW·h 离线居民区太阳能储能系统，成功地替代了传统的发电机和铅酸电池系统。

表 6-2　几种水溶液钠离子电池的性能比较

全电池体系	平均工作电压/V	理论比能量/(W·h/kg)	容量保持率（循环周次）
活性炭/$NaMnO_2$	1	19.5	97%（10000）
AC/$Na_{0.44}MnO_2$	1	20	99%（10000）
$NaTi_2(PO_4)_3$/$Na_{0.44}MnO_2$	1.1	33	60%（700）
$NaTi_2(PO_4)_3$/$Na_2NiFe(CN)_6$	1.27	43	88%（250）
$LiTi_2(PO_4)_3$/$LiFePO_4$	0.9	50	90%（1000）

锌由于具有高理论容量、高析氢过电位、良好的水溶液兼容性、低成本和环保无毒的特点，能够直接用作水系电池负极材料。基于这些优势，自 2014 年以来，新型的水系锌离子嵌入二次电池备受关注。目前报道的有些锌离子嵌入二次电池体系，具有高能量密度和优异的循环性能，优于水系锂离子和钠离子电池，甚至媲美于非水体系的锂离子电池。表 6-3 列出了几种代表性的水溶液锌离子嵌入二次电池体系。可以看到 $Zn/\alpha\text{-}MnO_2$ 电池体系的能量密度高达 170W·h/kg，循环寿命超过 5000 周，展现出非常巨大的应用潜力。可以预期，随着技术完善和性能提升，水系锂离子、钠离子和锌离子电池将具有巨大的市场竞争力和储能应用机遇。

表 6-3　几种水溶液锌离子电池的性能比较

电池体系	平均工作电压/V	比能量/(W·h/kg)	容量保持率（循环周次）
$Zn/\alpha\text{-}MnO_2$	1.44	170	92%（5000）
$Zn/Zn_{0.25}V_2O_5$	0.7	170	80%（1000）
$Zn/\beta\text{-}MnO_2$	1.35	75.2	94%（2000）
$Zn/H_2V_3O_8$	0.7	168	87%（2000）

与水溶液电池的研究几乎相伴而行，全固态电池的关键材料——固体电解质的发展历史已经超过了 100 年。其间所研究过的固体电解质材料至少几百种，其中大多数品种在室温下的离子电导率不过 10^{-5}S/cm 或者更低，很难满

足电池的应用要求。在锂电池的应用推动下，近 20 年来锂离子导体的研究受到广泛重视，一批具有较高室温电导率的材料体系脱颖而出，展示出较好的应用前景。如图 6-1 所示，钙钛矿结构 $La_{0.51}Li_{0.34}TiO_{2.95}$ 的室温离子电导率可达 $10^{-3}S/cm$ 数量级，NASICON 结构锂离子导体 $Li_{1.3}Al_{0.3}Ti_{1.7}(PO_4)_3$ 的室温体相电导率可以达到 $3 \times 10^{-3}S/cm$，而有些玻璃态的硫化物如 $Li_{10}GeP_2S_{12}$，其室温离子电导率甚至可达 $10^{-2}S/cm$ 数量级。特别是，NASICON 和石榴石结构的氧化物固体电解质表现出优异的空气稳定性，而硫化物固体电解质也具有较宽的电化学窗口和一定的化学稳定性，这些均为电化学应用奠定了基础。

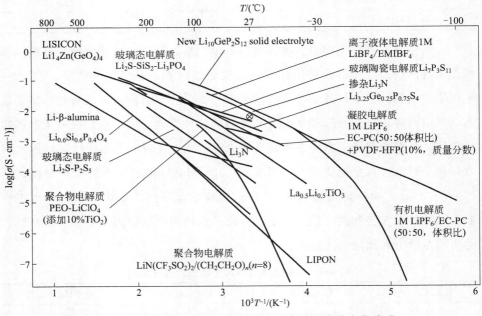

图 6-1　典型锂离子固体电解质的电导率随温度的变化关系

基于锂离子固体电解质的突破性进展，近年来国际上积极开展了全固态锂二次电池的研究。在大容量锂二次电池方面，日本的企业界表现出极大的兴趣，几家著名企业的代表性的试验产品列入表 6-4 中。丰田汽车公司推出的全固态锂原型电池，正负极和固体电解质层分别采用钴酸锂、石墨和 $Li_7P_3S_{11}$ 电解质。这种电池组平均电压为 $16.4V(4.1V \times 4)$，充电后输出电压高达

16.26V。这种电池的能量密度高达 $300W \cdot h/kg$，功率密度也达到 $1200W/kg$。日本出光兴产在 2010 年即实现试产 A6 尺寸的层压型全固体锂二次电池组。该电池电解质采用固体无机硫化物材料，每组电池串行连接 4 个单元，输出电压为 14~16V；单体电池中固体电解质层厚度约为 $100\mu m$，正负极均采用与现有锂离子电池相同的材料。与采用液体有机电解质的普通锂离子电池相比，这类全固态锂离子电池的容量、安全性、高温特性、耐过充电性等方面并不逊色。理论上，重量能量密度可能由目前的 $100~150W \cdot h/kg$ 提高至 $300W \cdot h/kg$。日本三星横滨研究院与三星电子开发出的固态锂电池正极为 $LiNi_{0.8}Co_{0.15}Al_{0.05}O_2$、负极为石墨类材料，电解质采用 $Li_2S-P_2S_5$ 体系。这种电池以 $0.5mA/cm^2$ 放电时容量为 $105mA \cdot h/g$，300 次循环周期后仍可保持 85% 的容量。原则上，如果将这种电池的电解质厚度从现在的 $400\mu m$ 进一步降低到 $200\mu m$ 或 $100\mu m$，其充放电性无疑会大幅提升。除此之外，日本电力中央研究所、德国 KOLIBRI 电池公司等也开发了基于固态聚合物电解质的锂离子电池，并成功地用作车载动力电源。可以预期，这些突破式的进展为全固态电池在储能领域的应用提供了良好的示范作用。

表 6-4　大容量无机全固态锂电池主要研究机构的技术参数

公司	正极	电解质	负极	能量密度/$(W \cdot h/kg)$	功率密度/(W/kg)	阶段
Toyota	$LiCoO_2$	$Li_{10}GeP_2S_{12}$	石墨	约 300	12000	实验室
Idemitsu Kosan	$LiNi_{0.8}Co_{0.15}Al_{0.05}O_2$	$Li_2S-P_2S_5$	锂铟合金	约 250	1000	实验室
Samsung	$LiNi_{0.8}Co_{0.15}Al_{0.05}O_2$	$Li_2S-P_2S_5$	石墨	—		300 次，85% 剩余

在聚合物全固态电池方面，聚合物固态电解质由谢菲尔德大学 Wright 教授在 20 世纪 70 年代提出，随后 Armand 等首先提出将聚合物和锂盐复合作为锂离子的固态电解质，这一想法引来了美国、日本、法国以及中国等多国科研工作者的广泛研究。研究用于聚合物固态电解质的包括共聚物、交联聚合物、聚合物纳米复合材料等，这些材料能够与具有更宽的工作电压窗口的电极材料搭配使用，构建高比能的以碱金属为负极的聚合物固态电池。由于聚合物固态

电解质具有复杂的结构，结构与性能之间缺乏清晰的理论关联，目前研究者无法给出准确描述离子传输的物理机制。同时，Arrhenius、Vogel-Tammann-Fulcher、Williams-Landel-Ferry方程等基于现象的模型被用于研究电解质的离子电导率特性，自由体积理论、动态键渗透模型用于描述基于电荷传输的局域运动特性。使用与聚合物形成共价键或得电子基团将阴离子局域化，得到拥有高阳离子迁移数（$t^+ \approx 1$）的聚合物固态电解质，能够解决离子空间电荷积累问题。选择拥有较低玻璃化转变温度的聚合物材料例如聚氧化乙烯磷腈可以有效地提高分子链的伸缩振动，加快电荷传输的动力学过程。同时，聚合物固态电解质的机械强度在 $10^{-6} \sim 10^{-8} \text{Pa}$ 之间，可以有效地抑制金属枝晶生长。Feuillade与Perche第一次将碳酸丙烯酯加入偏二氟乙烯-四氟乙烯共聚物中，提出了聚合物凝胶电解质。由于离子在凝胶电解质中的液相中传输，多数凝胶电解质的电导率可以达到 10^{-3}S/cm。其中，选用具有高介电常数的增塑剂可以有效地降低碱金属盐的晶格能，提高盐的解离度。离子液体具有电化学稳定、不燃、不挥发等特性，形成的凝胶电解质可以提供 $10^{-4} \sim 10^{-3} \text{S/cm}$ 离子电导率。运用基于聚偏氟乙烯的凝胶电解质能够在碳电极上形成颗粒状非晶态的放电产物，提高了 $Li-CO_2$ 电池的循环与倍率特性。垂直于聚氧化乙烯固态电解质-电极界面的纵向有序排列 $Li_{1.3}Al_{0.3}Ti_{1.7}(PO_4)_3$ 能够提供最短传输距离的快速离子通道，其离子电导率达到 10^{-4}S/cm，压缩与拉伸模量分别达到 3.6MPa 与 6.6MPa。聚二甲基硅氧烷-石墨烯复合电极与多孔聚偏氟乙烯凝胶电解质制备出的钠离子全电池经过数百次拉伸、收缩过程仍然可以正常工作。目前，量产聚合物固态电池中聚合物电解质的材料体系主要是聚环氧乙烷（PEO）。PEO类聚合物电解质具有在高温下离子电导率高，容易成膜，易于加工，与正极复合后可以形成连续的离子导电通道，正极面电阻较小等诸多优点。例如，法国博洛雷的子公司 Batscap 采用 Li-PEO-LFP 材料体系生产出 30kW·h 金属锂聚合物电池（LMP），并在其生产的电动汽车 "Bluecar" 中广泛使用。总体而言，目前聚合物电解质相比液体电解质在安全性上有明显提升，但是仍需进一步提高电解质的锂离子电导率，维持聚合物的力学、化学稳定性。

近年来，美国麻省理工学院有关团队提出面向规模储能应用的液态金属电池的概念。Bradwell 等提出以 Mg 为负极，Sb 为正极，$NaCl\text{-}KCl\text{-}MgCl_2$ 熔盐电解质的液态金属电池。这种电池的充放电库仑效率为 97%，能量效率为 69%，但平均放电电压只有 0.4V，且电池的运行温度为 700℃。这一体系虽然从概念上证明了液态金属电池的可能性，但其低电压、高温度的特性远离实际应用要求。随后，一些课题组先后报道了 Li/Bi、Li/Te 等类型的液态金属电池。这些电池虽然表现出运行寿命长、效率高、容易放大等优势，但由于电池材料的成本较高而使应用受限。到目前为止，最具应用潜力的应属王康丽、蒋凯等报道的 Li-Sb-Pb 液态金属电池[13]。这一体系采用 PbSb 合金正极将电池操作温度从 700℃ 降至 450℃，在设计合适的低熔点熔盐电解质条件下，有望更进一步使电池操作温度降至 300~350℃，由此而使电池的成本降至 65 \$/(kW·h)。更为重要的是，在一个很宽的合金化范围内，电池仍很好地保持了电池的相对高电压特性（0.87V，较 Li/Sb 电对仅仅降低了 50mV）。在 450℃ 运行温度下，以 $275mA/cm^2$ 的电流密度充放电，Li/Sb-Pb 电池平均放电电压为 0.73V，库仑效率和能量效率分别为 98% 和 73%。以每天循环一周、100% 深度的制式放电，该电池运行 10 年后的容量保持率仍为 85%，预期能很好地满足电力储能的长寿命要求。

鉴于液态金属电池的潜在优势，为了推进其在储能市场的应用，基于 Li-Sb/Pb 的新型液态金属电池技术的 Ambri 公司于 2010 年在美国麻省波士顿成立。该公司发展迅速，截至目前已经获得超过五千万美元的风投资金，投资方包括 Khosla Ventures、KLP Enterprises、Bill Gates、Total（法国石油公司）和 Building Insurance Bern(GVB) 等，相关产品将会在麻省 Cape Cod 和夏威夷装机试运行。

20 世纪 80 年代起人们对镁二次电池可行性就展开了探索，直到 1990 年，美国陶氏化学的研究者 Gregory 等组装了完整的镁二次电池 $Co_3O_4 \mid 0.25mol/L\ Mg[B(Bu_2Ph_2)]_2/70\%THF+30\%DME \mid Mg$，首次从技术上说明了镁二次电池的可行性，镁二次电池开始进入研究者的视野。2000 年，以色列巴依兰大学 Aurbach 研究团队组装了 $Mg \parallel 0.25mol/L\ Mg\ (AlCl_2BuEt)_2/THF \parallel Mo_6S_8$ 镁二次电池，金属镁在电解液中沉积/溶出的库仑效率约 100%，2000 次充放电循环容量衰减率只有 15%，表现出了优异的循环稳定性，这一重大突破，极大推进了镁二次电池的发展，引起了世界范围内学者的广泛关注。近年来，对镁二次电池的研究已经在科学和产业界引起了极大重视，Sony、LG、Toyota 等企业已经将镁二次电池的开发纳入其电池研究计划中；美国 Pellion 科技公司将开发高能量密度的镁二次电池作为其主要研究目标；此外，包括日本京都大学在内的 10 多个研发单位也在镁二次电池领域投入了大量研究。

铝二次电池的研究与镁二次电池几乎同步开始，早在 1980 年，Koura 等采用 FeS_2 作为正极，负极材料为金属铝，在 $AlCl_3$-$NaCl$ 体系下研究了铝离子二次电池的可行性。该电池采用不同的工作温度（180～300℃），随着温度的升高，放电比容量呈上升趋势，存在着最低 0.7V 的放电平台，在 300℃时其放电比容量高达 0.7A·h/g。因此，证明了硫化物应用在铝离子电池中的可行性。此后，也有很多研究学者探索了铝离子电池的正极材料，然后，由于电压低、容量小、循环稳定性差等原因，铝离子电池的研究一直没有获得突破。直到 2015 年，斯坦福大学戴宏杰课题组构建了以金属铝为负极、石墨作为正极材料，以含有四氯化铝阴离子（$AlCl_4^-$）的离子液体为电解液的铝离子电池。这一体系将铝离子电池的工作电势提升到 2.0V（$vs. Al^{3+}/Al$），同时展现出优异的循环稳定性，电池稳定循环 7500 次后容量几乎没有衰减，从而实现了铝离子电池的高电压以及长期稳定循环。

总体而言，上述 4 类新概念储能电池经过原理性验证，正处于积极的开发之中。通过材料和工艺优化，有望进一步降低电池成本、大幅提高电化学性能和运行寿命，为不同层次的储能应用提供更加合理的选择。

6.2.2　国内发展现状

与国际上储能技术的研究相比较，我国在发展新型电化学储能体系方面起步较早，力度较大，已形成了具有自主知识产权的技术和产业基础。早在国家863 计划启动伊始，国家科技部在 20 世纪 80 年代末就将全固态聚合物锂二次电池列入重点项目，1990 年代初有将锂离子电池关键材料与技术纳入"863"计划重点支持课题，并在后续的若干高技术发展计划中持续支持锂离子电池的技术发展，形成了与日本、韩国三足鼎立的产业基础。进入 21 世纪以来，国家科技部又将绿色二次电池的基础研究列入国家 973 计划，鼓励电化学储能技术的原理性创新。最近，国家一系列重点科技计划中将水溶液离子嵌入电池、固态电池、液态金属电池、和多电子二次电池列入重点研究方向，大力支持先进储能电池体系的发展。在过去几十年的优先支持下，我国在新型电化学储能材料和技术的研究方面处于国际先进水平。可以说，在上述 4 类储能电池的原理设计、概念验证和技术发展过程中，我国科学家做出了主要贡献，取得了丰富的创新成果。

早在 2006 年，中国科学院物理研究所陈立泉课题组报道了以 TiP_2O_7〔或 $LiTi_2(PO_4)_3$〕负极、$LiMn_2O_4$ 正极、$LiNO_3$ 水溶液电解质的锂离子电池，工作电压达到 1.4～1.5V。随后，复旦大学夏永姚课题组报道了一种纳米尺寸、大孔结构、表面包碳的 $LiTi_2(PO_4)_3$ 负极，在水溶液电解质中以 20C 放电比容量仍保持 80%，表现出优异的大电流充电的性能。采用这一负极 $LiMn_2O_4$ 为阴极，1mol/L Li_2SO_4 水溶液组装成电池，平均放电电压为 1.5V，比容量达 40mA·h/g，比能量达 60W·h/kg。这种电池表现出了良好的循环稳定性，循环 200 次后容量保持率为 82%。2016 年，该课题组又开发了一种全新的水系电解液体系，由水溶性 I^-/I_3^- 对液体正极、聚酰亚胺负极、Li^+ 或 Na^+ 交换膜构成。由于该体系的电极动力学不受离子扩散和相转化限制，表现出优异的功率密度和循环寿命。作为水系 Li^+ 和 Na^+ 电池时，这类电池的能量密度可以达到 65.3W·h/kg 和 63.8W·h/kg，并能以实现 550C 充放电，以 5.5C 循环 50000 次容量保持率达 70%。

2009 年，武汉大学钱江锋等率先报道了以 $NaTi_2(PO_4)_3$ 为负极，$Na_2NiFe(CN)_6$ 为正极，Na_2SO_4 水溶液为电解质，基于钠离子嵌入反应的水溶液电池。这种水溶液钠离子电池的平均工作电压达到 1.27V，能量密度为 42.5W·h/kg。在 10C 倍率下，该电池仍能实现 90% 的可逆容量，以 5C 倍率循环 250 周容量保持率为 88%。2016 年，该课题组合成了一系列富钠态的普鲁士蓝类似物 $Na_xMFe(CN)_6$（M＝Fe、Co、Ni、Cu 等），发现这类化合物具有良好的电化学储钠性能。当 M 为 Ni、Cu 时，$Na_xMFe(CN)_6$ 可实现 1 个 Na^+ 的脱嵌，可逆容量约为 60mA·h/g；当 M＝Fe、Co 时，可实现两个

Na^+ 的脱嵌，可逆容量达到 $100mA \cdot h/g$ 以上。$Na_2NiFe(CN)_6$ 的克容量为 $64mA \cdot h/g$，以 5C 倍率循环 500 周，容量保持率仍高达 90%。采用铁氰化钠和二苯胺磺酸钠固定化掺杂的聚吡咯，通过聚合物链段间固定化电活性阴离子，使正极反应由传统的阴离子掺杂转变为钠离子的嵌入，克容量分别达到 $110mA \cdot h/g$ 和 $120mA \cdot h/g$，且具有良好的循环性能。

近年来，水溶液锌离子嵌入型二次电池发展迅速。2011 年，清华大学康飞宇团队最早报道了以 Zn 金属为负极，α-MnO_2 为正极，$ZnSO_4$ 为电解质的水系锌离子电池。这种锌离子电池具有 1.45V 的工作电压和 $210mA \cdot h/g$ 的可逆容量，以 6C 倍率循环 100 周后保持 $100mA \cdot h/g$ 的可逆容量，证明了水溶液锌离子嵌入型二次电池的技术可行性。2016 年，南开大学陈军课题组报道了以 Zn 金属为负极，尖晶石型富锌的 $ZnMn_2O_4$ 为正极，$3mol/L$ $Zn(CF_3SO_3)_2$ 为电解质的锌离子电池。该电池的平均电压为 1.4V，比容量为 $150mA \cdot h/g$，能量密度为 $202W \cdot h/kg$（基于正极材料而言），在 $500mA/g$ 的电流密度下循环 500 周后，电池具有稳定的 $80mA \cdot h/g$ 的比容量。2018 年，华中科技大学蒋凯课题组开发了一种高电压、长寿命水系锌离子电池。电池以碳膜修饰的锌为负极，以 NASICON 型 $Na_3V_2(PO_4)_2F_3$ 为正极材料，$2mol/L$ $Zn(CF_3SO_3)_2$ 为电解质。电池具有 1.62V 的平均放电电压，$65mA \cdot h/g$ 的比容量和 $100W \cdot h/kg$（基于正极材料而言）的能量密度。这种电池体系具有非常优异的循环稳定性，以 $1A/g$ 的电流密度循环 4000 圈后，具有 95% 的容量保持率。总体来说，水系锂离子、钠离子和锌离子电池为储能技术的发展提供了一种廉价、清洁的新体系。我国在这一技术领域具有起步早、原创性多等研究优势，为产业发展奠定了良好的基础。

在全固态电池的关键材料——固态电解质的开发方面，我国也一直处于国际先进水平。早在 20 世纪 80 年代，上海硅酸盐所即开展了 β-Al_2O_3 陶瓷电解质的研究和产品开发，研制出 $30A \cdot h$ 车用钠硫电池；经过 30 年的技术发展，目前已能连续生产 $650A \cdot h$ 的钠硫单体电池，与上海电气集团和上海电力公司合作建成设计产能为 500MW 的生产企业，成为全球第二大钠硫储能电池生产商。

在固态锂离子导体方面，中国科学院宁波材料技术与工程研究所近年来开展了 NASICON 结构、玻璃态硫化物的制备技术研究，建成了百公斤级的试验生产线。所制备的第三代 $Li_{1.5}Al_{0.5}Ge_{1.5}(PO_4)_3$（LAGP）量产材料相对密度超过 97%，室温离子电导率可以达到 6.21×10^{-4} S/cm；同时针对 Li_2S-P_2S_5 和 Li_2S-GeS_2-P_2S_5 两种固体硫化物电解质进行了系统的制备工艺研究，成功开发出了多种高性能无机硫化物电解质，在材料的电化学窗口、室温离子电导、组成均匀性等方面达到国际领先水平，并形成具有自主知识产权的无机固体电解质体系和制备技术。在此基础上，该研究团队利用表面改性的 $LiCoO_2$ 正极，采用冷压直接成型法研制了容量达到 0.3A·h 的无机全固态锂电池。这种电池在 0.2C 条件下正极放电容量达到 120mA·h/g，接近在液态电池中的水平，室温界面阻抗降低到了 8mΩ·m²，达到了日本丰田公司的研发水平。这些结果为全固态锂电池在未来储能领域的应用奠定坚实的基础。在聚合物固态电解质方面，上海交通大学制备的聚四烷基铵咪唑鎓离子液体基凝胶电解质在 330℃ 高温下能够保持稳定，电化学窗口达到 4.5V，离子电导率达到 4.6×10^{-5} S/cm，同时拥有优异的界面特性。南开大学合成的基于聚甲基丙烯酸甲酯聚乙二醇-高氯酸锂-SiO₂ 聚合物复合电解质拥有 7.14×10^{-5} S/cm 的离子电导率，装配的软包电池可以在 $0 \sim 360°$ 之间任意折叠，并能够提供 993.3mA·h/kg 的质量比容量以及 521W·h/kg 的质量比能量。中国科学院上海硅酸盐研究所的郭向欣团队，开发了聚环氧乙烷、锂镧锆氧复合的固体电解质，并研制了 2A·h 级的固态锂离子电池。中国科学院青岛生物能源与过程研究所的崔光磊团队开发了聚丙烯碳酸酯、纤维素、锂镧锆氧复合的固体电解质。通过刚柔材料的优势互补，结合路易斯酸碱相互作用增加嵌段运动且提升界面离子传输的特点，制备出多款综合性能优异的固态聚合物电解质，研发的电池能量密度达到了 300W·h/kg，并首次在马里亚纳海沟完成了深海测试。总体而言，目前固态电解质相比液态电解质在安全性上有明显提升，在推进高安全、高储能电池产业化进程中，固态电解质关键材料的研发和制备是至关重要的一环。

虽然液态金属电池储能技术于 2007 年之后才在美国发展起来，但随即国内也开展这一技术的跟踪和创新研究。2012 年，华中科技大学从美国 MIT 的研究团队引进了蒋凯等，迅速发展了一类环境友好的 Sn 基液态金属电池正极材料，提出了更具实用化优势的 Li-Sb-Sn 液态金属电池体系。与 Li/Sb 体系相比，Li/Sb-Sn 液态金属电池拥有好的电化学性能和更高的能量密度（200W·h/kg）同时在液态金属电池关键材料和技术等方面（如电解质材料、腐蚀防护材料和密封技术）取得了一系列的原创性成果。基于上述体系，华中科技大学联合有关企业致力于实现 Li/Sb-Sn 液态金属电池的实用化。西安交通大学、清华大学以及东北大学等也先后开始了该技术的研究工作，并形成了各自的研究特色。

在国内对于镁离子电池的研究也取得了不错的进展，在电极材料方面，早在 2004 年南开大学的陶占良合成了 TiS_2 纳米管，用作镁离子电池的正极材料。这种正极材料表现出较好的储镁性能，它在 10mA/g 的放电电流下，电池的初次放电比容量高达 236mA·h/g，经过 80 次循环，仍然保有 180mA·h/g 的容量。随后，上海交通大学陆丽、严娜等提出将聚阴离子型 $Mg_xM_ySiO_4$（M 为 Fe、Mn、Co、Ni，$x+y=2$）材料作为可充镁离子电池的新型正极材料，利用 SiO_2^{4-} 与 M—O—Si 产生的大空间和稳定的三维框架结构来完成 Mg^{2+} 的可逆脱嵌。在 0.25mol/L 的 Mg（$AlCl_2BuEt$）$_2$/THF 电解液中，C/5 速率下，放电比容量可达到 300mA·h/g，放电电压平台为 1.65V（$vs.$ Mg RE）。除了在电极材料方面，该课题组在电解液方面也有一定的研究。最近，他们研究出一种新型的镁离子电池的电解液-离子液体可充镁电池电解质苯酚基镁盐。主要成分是 $Mg(CF_3SO_3)_2$-$BMIMBF_4$ 和 $Mg(CFSO_3)$-PP_{13}-TFSI，在体系中均能表现出良好的镁沉积-溶解的特性。

对于铝离子的研究，2015 年，北京科技大学焦树强课题组与斯坦福大学戴宏杰课题组几乎同时分别独立研究出具有低成本、高电压、高容量、高稳定性和高安全性的石墨正极材料，给铝离子电池的发展带来曙光。该研究以石墨碳纸为正极，以 $AlCl_3$ 和 1-乙基-3-甲基氯化咪唑为电解液，以高纯铝为负极，组装铝离子电池。该电池有明显的充放电平台，充电平台在 2.1V，放电平台约在 1.9V，100mA/g 电流密度下放电容量约为 70mA·h/g，该工作于 2014 年申请了中国发明专利。随后，2016 年该团队研究了低温无机熔盐电解质体系下的铝碳二次电池，其工作温度为 120℃，在 100mA/g 电流密度下，有高达 190mA·h/g 的比容量性能；在 500mA/g 电流密度下，有约 140mA·h/g 的放电比容量性能。这类电池具有比室温铝电池更优异的倍率性、循环性能和安全性。此后，中国科学院深圳先进技术研究院、浙江大学、北京理工大学等也先后开始了铝离子电池技术的研究工作，并取得了不错的成果。总之，我国在多电子二次电池研究方面起步早并取得了许多原创性的成果，这些成果为多电子二次电池在储能领域的应用奠定了坚实的基础。

可以看出，我国在新型储能电池的许多研究方面起步较早、成果丰硕，已经处于国际先进水平。但也应当看到，我国储能电池的研究偏重于技术本身，而与应用需求的结合不够紧密。造成这一现象的主要原因在于，一是储能应用与技术研究单位在行业归属上的分割导致研究目标和应用定位不甚明晰，技术开发与实际要求存在脱节；二是研究团队大多处于小而散的状态，工程化的能力有待提高。因此，搭建具有高水平技术研究和工程化能力的平台，是我国储能领域技术发展的迫切需求。

6.3 我国新概念电化学储能体系的关键材料发展战略

6.3.1 新概念储能电池的发展目标

为加速新一代蓄电池的研发，美国能源部（DOE）旗下的 Argonne 国家实验室联合企业界专门成立了能源存储联合研究中心（JCESR）。JCESR 雄心勃勃地制定了"5-5-5目标"计划："将像曼哈顿计划那样，集中投入人才和资金，在5年内开发出能量密度达到5倍、价格降至1/5的蓄电池"，如图 6-2 所示。具体来说，在 2018 年之前开发出能量密度为 400W·h/kg 或 400W·h/L、输出密度为 800W/kg、价格为 100 美元/(kW·h) 的电池，由此将提前约 10 年实现日本新能源产业技术综合开发机构（NEDO）制定的开发蓝图。2018 年 9 月，DOE 宣布计划在五年内继续为 JCESR 投资 1.2 亿美元用于支持下一代电池技术的研究。

上述美国 JCESR 的"5-5-5"计划和日本 NEDO 的指标代表了动力蓄电池经济技术发展的先进目标，其大幅降低电池成本的预期为电力储能应用提供了光明的前景。考虑到电力储能对于能量密度的要求远不如交通能源的苛刻程度，而在电池成本上要求更低和服役寿命要求更长，新概念电池的发展必须满足低成本和长期可靠性的指标。

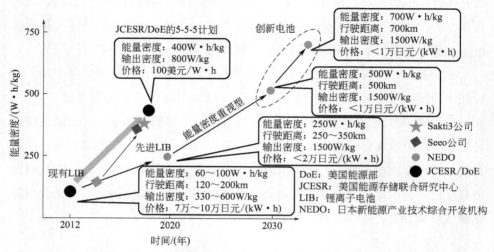

图 6-2　美国 JCESR 的计划和日本 NEDO 计划，以及 Seeo 和 Sakti3 公司
的全固体二次电池开发蓝图

从近几年的发展来看，预计到 2020 年中国储能市场规模将达到约
136.97GW，占 2020 年全国发电总装机量 1800GW 的 7.6%[14]。从应用上看，
储能在可再生能源并网领域的比例最高，占 51%，电力输配、分布式发电及
微网储能也是应用的重点领域，分别占比 19%、8% 和 16%。即使电化学储能
占有 20% 的市场份额，到 2020 年我国电化学储能应用的市场规模也将达
到 27GW。

另一方面，电力储能技术适用于不同的应用场合，储能规模可以分布在千
瓦至数十兆瓦等级，而不同的应用类型具有各自的技术和经济特性。比如，对
于千瓦级家用储能系统可能更强调安全可靠性和能量密度，对于电池成本则
非首要因素；而对于兆瓦级新能源电力储能则更关心电池成本和长期寿命，而
对能量密度并非决定性指标。因此，根据可再生能源并网、分布式发电、微网
以及家用储能的应用特点，可以分别确定不同类型新概念电池的发展目标。

对于水系嵌入型电池，主要用于分布式储能，替代传统的铅酸电池，这类
新体系的发展目标为：能量密度＞100W・h/kg，100W・h/L；循环寿命＞
1000 次；成本＜800 元/(kW・h)。

对于全固态电池，主要用于微网和家用储能，替代现有的有机溶剂锂离子电池，这类体系的发展目标为：能量密度＞200W·h/kg，200W·h/L；循环寿命＞1500 次；成本＜1500 元/(kW·h)。

对于液态金属电池，主要用于大规模电力储能，填补低成本大容量电池的空白，这类体系的发展目标为：能量密度＞200W·h/kg，200W·h/L；循环寿命＞10 年；成本＜500 元/(kW·h)。

对于多电子二次电池，主要用于微网和家用储能，替代传统的铅酸电池，这类体系的发展目标为：能量密度＞100W·h/kg，100W·h/L；循环寿命＞2000 次；成本＜1000 元/(kW·h)。

上述发展目标总体上与美国 JCESR 的"5-5-5"计划和日本 NEDO 的经济技术指标相近，而大容量液态金属电池所预期的成本大大低于美国、日本的目标，更具市场竞争力。

6.3.2　关键科学问题和技术挑战

在发展上述新概念二次电池时，自然会遇到各种各样的技术挑战，甚至需要解决一些过去不曾有的新问题。例如，如何使金属锂负极在溶解-沉积过程保持形貌稳定性，抑制枝晶或"死锂"的产生？如何拓展水溶液的电化学窗口，使之能够用于高电压二次电池的电解质体系？如何保证循环过程中电池内部电化学反应环境的稳定性，实现电池的长寿命？如何构筑兼顾较高能量密度的高功率、高效储能电池体系？如何消除电池内部的失控反应，确保电池系统的安全性？为解决这些技术发展的问题，必须阐明并解决以下 3 个关键科学问题。

(1) 电极微结构与材料反应性质的调控

许多潜在的高容量化合物（如单质硫、高价金属氟化物、有机醌化合物等）由于电化学可逆性差、反应中间产物溶解流失，一直难以作为活性正极材料。此外，许多高电负性金属（如锂、锌、铝等）在充放电过程产生的巨大形变、枝晶等导致循环性能差，一直难以作为实用化负极应用。因此，如何通过电极微区结构的构筑，创建新的反应环境、使这些传统的"不良"材料成为高容量实用化电极活性材料，是发展和创建低成本、高性能二次电池新体系的关键科学问题。

原则上，通过微纳尺度限域反应的结构设计，可以使传统的反应组分固定化，成为循环稳定的电极材料；通过固体电解质的应用，可以解决反应产物的溶解流失，实现长寿命循环；通过电极结构内部反应界面的优化可以改善离子传输动力学，提高电池的功率性能。

（2）电极/电解质界面的结构修饰与功能调控

界面反应是决定电池性能的主要因素，不同的应用对于界面的结构与性质要求不同。如何实现界面结构的功能化调控，构建电极界面膜和特定界面，是构建高功率/高能量电池、长寿命电池所涉及的一个共性科学问题。

通过界面改性可以拓宽水溶液体系的电化学窗口，实现高电压水系离子嵌入型电池。创造适当的界面结构，调控金属沉积反应动力学行为，可以提高金属负极的循环稳定性。建立稳定的"固/固"反应界面，解决传统"固/液"界面的不稳定问题，实现稳定的高容量储能反应；通过控制界面微结构的演变与动态自修复，实现高效率充放电循环，解决二次电池的长寿命问题。

（3）电池反应的安全性控制机理

安全可靠性是储能电池应用发展必须解决的首要问题。特别是高能量密度、大容量电池体系，一般均由强氧化性正极、高还原性负极和易燃有机电解质组成，在热冲击、内部微短路等条件下容易发生起火、爆炸等危险性事故。不安全性行为一方面来自单体电池内部的热失控和电压失控反应，同时也可能产生于组合系统的相互影响。如何从内部电池反应到外部组合电池系统安全性建立自发的、可靠的安全性控制机理，确保整个生命周期的安全性，是储能电池工程应用的关键科学问题。

电池反应串联进行的多个基元步骤，如离子在电解质相的扩散，界面电荷转移，以及电子和离子在电极内部的迁移等。建立一种能够根据电池内部微区温度变化和界面电势变化，随时调节反应电流并快速切断危险性副反应的机制，可以从反应原理上保证单体电池的安全性。通过发展阻燃性电解液，以及水溶液和固态电解质，可能有效解决有机溶剂电池的安全性问题。

6.4 新概念储能电池体系的发展方向

总体而言，新一代储能电池的发展方向应当是成本低廉、寿命长与能量效率高。上述的几类新概念电池原则上均可能实现这一目标。根据这几类电池反应的特点和应用性质，所需要重点发展的材料体系和制备技术如下。

6.4.1 水系离子嵌入电池的发展方向

现有的嵌入型正负极材料在水溶液电解质中的比容量大多小于 $100mA \cdot h/g$，电压低于 $2.0V$，且循环稳定性大多小于 1000 次。为满足分布式或规模储能的要求 [$>100W \cdot h/kg$，>1000 次循环，<800 元/($kW \cdot h$)]，需要重点研究的材料体系和应用技术包括：

(1) 低成本、高容量水系嵌入正负极材料

目前已知的高性能嵌入电极材料大多为金属氧化物，适用于有机溶剂嵌锂反应，而这些材料体系用于水系储锂（钠或锌）反应时大都表现不佳。因此，需要根据水合金属离子（Li^+、Na^+ 和 Zn^{2+}）半径较大的特点，设计合成具有较大离子隧道结构的氧化物晶格，或者选择对离子束缚较弱的无机配合物骨架结构，以实现高效可逆的钠或锌离子嵌入反应。重点发展体系包括高容量钛酸盐负极、普鲁士蓝正极材料的制备技术；通过低缺陷合成、纳米化、表面包覆改善容量输出和倍率性能，开发具有良好稳定性的水系锂离子、钠离子和锌离子嵌入材料，构建高电压、高容量水系嵌入型电池。

(2) 提升水系电池工作电压的技术方法

通过正负极界面修饰、电解液组成调控，抑制水分解反应；采用离子导体材料表面包覆，隔断溶剂水分子与正负极的直接接触和相互作用，大幅提高水系锂离子电池的工作电压和循环稳定性。此外，水溶液电解质体系的组成与性质对于不同离子嵌入反应的影响也是有待阐明的基础问题。除了足够的离子电导外，电解质的种类、电解液添加剂、溶液 pH 值均会显著影响活性材料上氢和氧的吸附、表面复合，进而影响离子嵌入反应的效率和材料稳定性。

(3) 水系反应新材料和新体系的研究

利用丰富的电活性有机电极材料电化学活性聚合物作为一种柔性链段结构，对于嵌入离子的半径限制较少，更适合于作为水合离子半径更大的钠和锌离子电极材料，应当作为一个重要的储能材料发展方向。

6.4.2 全固态电池的发展方向

目前全固态电池尚处于产品化和工业化的初期，大规模储能应用必须解决材料的工业化制备和电池制造技术，重点需要发展的材料体系和工业技术包括以下几个方面。

(1) 高稳定性室温离子电解质的设计和制备技术

目前的 NASICON 型固态锂离子电解质的室温体相电导率可以达到 10^{-3} S/cm，但晶界电导率要低 1～2 个数量级，由此使得这类材料的总电导率并不高。硫化物固体电解质虽然具有较好的综合电化学性能，但在空气中不够稳定，给工业化应用带来不便。因此，要解决现有材料体系的这些问题，必须进一步优化材料组成的设计，发展合适的批量化材料制备工艺，提高晶界和晶粒离子电导率，改善表面的化学稳定性，满足大规模应用要求。

(2) 电化学兼容性固/固界面的构筑和实现技术

固体电解质与正负极之间的界面是决定全固态电池性能的关键因素。一般而言，当离子导电电解质与不同类型的正负极材料紧密接触时，在电极/电解质界面处产生空间电荷层，即高阻界面层。这一高电阻界面层的形成将大大降低界面处的离子迁移动力学。因此，弄清界面的性质对电池的储能效率、倍率特性和循环性的影响，通过界面结构调控与界面修饰实现高性能全固态电池的重要研究课题。此外，需要发展先进的界面制备和调控技术，如真空热气相沉积（VD）、化学气相沉积（CVD）、射频磁控溅射（RFMS）、静电喷雾沉积（ESD）和激光脉冲沉积（PLD）等薄膜制备方法。使用自组装、场效应诱导组装等方法控制聚合物分子表面排列结构，设计表面电荷、磁场分布，调节离子传输。设计固态电解质界面层，稳定固态电解质电池体系。

（3）应用体系的拓展研究

全固体电池的设计可以大大拓展电池反应体系的范围，特别是可以利用易溶性化合物、易枝晶化金属构建循环稳定的电池体系。根据这一优势，可以发展全固态锂-硫电池、锂-空电池，也可以同时室温钠-硫电池、全固态钠离子电池，为规模储能提供更加丰富的选择。

6.4.3　液态金属电池的发展方向

进一步降低电池成本，降低运行温度，延长电池寿命，是推进液态金属电池进入规模化储能应用的必由之路。为实现这一目标，需要重点发展的技术方向有以下几个方面。

（1）低熔点合金电极和熔盐电解质的设计

高温条件下的电池失效是制约液态金属电池寿命的主要因素，降低电池运行温度是延长电池寿命、降低运行成本的有效途径。通过电极和熔盐成分的低温化设计与优化，是降低液态金属电池运行温度的直接有效方法。

（2）新型密封材料与技术

目前几种液态金属电池虽然在实验室小型装置上获得充分的验证，但大规模实用化仍然面临高温条件下电池的密封以及绝缘部件的腐蚀问题。发展新型陶瓷密封材料、高温防腐技术是液态金属电池长效使用的关键。

（3）高效液态金属电池新体系

为解决低成本化和环境兼容性，应积极探索资源丰富、价格低廉的液态金属电池新体系。通过新材料和新体系的开发，进一步提高电池功率和能量密度、降低电池运行温度、大幅降低电池的储能成本。

6.4.4　多电子二次电池的发展方向

多电子二次电池目前的研究工作仍处于起步阶段，其成本、能量密度以及寿命远远不能满足微网以及民用电池领域的要求。为了实现这一目标，需要重点发展的材料和技术为以下两个方面。

（1）低成本、高容量多电子可逆嵌入正极材料

多价离子半径小、电荷大，使其极化效应极强，当多价离子在电池充放电过程中嵌入正极材料时，易与材料中阴离子发生较强的吸引作用，使材料的结构发生坍塌，从而导致电池电化学性能的劣化。因此，发展合适的多电子二次电池正极材料是提升材料电化学性能的关键。

（2）合适的多电子二次电池电解液

电解液在电池体系中起着输送离子和传导电流的作用，是影响电池电化学性能的关键因素。多电子二次电池相较于锂电池的发展要滞后得多，重要原因就是电解液体系稳定性差、导离子性低、成本高且无法满足多价离子的可逆沉积。因此，寻找合适的电解液是多电子二次电池发展亟需解决的问题。

6.5 发展建议路线图

表 6-5 和图 6-3 分别列出了上述几类新概念储能电池的经济技术指标和发展路线图。在近期（2016～2020 年），水系电池体系主要以锂离子、钠离子和锌离子电池为主体，优选具有适当能量密度和良好循环性的低成本反应体系；中期（2025 年）全面提升循环性能、能量密度，完善大容量电池的制造技术，形成可实用化的产品系列；远期（2050 年）大幅降低电池制造和运行成本，解决长期循环的稳定性等问题，实现兆瓦级大规模应用。

表 6-5 四类储能技术经济指标对比

储能技术	技术经济指标		
	近期能量密度 /(W·h/kg)	近期循环寿命 /次	远期能量成本 /[元/(kW·h)]
水系嵌入型电池	60	500	<600
全固态电池	120	800	<1000
金属液态电池	120	1000	<500
多电子二次电池	60	1000	<1000

体系	2016年	2020年	2025年	2050年
水系嵌入型电池	100W级示范电池 能量密度:60W·h/kg 循环寿命:500次	100W级示范电池 能量密度:80W·h/kg 循环寿命:1000次	2kW产品电池 能量密度:100W·h/kg 循环寿命:2000次	MW级市场应用 成本:<600元/(kW·h) 使用寿命:10年
固态电池	500W级锂离子电池 能量密度:120W·h/kg 循环寿命:800次	10kW金属锂电池 能量密度:120W·h/kg 循环寿命:1000次	20kW金属锂电池 能量密度:200W·h/kg 循环寿命:2000次	MW级市场应用 成本:<1000元/(kW·h) 使用寿命:10年
金属液态电池	200W级示范电池 能量密度:100W·h/kg 循环寿命:1000次	200W级示范电池 能量密度:120W·h/kg 循环寿命:2000次	50kW电堆 能量密度:150W·h/kg 循环寿命:5000次	MW级市场应用 成本:<500元/(kW·h) 使用寿命:10年
多电子二次电池	100W级示范电池 能量密度:60W·h/kg 循环寿命:1000次	1kW电堆 能量密度:80W·h/kg 循环寿命:2000次	2kW电堆 能量密度:100W·h/kg 循环寿命:5000次	MW级市场应用 成本:<1000元/(kW·h) 使用寿命:10年

图 6-3　几类新概念储能电池发展路线图

固态电池在近期（2016～2020 年）主要以锂离子反应体系为主，发展具有低成本、高电导的固体电解质体系和电池制造技术，形成具有稳定电化学性能的示范电池；中期（2025 年）完成实用化固态 Li-S 电池、固态钠离子电池，大幅提高能量密度和循环稳定性，形成 kW 级系列产品；远期（2050 年）解决锂-空气电池的循环稳定性和电池制造技术问题，实现兆瓦级储能应用。

液态金属电池在近期（2016～2020 年）主要以优选反应体系为主，发展具有低成本的正负极材料体系和稳定的电池结构与制造技术，形成百瓦级示范电池；中期（2025 年）完成实用化电池系统，形成 kW 级实用电池体系；远期（2050 年）完善电池规模制造技术，实现百兆瓦大规模储能应用。

多电子二次电池在近期（2016～2020 年）主要开发具有低成本、高能量密度的电池反应体系，形成具有稳定电化学性能的示范电池；中期（2025 年）完成实用化电池体系的稳定运行，大幅提高能量密度和循环稳定性，形成 kW 级系列产品；远期（2050 年）完善电池规模制造技术，实现兆瓦级大规模储能应用。

参考文献

[1]　Yang Z G, Zhang J L, Kintner-Meyer M C W, et al. Electrochemical energy storage for green grid. Chem Rev, 2011, 111（5）: 3577-3613.

[2] Dunn B, Kamath H, Tarascon J M. Electrical energy storage for the grid: a battery of choices. Science, 2011, 334 (6058): 928-935.

[3] Suo L M, Borodin O, Gao T, et al. "Water-in-salt" electrolyte enables high-voltage aqueous lithium-ion chemistries. Science, 2015, 350: 938-943.

[4] Chen L, Guo Z, Xia Y Y, et al. High-voltage aqueous battery approaching 3 V using an acidic-alkaline double electrolyte. Chem. Commun. , 2013, 49: 2204-2206.

[5] Knauth P. Inorganic solid Li ion conductors: An overview. Solid State Ionics, 2009, 180: 911-916.

[6] Kim J K, Lim Y J, Kim H. A hybrid solid electrolyte for flexible solid-state sodium batteries. Energy & Environmental Science, 2015, 8: 3589.

[7] Kamaya N, Homma K, Yamakawa Y, et al. A lithium superionic conductor. Nature Materials, 2011, 10: 682-686.

[8] Kim H, Boysen D A, Newhouse J M, et al. Liquid metal batteries: Past, present, and future. Chemical Reviews, 2013, 113 (3): 2075-2099.

[9] Bradwell D J, Kim H, Sirk A H, et al. Magnesium-antimony liquid metal battery for stationary energy storage. Journal of the American Chemical Society, 2012, 134 (4): 1895-1897.

[10] Manjunatha H, Suresh G S, Venkatesha T V. Electrode materials for aqueous rechargeable lithium batteries. J. Solid State Electrochem, 2010, 15 (3): 431-445.

[11] 杨汉西, 钱江锋. 水溶液钠离子电池及其关键材料的研究进展. 无机材料学报, 2013, 28 (11): 1165-1171.

[12] Aishuak K, Natalia V, Jae H J, et al. Present and future perspective on electrode materials for rechargeable zinc-ion batteries. ACS Energy Lett. , 2018, 3: 2620-2640.

[13] Wang K L, Jiang K, Chung B, et al. Lithium-antimony-lead liquid metal battery for grid-level energy storage. Nature, 2014, 514 (7522): 348-350.

[14] 陈海生, 刘畅, 齐智平. 分布式储能的发展现状与趋势. 中国科学院院刊, 2016, 31 (2): 224-230.

第7章

铅蓄电池储能技术

Plant 于 1859 年发明铅酸蓄电池，已经历了近 160 年的发展历程，技术十分成熟，是目前全球使用最广泛的化学电源。铅酸蓄电池具有大电流放电性能强、电压特性平稳、温度适用范围广、单体电池容量大、安全性高和原材料丰富且可再生利用、价格低廉等特性。根据英国著名电池机构 BEST（batteries and energy storage technology）和亚洲电池协会发表的研究报告，在 2005 年铅酸蓄电池的全球产量达到 346GW·h，在 2018 年已突破 500GW·h。160 年来，人类社会一共生产了 20TW·h 的铅酸蓄电池，为人类社会全部二次电源需求量中贡献超过了 80%[1]。

7.1 发展现状

7.1.1 概述

从 1998～2016 年的中国物理化学电源协会的统计数据（图 7-1）来看，近 20 年来铅酸蓄电池的产销量年复合增长率在 15% 左右，和中国大陆的经济发展速度基本相当，作为技术最成熟的化学电源，铅酸蓄电池的发展主要得益于中国经济的快速发展。

改革开放之后，中国铅酸蓄电池市场共经历了 4 个阶段，如图 7-2 所示，现在正在迎接第 5 个阶段的到来。第 1 阶段是在 1994 年之前，中国的铅酸蓄

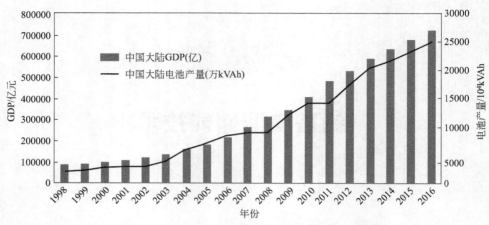

图 7-1　1998～2016 年我国铅蓄电池产量增长趋势

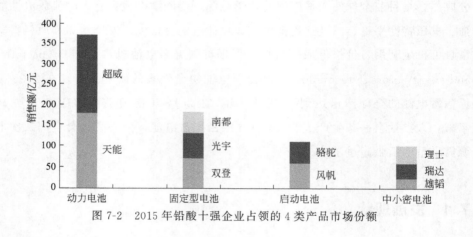

图 7-2　2015 年铅酸十强企业占领的 4 类产品市场份额

电池市场主要以启动电池为主，适用于中国刚刚改革开放需要的汽车、农用车用电池，以风帆和骆驼为品牌代表；1994 年哈尔滨光宇电源有限公司（光宇）成立，以此为代表的企业发展阀控密封铅酸蓄电池技术；之后先后成立的杭州南都电源有限公司（简称南都）、江苏泰州双登电源有限公司（简称双登）等企业刚好迎合了中国通信业大发展机遇，形成了中国铅酸蓄电池市场第 2 个发展阶段；2001 年中国加入了 WTO，广州、福建一带的沿海铅酸蓄电池企业抓住机遇，形成理士电池技术有限公司（简称理士）、深圳市雄韬电源科技股份有限公司（简称雄韬）、瑞达国际集团（简称瑞达）等出口外贸型铅酸蓄电池的第3个发展阶段；在中国百姓解决温饱问题之后，还未达到小康水平之前，铅酸蓄电池抢占历史机遇，造就了中国特色的铅酸蓄电池第4发展阶段，超威集团、天能集团为代表的电动自行车用铅酸蓄电池生产企业至今仍然占据铅酸蓄电池企业的前两位。国内铅蓄电池分类产量分布见图7-3。

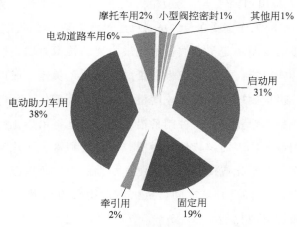

图 7-3　国内铅蓄电池分类产量分布

　　新能源的发展将带动铅酸蓄电池储能技术的发展[2]。向传统铅酸蓄电池的负极材料中添加高比表面积活性炭材料制备的铅炭电池能有效克服铅酸电池的负极硫酸盐化失效模式，在部分荷电态循环模式下，铅炭电池的60% DOD循环寿命已经达到5000次左右，铅炭电池单体电池容量可以达到几千安时，电池的管理相对更为容易。未来铅炭电池的循环寿命可期达到12000次，其服务寿命年限和发电元件的寿命年限相当，达到20～25年。寿命期限内，储存电量是其自身容量的6000倍以上，储能成本降低至0.2元/(kW·h)。

7.1.2　技术演变

(1) 车载启动电池用涂膏式极板

　　1859年，Plant经过大量实验，发现直流电通过浸在稀硫酸中的两块铅板时，在这两块铅板上能够重复地产生电动势，以此制成了铅酸蓄电池。Plant发明的铅酸蓄电池是形成式极板，电池的比能量很低，每只电池能提供的电量非常有限。1881 年法国人富尔发明了涂膏式极板，将铅做成铅粉，将铅化合物做成铅膏涂在铅片上，这些铅化合物在化成时形成活性物质参与充放电反应，通过提高活性物质的比表面积，大大提高了铅酸蓄电池的比能量，并且实现了用铅酸蓄电池驱动四轮车的第 1 辆电动汽车的发明。20 世纪 50 年代由美国 DELCO 公司首先推出用无锑合金为板栅的免维护汽车蓄电池，免去了以往汽车蓄电池须定期补水的工作，现在免维护式已经是汽车蓄电池的主要选择[3-4]。

涂膏式极板的发明奠定了铅酸蓄电池最主要的技术方向，至今铅酸蓄电池仍然多采用涂膏式极板。涂膏式极板的铅酸蓄电池正负极一般以铅钙合金或铅锑合金为板栅。铅锭制球后在岛津球磨机中进行球磨氧化，分选沉降分离得到鳞片状比表面较高的铅粉，另一种制备铅粉的方法是将铅熔化后，在巴顿铅粉机中氧化制得到球状比表面积较低的铅粉。铅粉经和膏、涂片到板栅上，经固化后形成生极板，再经化成得到具有电化学活性的正、负极板。制得的正极活性物质的利用率在 30%～45% 之间，负极活性物质的利用率在 35%～60% 之间，制得的铅酸蓄电池比能量在 35～55W·h/kg 之间。当涂膏式极板较薄，采用 PE 隔板分隔正负极板，叠片组装于 PP 电池壳中，添加 37% 左右浓度的硫酸作为电解质。这样的电池作为启动电池，短时可以释放出 15C 左右的瞬间大电流，以驱动马达。这样的铅酸蓄电池可以耐受 -40～65℃ 之间很宽的适用温度，铅酸蓄电池的性能特性满足了汽车对启动电池的性能特性要求，至今无可替代产品[5]。

（2）深循环特性管式电池和胶体电池

但是涂膏式极板在刚发明后不久，表现出铅膏之间的结合力比较差，涂膏式极板的寿命较短，铅酸蓄电池充放电循环几十次甚至只有十几次之后，就会出现铅膏松散而导致蓄电池寿命的终止，也因此未能支撑 100 多年前电动汽车产业的发展需要。20 世纪 20 年代由美国的 EXIDE 公司发明了管式电池，提出用多缝隙的硬橡胶管束缚着活性物质，用一支铅合金棒插在活性物质中间导电，这就大大提高了铅酸蓄电池深循环的循环寿命，该技术发展至今仍然在应用，尤其是动力牵引电池，只是现在由无纺布或玻璃纤维管取代橡胶管[6]。

1957 年，德国 Sonnenschein（阳光）公司研发出第一款胶体铅酸蓄电池，1966 年，阀控式胶体蓄电池实现了工业化生产。几年后，阳光公司在管式富液电池的基础上研发成功了管式胶体 Dryfit 胶体蓄电池[7]。20 世纪 80 年代以后，欧洲的 Varta、Hagen、Tudor、Hawker 和 FIAMM 公司，美国的 Eastpenn 和 Trojan 以及亚洲的 Yuasa 陆续开发出胶体蓄电池。

（3）阀控密封铅酸蓄电池

1969 年，美国登月计划实施，密封阀控铅酸蓄电池和镉镍电池被列入月球车用动力电源，最后镉镍电池被采用，但密封铅酸蓄电池技术从此得到发展。1969～1970 年，美国 EC 公司采用玻璃纤维棉隔板制造了大约 35 万只小型密封铅酸蓄电池，这是最早的商业用阀控式铅酸蓄电池。1975 年，Gates-Rutter 公司获得了密封铅酸干电池的发明专利，成为今天 VRLA 的电池原型。1979 年，GNB 公司在购买 Gates 公司的专利后，并将铅钙锡铝合金取代原有的铅锑合金，降低电池的失水率，开始大规模生产密封免维护铅酸蓄电池。1987 年，随着全球电信业的飞速发展，VRLA 电池在电信部门得到迅速推广使用。1992 年，世界上 VRLA 电池用量在欧洲和美洲都大幅度增加，在亚洲国家电信部门提倡全部采用 VRLA 电池；1996 年 VRLA 电池基本取代传统的富液式电池，VRLA 电池已经得到了广大用户的认可。阀控密封铅酸蓄电池的发明符合了全球通信业发展对备用电源的性能要求，技术满足了市场对产品特性的需求[8]。

（4）规格型号多样的中小密电池

在中国，之所以可以把出口型铅酸蓄电池企业生产的阀控密封铅酸蓄电池单独列出，并且产生了具有代表性的生产企业，其原因不是铅酸蓄电池技术本身，而是这样的企业的生产组织方式和通信市场用铅酸蓄电池有所区别，出口型企业产品需要快速满足客户的订单需求，因此导致电池极板的规格型号会有几十种，这几十种极板的组合方式不同，会生产出几百种规格型号的电池。而 VRLA 电池传统的生产模式是一种或几种极板的组合成十几种，最多几十种规格型号的产品。

（5）电动自行车用高比能量小型密封铅酸电池

在 21 世纪初，同样将 VRLA 电池应用作电动自行车电池，其产品技术是根据市场需求做了大胆的"突破"，以满足中国电动自行车用户的需要。电动自行车电池使用模式与通信用 VRLA 电池使用模式最大的区别，前者是深循环使用模式，对电池的最主要产品特性要求是电池的循环次数要求；而后者是浮充使用模式，对电池的主要产品特性是浮充时间的寿命要求。中国的电动自行车电池工程师突破阀控密封铅酸蓄电池对酸浓度的教科书束缚，将电池中的硫酸浓度提升至 46％ 以上，这样的变化虽然牺牲了电池的浮充寿命（正极板栅的腐蚀速率），但是产品的循环寿命并没有显著变化，而且将铅酸蓄电池的能量密度提升了 30％，让笨重的铅酸电池能满足移动车辆对能量密度的初步要求。以上技术的变化造就了中国特色的动力铅酸蓄电池市场[9]。

7.2 技术方向

7.2.1 铅炭电池特性

铅酸蓄电池作为储能系统用储能电池，市场对铅酸蓄电池循环寿命的基本要求就是 60％ DOD 循环寿命达到 4000 次。回顾铅酸蓄电池的技术演变史，该产品之所以能够 160 年经久不衰，是因为其技术的不断演变，不断满足新的市场特性需要。随着光伏和风力发电等新能源发电比例的提高，这些功率输出随天气变化波动的新能源需要储能设施做辅助，才能输出稳定可靠的电量。其市场特性对储能电池的技术要求主要体现在部分荷电态循环寿命要长，现有的铅酸蓄电池，无论是浮充使用的固定型铅酸蓄电池还是能够深循环使用的电动自行车电池都不能满足该市场对铅酸蓄电池 4000 次循环寿命的要求。铅酸蓄电池需要满足储能电池市场的技术要求，必须克服部分荷电态循环时，负极容易硫酸盐化的失效模式。为了解决铅酸蓄电池负极硫酸盐化问题，美国 Axion Power 公司于 2004 年年初在实验室用超级电容器和铅酸蓄电池混合搭配做成超级电池，将活性炭制备出超级电容的负极和铅酸蓄电池的正极搭配，彻底摒弃用海绵状铅做负极活性物质，该思路的确解决了铅酸蓄电池的负极硫酸盐化现象。

2006 年澳大利亚 CSIRO 的 Lam 等报道了将活性炭制备的炭极板并联到

铅酸蓄电池的负极制备的超级电池。在放电初期，首先发生 Pb 氧化为 $PbSO_4$ 的过程，将两者并联使用时，电流主要在铅电极，碳电极不能发挥其电容特性有效分担电流；而充电时，电流首先经过电容器一边的碳材料，不能有效充电，降低了充电接受能力，这不是理想的铅炭电池。碳材料的析氢问题比较严重，Lam 试验了一些添加剂，结果证明添加添加剂可以降低碳材料的析氢量，甚至可以降到与铅负极接近的水平，并保持较高的循环寿命，不过比能量降至 $0.03A \cdot h/g$ 左右。图 7-4 是外并式铅炭电池的结构。

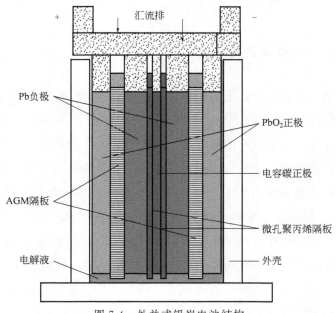

图 7-4　外并式铅炭电池结构

2012 年，印度研究人员 Saravanan 等发表了双极耳超级电池的研究成果，该电池的负极一半是碳材料，另一半是海绵状铅活性物质，但是由于活性炭电容电极与铅酸蓄电池铅电极活性物质有明显的相界面，研究结果显示放电功率和部分荷电状态的循环寿命均大幅提高。产品由日本的古河（Furukawa）公司和美国的东宾（East Penn）公司将这种内并式铅炭超级电池实现了产业化。

由于内并式铅炭电池的工艺较为复杂，Axion 公司第二代铅炭电池和古河公司商业化铅炭电池将内并式铅炭电池简化为内混式铅炭电池结构。将碳材料作为添加剂均匀混合为负极活性物质，这样可以沿用原有的铅酸蓄电池生产系统进行铅炭电池的生产。

保加利亚科学院 Pavlov 院士提出负极混合炭材料后，在 HRPSOC 下负极硫酸盐化被抑制的理由，左边为铅炭电池负极结构，右边为普通铅酸电池负极结构。负极在炭的作用下，Pb^{2+} 还原为海绵状活性 Pb 的电压差发生了变化，有利于硫酸铅的还原反应发生。另外，负极加了碳材料后，负极的真实比表面积大大增加，降低了充电时负极的过电位，也有利于硫酸铅转化为铅，同时，过电位低也有利于在负极发生析氢反应，导致铅炭电池失水增加[10]。

7.2.2　铅炭电池技术发展路线

基于铅炭电池在部分荷电态循环寿命被大大延长的实验室检测数据，美国政府 2009 年 8 月宣布了"下一代电池和电动车计划"，并计划拨款 6680 万美元用于支持企业实施铅炭电池和超级电池产业化，其中就有 3430 万美元用于混合动力车铅炭电池的研发。国家发展和改革委员会、国家能源局 2016 年下发的《能源技术革命重点创新行动路线图（2016～2030 年）》，铅炭电池的中短期目标是在 2025 年，铅炭电池的 60％ DOD 循环寿命达到 1 万次，每天循环 1 次，由铅炭电池组成的储能系统可靠使用年限可以达到 25 年，使储能系统的使用寿命达到发电系统的使用年限。铅炭电池的中长期目标是到 2050 年，铅炭电池的 80％ DOD 循环寿命达到 1.5 万次，即使储能系统每天充放 2 次，系统使用寿命可以达到 20 年；如果配合光伏发电，每天充放 1 次，随着光伏发电技术的发展，发电储能系统整体服役年限可以达到 35 年。国家发展和改革委员会、财政部、科技部、工信部、国家能源局五部委于 2017 年 9 月 22 日发布了《关于促进储能技术与产业发展的指导意见》。意见中明确提出：应用推广一批具有自主知识产权的储能技术和产品，重点包括 100MW 级高性能铅炭电容电池储能系统。铅酸蓄电池的发展路线图见图 7-5。

有部分铅酸电池企业有开展铅炭电池的研发甚至生产工作，但在铅炭电池的研发过程中尚且面临一些迫切需要解决的问题，简述如下：①在碳材料的参数和比例上仍然众口不一。碳材料的物理参数与电池性能之间的关系，尚需要

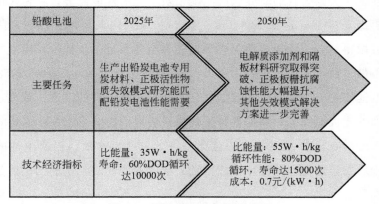

图 7-5　铅酸蓄电池发展路线图

系统化和规范化的研究，而具体添加量，也需要设计切实可靠的实验方案，来提供翔实的数据。②铅和炭之间的均匀混合仍然存在问题。由于两者之间密度的差异，导致该步骤实现较为困难。③需要探究工业碳材料中的杂质对电池性能的影响。④铅炭电池负极活性物质与板栅之间的接触与界面问题。铅炭材料负极板中炭材料的比例升高，其与板栅合金之间的接触力有所改变，需要明晰这一点，并针对性地进行研究。随着铅炭电池研究的不断深入，到 2025 年生产出铅碳电池专用改性后的碳材料，让铅炭电池的性能发挥至极值定将大幅提升现有铅炭电池的循环性能，铅炭电池的 60% DOD 循环寿命将达到 1 万次。

　　之前回顾的铅酸蓄电池技术发展史，还是说明了一个现象：铅酸蓄电池每一个重要技术的进步，不只是某项关键技术的变化，而是随着该关键技术的改变，对铅酸蓄电池生产制造体系做系统的调整。比如 AGM 阀控密封铅酸蓄电池的发明中，其关键技术是玻璃纤维棉的发明和应用，但是将 AGM 阀控密封铅酸蓄电池性能发挥至最优，还同时优化了板栅合金的成分，发明了密封安全阀，甚至将电池壳体材料优化为刚性更好的 ABS 材质（或者将电池外部套上钢壳保持电池的装配压力）等一系列优化措施，甚至将电池的注液方式改为抽真空灌酸方式。同样，铅炭电池的技术也不只是将负极配方中添加一些碳材料，或者负极并联一炭电极，碳材料的添加将打破原有阀控密封铅酸蓄电池的工艺平衡，铅炭电池工程师在不断优化铅炭电池结构、配方和生产工艺过程中，定将建立适合于铅炭电池性能最大化的铅炭电池技术体系。到 2030 年，正极活性物质失效模式的研究应能匹配铅炭电池的性能需要，将铅炭电池的循环寿命再提升 20%，达到 12000 次；到 2040 年，电解质的添加剂和隔板材料的研究会取得突破，铅炭电池深循环性能有望得到进一步提升，铅炭电池的最佳应用条件下放电深度可提升 10%，循环寿命达到 13000 次；到 2050 年，随着铅炭电池用正极合金中添加元素优化，制造板栅工艺的改进，致使正极板栅的抗腐蚀性能大幅提升，其他各种失效模式应对解决方案进一步完善，铅炭电池的循环寿命有望在 80% 放电深度条件下达到 15000 次；铅炭电池的循环性能相对于现有铅炭电池的循环性能得到大幅改善的同时，电池的比能量也能得到小幅提升。

7.2.3　高功率铅酸蓄电池

铅酸蓄电池提高功率特性的技术方向主要是降低极板厚度，降低正负极板充放电时的电流密度，降低极化电阻。已经实现的技术包括卷绕电池、水平铅布电池、双极性电池。

卷绕电池正负极的板栅使用铅或铅锡等高析氢电位的合金，正负极板栅是采用多极耳单片冲孔板栅结构，经连续涂膏后，将正负极之间用隔膜隔开，采用螺旋卷绕技术将正负极板和隔板卷成一圆柱体，卷绕机构的电池，可以保持一个很高的装配压力，且可采用高开阀的安全阀，因圆柱形电池槽壁四周受压均匀，可耐受现对于矩形电池槽高得多的扩张强度。1mm 左右的极板厚度可以让卷绕具备 18C 的最大放电倍率，3C 充电电流可以让电池在 40min 内，限压条件下充入 95% 的电量。

水平铅布电池，由美国 Electrosource 公司发明，是将玻璃纤维丝表面冷挤压包覆铅及铅锡合金制备成铅丝，再将铅丝纺织成铅布，在铅布的网孔中涂覆铅膏，且在每片铅布的左右两侧分布涂正铅膏和负铅膏制成极板，同一片铅布上左右正负极板分属两个极群，在每个极群中的正负极板之间也需要叠入隔膜防止极板短路，两个极群之间的连接就依靠已经连接好的正负极极板间的铅丝做导体。水平铅布电池同样具有薄极板的高功率性能特性，同时具备同一极群正负极极耳可分列两侧的结构优势，让水平电池的同一片极板中的活性物质充放电利用率保持一致。叠片好的集群通过塑料压力框架予以固定结构，水平铅布电池的大电流放电性能不比同容量规格的卷绕电池差。

双极性电池（图7-6），由美国的Arias公司开发，双极性电极是同一片板栅，在一面有正极活性物质而另一面有负极活性物质的坚实薄片极板。双极性电池不同单体之间的连接方式是由每片极板中间夹持的导体导电，该结构让双极性电池的导体物理电阻非常低，但是双极性电池正负极板之间的隔膜厚度较同样活性物质厚度的可双面包覆隔板的极板厚1倍，因此双极性电池充放电时浓差极化相对较大。但双极性电池在瞬间大电流放电时，其充电和放电能力都比普通铅酸蓄电池有非常显著的改进[11]。

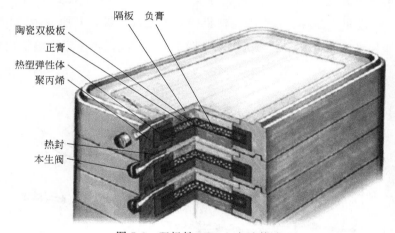

图7-6　双极性VRLA电池构造

泡沫铅电极电池是将板栅由泡沫炭上电沉积铅之后制备的，经过和普通电池类似的涂膏、固化工艺等方式后制备的电极，泡沫铅的孔径比普通板栅涂铅膏格尺寸小一个数量级，因此活性物质到铅导体之间的路径远小于普通铅酸蓄电池，其大电流充放电特性得到显著加强。

以上列举的可以让铅酸蓄电池具备3C高功率充放电特性的技术，现有技术条件下有各种各样的限制，导致这些电池的市场占有率并不高，但是随着铅酸蓄电池工程师的研究推进，这些高功率特性的电池一定可以大量应用到调频储能市场。

7.2.4 铅酸蓄电池的铅回收技术[12]

铅酸蓄电池最大的优势是循环利用工艺成熟，电池的循环利用率高达 95% 以上。人类已经生成的 20TW·h 铅酸蓄电池用铅量达到 5 亿吨。而铅在地壳中的含量为 0.0016%，美国地质调查局 2015 年发布数据显示，目前全球已探明铅资源量共计 20 多亿吨，铅储量才 0.87 亿吨。据国土资源部 2014 年发布的《2014 年中国国土资源公报》显示，截至 2014 年我国铅矿查明资源量为 0.72 亿吨，铅储量 0.14 亿吨。2015 年中国铅消费量为 470 万吨，其中83%，即 390 万吨的铅用于生产铅酸蓄电池，而 2015 年我国的铅矿产量是 295 万吨，这些矿石铅全部用于生产铅酸蓄电池都不够，其原因是当年有 185 万吨再生铅的产量弥补了其余的需求，图 7-7 显示我国再生铅和电池用铅消费水平。

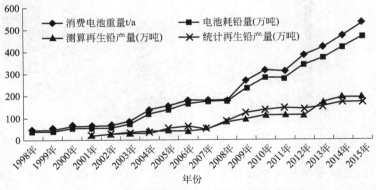

图 7-7 再生铅循环利用量和电池用铅量统计

(1) 火法冶炼回收铅工艺

在铅的火法冶炼方面，20 世纪 80 年代后，国外多种炼铅新工艺取得了产业化进展。

德国鲁奇公司研发的 QSL 一步炼铅法，利用富氧底吹熔池熔炼，原料采用富铅精矿和二次铅物料，在一个炉内进行氧化和还原反应，为防止氧化还原铅渣混流，增设一道耐火隔墙于氧化段与还原段之间，其优点在于流程短，原料无需干燥即可直接入炉，但该工艺烟尘率高，且对还原条件要求很高。

意大利萨丁岛维斯麦港冶金公司研发的无人化工程技术发展。Kivcet法，利用闪熔速炼工艺进行熔炼，该工艺优点在于过程连续稳定，对炉体材料组成要求较低，设备寿命长，但原料成本高、熔炼流程较长且仪器维护工作量大。

Ausmelt和ISA研发的顶吹熔池炼铅工艺包括5种工艺流程，使用顶吹熔池熔炼炉可进行熔炼脱硫、喷油还原、烟化等，对入炉物料要求较低，且比Kivcet法和QSL法投资低。

芬兰澳托昆普公司研发的Kaldo炼铅工艺在铅精矿处理过程中要求深度干燥条件，氧化和还原过程交替完成，炉体形状类似炼钢氧气顶吹转炉，其关键部件为喷枪，对整个冶炼过程安全性和经济效益影响重大。该方法为阶段性作业，烟尘率高、直收率低、生产成本高且对入炉物料含水量要求严格[13]。

（2）湿法回收铅工艺

湿法冶炼回收铅膏巧妙地将火法冶炼单纯烧结的过程转移到液相中，利用化学方法对铅膏进行处理，具有更高的精确性和可控性，克服了火法高能耗、高铅挥发损失、高污染等缺陷，具有高效生产纯金属、产品输出量大和排放量少等优点。

现阶段，湿法回收工艺可以归结为4种，分别是固相电解法、直接浸出-电解沉积法及脱硫转化-还原浸出-电解沉积法和原子经济法。第1种方法即直接将铅膏置于电解槽中电解回收；第2种方法代表性工艺为Placid工艺，直接使用热HCl-NaCl为浸出剂，将铅膏中硫酸铅转化为可溶$PbCl_2$，所得溶液直接电解沉积，在阴极室得到的铅平均纯度高达99.995%，且铅回收率达到99.5%，该工艺缺点是能耗高达$1300kW \cdot h/t$；第3种方法即脱硫转化-还原浸出-电解沉积法研究最多、发展最好；第4种方法是北京化工大学潘军青教授提出的原子经济法回收废铅膏。

无论是火法还是湿法回收铅酸蓄电池中的铅膏或合金，其多样化的技术共同发展，优胜劣汰，将铅酸蓄电池的回收成本逐渐降低，回收过程中的污染物排放逐渐降低，铅回收过程中的自动化水平越来越高。随着铅回收成本的降低，可提升残值率，或者不计算残值，将寿命终止的电池重新回收后制造出新的相同规格型号的铅酸蓄电池的成本将大幅降低，其结果都是降低了铅酸蓄电池初始投资成本，提升铅酸蓄电池或者铅炭电池在储能电池中的价格竞争力。

（3）铅循环过程中的污染物控制

铅酸蓄电池除了比能量较低的缺陷外，最大的缺陷就是铅酸蓄电池含有70％的重金属铅，生产、使用、回收过程中做到全产业链封闭管理，并持续改进上述铅回收技术水平和降低排放量。技术只能解决可控范围的铅污染，需要从全社会预防铅污染。发达国家为了防止铅污染，建立了较为完善的废铅酸蓄电池回收体系，有 3 个主要途径：①蓄电池制造商负责通过其零售网络组织回收；②依照政府法规批准的专门收集铅酸蓄电池和含铅废物回收的强制联盟和专业的回收公司；③由再生铅企业建立特定的废铅酸蓄电池回收公司。上述 3 种途径回收的废铅酸蓄电池统一交由正规再生铅企业处理。

欧盟范围 99％铅酸蓄电池都可回收再利用，2008 年美国政府已将铅酸蓄电池生产从主要铅污染源中排除，而国内还没有形成正规的回收渠道，大多数废电池都流入非法回收和处理环节，造成比较严重的铅污染和酸污染。我国铅酸蓄电池近十年来均呈快速增长趋势，从产品性能、应用范围等方面考虑，尚无被替代的可能，表现出超强的生命力，通过加强科学管理，大力提升技术含量，铅炭超级电池及铅酸蓄电池完全可以成为一种绿色能源[14,15]。

（4）铅酸蓄电池产业链无人化工厂

铅污染的防治不仅要保护客户、企业周边居民，也需要保护工厂内参与生产电池的员工，其最好的方式是在密封的车间内组织生产，含污染物废气、废水经治理后可重新循环回到生产车间，这样的生产企业对社会的影响主要就是水、电、气相生产系统的补充，从源头上杜绝了含污染物的废气、废水向社会排放。如果有员工还在生产车间内作业，回到车间内的含污染物废气会影响在车间内组织生产的员工，杜绝此现象的方法就是建立无人化生产车间。

铅酸蓄电池已经机械化生产了 100 多年，生产的自动化水平已经可以做到非常高。韩国的世邦汤浅株式会社做铅酸蓄电池的日人均产能已经日产千只的能量，整个生产车间日产 15000 只的生产基地，自动化水平非常高，车间内的产业工人不到 20 人。随着中国的设备设计、生产能力的提升，可以支撑铅酸蓄电池超级工厂设计：铅酸蓄电池生产过程全部自动化控制，整个生产车间做到从废旧电池拆解、分拣、回用，直至新产品的出库，整个过程没有任何人员接触到重金属铅，生产车间做到完全封闭生产，生产过程没有任何废物无组织排放，过程中产生的废气全部收集并过滤后又被循环到车间内部，过程中产生的废水全部处置后能达到再添加到电池中使用的品质，收集的固体废物添加到回收铅循环利用链中，回收铅质量控制水平与矿石冶炼铅水平完全相同。这将使铅蓄电池在生产、使用、回收环节对整个社会危害程度降低至最低水平[16]。

通过提升铅循环回收过程中的自动化水平，消除铅酸蓄电池（铅炭电池）生产过程、使用过程中对社会、对员工任何的铅污染机会，铅酸蓄电池就属于绿色化学电池。提升回收铅去除杂质水平，降低铅回收成本，用回收铅做成的铅炭电池作为储能电池将极具市场竞争力，铅酸蓄电池的第5次高速发展机遇已经到来，铅酸蓄电池市场份额中储能的比例将取代电动自行车电池，成为最重要的板块。

参考文献

［1］ 李伟，胡勇.动力铅酸电池的发展现状及其使用寿命的研究进展.中国制造业信息化，2011，40（7）：70-72.

［2］ 王洪，林雄武，袁永明，等.对未来铅酸蓄电池的需求分析及预期.电源技术，2016，40（4）：935-937.

［3］ 廉嘉丽，王大磊，颜杰，等.电力储能领域铅炭电池储能技术进展.电力需求侧管理，2017，19（3）：21-25.

［4］ 张兴，张祖波，夏诗忠，等.高导电性炭材料 OFB1 对铅酸蓄电池负极性能的影响研究.蓄电池，2015，52（2）：51-58.

［5］ 边伟，鲁植雄，杨柳.新型车载全胶体材料铅酸蓄电池开发及性能.电源技术，2017，41（4）：577-579.

［6］ 毛贤仙，朱品才，朱瑶玲，等.深循环用阀控铅酸蓄电池的失效机理.电源技术，2002，26（2）：81-83.

［7］ 李春萍，巨辉，严寒冰.阀控式胶体铅酸蓄电池的模型研究.电源技术，2016，3（40）：583-603.

［8］ 张植茂，王丽斋，郝国兴，等.高功率 VRLA 电池放电和浮充性能研究.蓄电池，2017，154（2）：101-104.

［9］ 包有富，闫智刚，朱瑶琳.影响阀控铅酸蓄电池深循环寿命的因素.电源技术，2001，25（4）：

268-270.

[10]　王屹，倪君，沈维海，等.AGM 隔膜在新型铅炭电池中的应用研究.玻璃纤维，2017（3）：9-12.

[11]　孙金莉.隔板饱和度与阀控密封式铅酸蓄电池寿命关系.电源技术，2017，41（10）：1450-1451.

[12]　陈亚州，汤伟，吴艳新，等.国内外再生铅技术的现状及发展趋势.中国有色冶金，2017（3）：17-22.

[13]　张松山，柯昌美，杨柯，等.废旧铅酸电池铅回收的研究进展.电池，2016，46（4）：231-233.

[14]　Zhang Xuan, Sun Yanzhi, Pan Junqing. A clean and highly efficient leaching-electrodeposition lead recovery route in $HClO_4$ solution .Int. J. Electrochem. Sci. , 2017（12）：6966-6979.

[15]　Liu Kang, Yang Jiakuan, Liang Sha, et al. An emission-free vacuum chlorinating process for simultaneous sulfur fixation and lead recovery from spent lead-acid batteries. Environ. Sci. Technol. , 2018（52）：2235-2241.

[16]　张天任，赵海敏，郭志刚，等.铅炭电池关键材料研究进展及机理分析.储能科学与技术，2017，6（6）：1217-1222.

第8章

电容及超级电容

随着社会经济的发展，人们对于绿色能源和生态环境越来越关注，超级电容器具有功率密度高、循环寿命长（10 年以上或 100 万次循环）、工作温度范围宽（−40～65℃）、绿色环保无污染等突出优势，作为军工装备战略储能器件、工业强基核心基础零部件、轨道交通装备储能核心器件、节能领域关键产品、新材料石墨烯产业重点应用领域的超级电容器已经被列入《中国制造 2025》《国家中长期科技和技术发展规划纲要（2006～2020 年）》等。

微型超级电容器在小型机械设备上得到广泛应用，例如电脑内存系统、照相机、音频设备和间歇性用电的辅助设施。大尺寸的圆形和方形超级电容器则已在有轨电车储能系统、无轨电车储能系统、储能式充电站、地铁线路储能系统等城市公共交通领域，风力发电变桨系统、石油机械储能系统、港机储能系统、挖泥船储能系统、混合动力大巴等领域得到应用。2012～2016 年间，国内超级电容器的市场规模从 19.4 亿元增长到 100 亿元。

美国、日本、俄罗斯、瑞士、韩国、法国等国家研究超级电容器起步较早，技术相对比较成熟，它们都把超级电容器项目作为国家级的重点研究开发项目，提出了近期和中长期发展计划。2007 年，美国权威杂志将超级电容器列为 2006 年世界七大科技发现之一，认为超级电容器是能量储存领域的一项革命性发展技术。

8.1　国内外发展现状

8.1.1　关键科学与技术问题

目前，超级电容器核心问题是能量密度较低（5～7W·h/kg），受制于目前超级电容器物理储能机制，大幅提升超级电容器能量密度是世界级技术难题。现阶段研究发展趋势是开发新型储能材料，并配合高密度电极新工艺实现器件能量密度的提升。此外，引入化学储能，构建新型储能体系也是研究的热点。

(1) 高比能超级电容器进展情况

超级电容器的比容量和工作电压严重依赖于电极材料。目前商用活性炭材料导电性差，多级孔径结构，不适用于大电流充放电；同时因其表面丰富的杂质原子在高电压下不稳定，限制了工作电压的提高。近年来，许多新型的碳材料得到广泛的研究，诸如介孔碳材料、碳化物衍生碳材料、碳纳米管材料、石墨烯材料以及上述碳材料的复合材料等。其中最具代表性的新型材料当属石墨烯材料，石墨烯因其高的比表面积（2630m^2/g）、良好的导电性（10^6S/m）、高的电子迁移率 [$2×10^5$cm^2/(V·s)] 和特殊的二维柔性结构，因此，石墨烯被认为是高电压、高容量、高功率超级电容器电极材料的选择之一。目前，国内外基于石墨烯或改性石墨烯超级电容器的研究工作非常广泛，大量的研究结果表明石墨烯在超级电容器领域具有很强的商业化应用前景[1]。

2011 年，美国得州大学奥斯汀分校的 Ruoff 教授利用 KOH 化学活化对石墨烯结构进行修饰重构，形成具有连续三维孔结构的多孔石墨烯。它富含大量的微孔和中孔，其比表面积 3100m^2/g，远高于石墨烯理论比表面积。在有机电解液中其比容量达 200F/g（工作电压 3.5V，电流密度 0.7A/g），基于整体器件的能量超过 20W·h/kg，是目前活性炭基超级电容器能量密度的 4 倍。通常石墨烯粉体材料的密度较低，发展高体积密度的石墨烯材料，在器件水平上实现致密储能，对于推动石墨烯储能材料和电容器器件的实用化至关重要。

天津大学杨全红教授采用毛细蒸发法调控石墨烯三维多孔结构，通过溶剂驱动柔性片层致密化的机制，在保留原有开放表面和多孔性的基础上大幅提高了材料的密度（约 $1.58g/cm^3$），有效平衡了高密度和多孔性两大矛盾，获得了高密度多孔碳，作为超级电容器电极材料其体积比容量达到 $376F/cm^3$，器件的体积能量密度高达 $65W \cdot h/L$。最近，清华大学化工系成功攻克了全铝泡沫集流体的制备技术难题，实现了纯度达 99.9%，面密度为 $144g/m^2$，强度在 $0.3 \sim 1.5MPa$ 范围内可调的全铝泡沫集流体的成功研制。全铝泡沫集流体能够为石墨烯等新型电极材料提供出色的填充性、保持力和集电性。泡沫铝集流体能降低集流体与活性物质石墨烯间的平均距离，电阻损失较小，电极片的厚度可高达 $800\mu m$，提高极片活性物质的负载量。该技术成功解决了石墨烯这一高性能纳米材料用于超级电容器的诸多加工难题。基于石墨烯-离子液体-铝基泡沫集流体高电压超级电容体积能量密度达 $23W \cdot h/L$，为国际最新一代的双电层电容技术，标志着我国在该领域处于世界领先水平。

在产业化产品开发方面，宁波中车新能源科技有限公司（以下简称"中车新能源"）通过一步炭化-KOH 活化法制备高比表面积多孔石墨烯/活性炭复合材料，并通过氢气还原-去官能团技术制备低含氧量的多孔石墨烯/活性炭复合材料，结合干法电极加工工艺，将单体的窗口电压提高至 3V，攻克了制约超级电容器能量密度的技术壁垒。研制了高比能石墨烯/活性炭超级电容器，质量能量密度 $11.65W \cdot h/kg$，功率密度 $19.01kW/kg$，循环寿命 100 万次。单体容量是国内外同类产品的 4 倍，能量密度是国内外同类产品的 2 倍，达到世界领先水平。

未来 3～5 年，双电层超级电容器单体研发目标为：能量密度 15～20W·h/kg，功率密度大于 10kW/kg，循环寿命 100 万次。主要基于应用致密化石墨烯储能材料、新型集流体以及结合应用高电压离子液体电解液等实现单体能量密度的提升。

（2）混合型电容器进展情况

近年来虽然超级电容器储能技术取得了长足的进步，但双电层超级电容器能量密度仍然较低（＜12W·h/kg），主要受制于物理的离子吸附/脱附储能机制，短期内大幅提升超级电容器能量密度是世界级技术难题。混合型超级电容器受到学术界和产业界广泛的关注，它结合了锂离子电池和双电层电容器二者的工作原理。从储能机制上大体可以分为两类：一类是在一个电极上进行锂离子储能，另一个电极上进行双电层电容储能；另一类是至少在同一个电极上具有锂离子储能又同时具有双电层电容储能。

前一类目前较为成熟的主要包括纳米混合型超级电容器（nano-hybrid capacitor，NHC）和锂离子电容器（lithium-ion capacitor，LIC）等。Ruoff 教授以多孔石墨烯为正极，与作为负极材料的 $Li_4Ti_5O_{12}$（LTO）组成 NHC。这种石墨烯基电容电池在 4V 电压下表现出高达 266F/g 的比容量，基于器件的能量密度 53.2W·h/kg，高于目前铅酸电池。LTO 是一种稳定的负极材料，在产业界中逐渐得到推广和应用。此外，TiO_2 是另一种研究较多的钛氧化物负极材料，韩国首尔大学 Kang 教授采用钙钛矿型 TiO_2 纳米颗粒嵌入还原氧化石墨烯作为负极，活性炭作为正极组装成高能量密度的 NHC。TiO_2 嵌入还原氧化石墨烯的表面能进一步提高 NHC 的性能，在 4 倍的充放电倍率下仍然具有 8.9W·h/kg 的能量密度。此外，金属氧化物，如 SnO_2、Co_3O_4 和 Fe_3O_4，由于其高理论容量和相对低的电压平台（0.8V），成为研究热点。南开大学陈永胜教授以石墨烯/活性炭复合材料为正极，石墨烯/Fe_3O_4 复合材料为负极构建 NHC。利用石墨烯同时增强正极和负极材料提高 NHC 能量密度和功率密度，在 1.0～4.0V 的电压区间内，表现出 204W·h/kg 的超高能量密度[2,3]。

另一类具有代表性的混合型超级电容器主要有石墨烯表面交换电池和含锂化合物-石墨烯/电池复合负极体系。最近科研工作者发现石墨烯在高电位下也具有很高的储锂活性，它除了作为负极材料之外，还可以作为锂离子电池的正极材料使用，其电化学性能主要来源于表面含氧官能团与锂离子在高电位下的可逆氧化还原反应，正极同时具有双电层储能和锂离子储能。2011 年，美国俄亥俄州 Nanotek 仪器公司的研究人员利用锂离子可在石墨烯表面和电极之间快速大量穿梭运动的特性，开发出一种新型石墨烯表面交换电池，可以将充电时间从过去的数小时之久缩短到不到一分钟。

在产业化产品开发方面，中车新能源构建了正极混合高富锂材料（Li_6CoO_4）首充赋锂的新型锂离子电容器新体系，利用正极多孔炭中引入的高富锂材料

（Li_6CoO_4）作为锂源，增加锂离子电容器体系锂离子含量，补充炭负极首次充放电损耗的不可逆锂，创新性的利用高富锂材料增加体系锂离子含量，实现了低成本 3.8V/17000F 锂离子电容器的批量制备。经第三方检测，单体能量密度 20.42W·h/kg，功率密度 7.96kW/kg，循环寿命 50 万次以上。对比日本锂离子电容器预赋锂技术通常采用活泼的金属锂作为锂源，并使用成本高的多孔集流体，以实现预赋锂时锂离子在极片组中穿梭，导致生产工艺复杂、安全性差、制造成本高、难以规模化制造等问题。

含锂化合物-石墨烯/电池复合负极体系，以锂离子电池正极材料（$LiFePO_4$、$LiMn_2O_4$、$LiCo_{1/3}Ni_{1/3}Mn_{1/3}O_2$ 等）和石墨烯的复合材料为正极，以电池石墨类及其复合材料为负极。在这类体系中，石墨烯首先作为导电性极好的超薄二维材料，它与含锂化合物颗粒形成二维导电接触，在电极中构建三维导电网络，可以降低电极内阻，改善电容电池的倍率性能和循环稳定性。同时，石墨烯发挥部分双电层储能特性，混合型电容电池性优于单纯的石墨烯或离子嵌入型化合物，相较于离子嵌入化合物，其循环寿命和倍率性能大幅提升，兼顾高的能量密度和高功率密度。中国科学院宁波材料技术与工程研究所刘兆平研究员团队首次使用石墨烯代替传统热解碳对 $LiFePO_4$ 进行改性的新方法[4]。所合成的石墨烯/$LiFePO_4$ 复合正极材料具有球形微纳结构，其中石墨烯均匀包覆 $LiFePO_4$ 纳米颗粒，并在二次微米颗粒中形成了三维导电网络。石墨烯改性的"面对面"接触可显著提高 $LiFePO_4$ 的倍率性能和循环稳定性。目前这种体系受到产业界的青睐，制备工艺与传统锂离子电池类似，其性能基本满足公共轨道交通车载储能技术需求。

在产业化产品开发方面，中车新能源构建了超级电容器与锂离子电池同时发挥储能效应的"内并型"混合超级电容器新体系，发明了具有离子吸附/脱附超级电容器物理储能的高比表面积多孔炭原位包覆化学储能的纳米磷酸铁锂复合结构，在微观尺度上实现了超级电容器与锂离子电池在电极内部的并联结构设计，极大降低了大电流对磷酸铁锂电池材料的损害，延长了电池材料的循环寿命；磷酸铁锂电池材料的引入显著提高了能量密度，突破了超级电容器能量密度低的技术瓶颈，攻克了能量密度、功率密度和寿命综合性能平衡的技术难题。研制了高比能量（38W·h/kg）、高比功率（6.69kW/kg）、超长循环寿命（5万次以上）的 3.6V/60000F 混合型超级电容器单体。

　　未来 3～5 年，高功率、高比能混合型超级电容器的研发目标为：能量密度 60～100W·h/kg，实现 30C 的倍率充放电，循环寿命 10 万次。

（3）国内外技术比较

　　国内外市场主流双电层电容器产品的主要性能指标比较见表 8-1，国内厂商与国际厂商的差距逐渐减小。中车新能源研制的 3.0V/12000F 产品，将超级电容器单体内阻降低至 0.1mΩ 以下，单体功率密度达到 19.01kW/kg，相较于国内外同类产品提升了 58.4%；能量密度达 11.65W·h/kg，是国内外同类产品的 2 倍，达到世界领先水平。

表 8-1　国内外商用双电层电容器主要性能参数

公司	电容量/F	直流内阻/mΩ	电压/V	质量比能量/(W·h/kg)	质量比功率/(kW/kg)
美国 Maxwell	3000	0.29	2.7	6.0	12
韩国 Nesscap	3000	0.36	2.7	5.6	13.1
中车新能源	3000	0.23	2.7	5.64	14.73
上海奥威	3500	0.30	2.7	4.8	8.4
中车新能源	12000	0.10	3.0	11.65	19.01

注：数据来源于各公司网站。

　　国内外商用混合型电容器主要性能参数见表 8-2。在混合型锂离子电容器生产方面具有代表性的主要有日本的 JM Energy 公司，它主要生产锂离子电容器，单体的最大容量为 3300F。但日本锂离子电容器预赋锂技术通常采用活泼的金属锂作为锂源，并使用成本高的多孔集流体，以实现预赋锂时锂离子在极片组中的穿梭，导致生产工艺复杂、安全性差、制造成本高、难以规模化制造等问题。中车新能源开发了正极混合高富锂材料（Li_6CoO_4）首充赋锂的新型锂离子电容器，单体容量达到 17000F，能量密度 20.42W·h/kg，并极大降低了锂离子电容器的成本。在混合型电池电容方面，国内具有代表性的有上海奥威科技开发有限公司（简称上海奥威）和中车新能源，单体最大容量达 60000F，能量密度 45W·h/kg，功率密度大于 5kW/kg，循环寿命大于 5 万次，该技术达国际领先水平。

表 8-2　国内外商用混合型电容器主要性能参数

公司	电容量/F	直流内阻/mΩ	电压/V	质量比能量/(W·h/kg)	质量比功率/(kW/kg)
JM Energy	3300	0.7	2.2～3.8	13.0	—
中车新能源	17000	<0.4	2.2～3.8	20.42	7.96
上海奥威	28000	0.35	2.5～4.2	45	—
中车新能源	60000	0.4	2.2～3.65	38	6.69

注：数据来源于各公司网站。

虽然中国在超级电容器的开发方面取得了很大的进展，但核心技术（包括电极和电解液）掌握方面，与领先地位的国家相比，差距很大。而超级电容器是绿色环保、能源开发的重要方向之一，需要国家、科研院所和企业投入更多的人力、物力、财力等进行基础性的研究工作，从整体上提高全行业的技术水平。目前超级电容器核心问题是能量密度仍然相对较低，例如双电层电容器的比能量低于 $12W·h/kg$，混合型电容器的比能量低于 $40W·h/kg$，限制了其更大面积的推广和应用。因此，在未来的发展中，提高超级电容比能量是一项重要的课题[5-8]。提高超级电容比能量首先需解决以下 3 个关键科学问题。

① 能量型超级电容、兼顾能量密度与功率密度型超级电容各自的储能机理和热行为、温度与环境适应性；

② 界面反应、稳定性、安全性与全寿命周期失效机制；

③ 超级电容单体及模块的创新设计、寿命预测、加速老化测试方法与成本构成模型。

近些年，针对超级电容器比能量较低的问题，国内外开发了一系列产品，例如美国 Maxwell 和韩国 Nesscap 公司相继开发了 3.0V/3400F 圆柱形双电层超级电容，其比能量达到 $7.3W·h/kg$，主要用于混合动力大巴与风力发电变桨系统；中车新能源公司研制了 3.0V/12000F 方形双电层超级电容，比能量达到 $11.6W·h/kg$，主要用于有轨电车储能系统、地铁线路储能系统、内燃机启动等轨道交通领域。另外，中车新能源和奥威科技分别开发了用于城市公交车的 $2kW/kg$、$40W·h/kg$ 的混合型超级电容器。

为了进一步促进超级电容储能技术发展，2016 年国家科技部和工信部相继发布了国家重点研发计划和工业强基计划，重点开展智能电网、新能源汽车和轨道交通用动力型超级电容器件的研究，目标是：2020 年完成比能量高于 30W·h/kg，比功率大于 5kW/kg，80% DOD 时寿命高于 10 万次的智能电网用锂离子电容器研制；完成比能量高于 50W·h/kg，充电比功率大于 5kW/kg，寿命高于 10 万次的新能源汽车用电池电容研制；完成比能量高于 15W·h/kg，比功率大于 15kW/kg，寿命大于 100 万次的轨道交通用双电层电容器研制。因此从总体而言，超级电容储能技术未来发展方向仍然以提高超级电容比能量为目标。

8.1.2　应用领域的现状与问题

超级电容器产业应用方面，目前美国、韩国、日本处于领先地位，几乎占据了全球大部分的超级电容器市场。这些国家的超级电容器产品在功率、容量、价格等方面各有自己的特点与优势。从目前的情况来看，实现产业化的超级电容器基本上都是双电层电容器。美国 Maxwell 公司产品体积小、内阻低、圆柱体结构，产品一致性好，串并联容易，但价格较高；日本的 NEC 公司、松下公司、Tokin 公司均有系列超级电容器产品，其产品多为圆柱体形，规格较为齐全，适用范围广，在超级电容器领域占有较大市场份额。

近年来，随着市场及应用的快速发展，国内的超级电容器企业在技术上突飞猛进，已占据高比能量产品的领先地位。尤其是中车新能源开发的新一代大容量 3V/12000F 产品性能远超国际同类产品，达世界领先水平。目前，国内从事大容量超级电容器研发的厂家共有 60 多家，而能够批量生产并达到实用化水平的厂家只有 10 多家，主要厂商包括中车新能源、上海奥威、北京集星联合电子科技有限公司、深圳今朝时代股份有限公司、锦州凯美能源有限公司、哈尔滨巨容新能源有限公司、江苏双登集团有限公司等。

超级电容器以其优异的充放电寿命、高功率密度、环境友好等特点，得到更为广泛的应用与研究。其中，超级电容器常见的应用领域包括：消费电子、后备电源、可再生能源发电系统、轨道交通领域、军事装备领域、航空航天领域等。

（1）工业节能领域的应用

超级电容器在工业节能领域可以应用于叉车、起重机、电梯、港口起重机械、各种后备电源、电网电力存储等方面。利用大容量超级电容器，可以实现短周期大电流充放电，即设备启动时迅速完成大电流供电，下降时迅速完成大电流充电，回收势能转化为电能，节能环保的同时大大降低了油耗。

（2）微网储能方面的应用

微电网是一种由分布式电源组成的独立系统，某些情况下，微电网会从并网模式转换为孤网模式，出现功率缺额，储能设备的安装则有助于两种模式的平稳过渡。超级电容器优异的性能使得其比蓄电池更适合处理尖峰负荷，能够提供有效的备用容量改善电力品质，改善系统的可靠度、稳定度。

（3）轨道交通领域的应用

轨道交通具有运量大、速度快、安全、准点、保护环境、节约能源和用地等特点，超级电容器在轨道交通领域中的应用主要包括有轨电车、地铁制动能量回收装置、内燃机车和内燃机动车组启动以及卡车、重型运输车等车辆在寒冷地区的低温启动等。

中车株机储能式现代有轨电车因采用超级电容作为主动力驱动电源，无须架空线，绿色智能，已取得广州、淮安、宁波、东莞、深圳、武汉等城市100列车的示范线订单，其中广州海珠线和淮安交通线已开通。储能式现代有轨电车因消除了视觉污染，实现制动能量回收，绿色智能，在国际有轨电车领域极具竞争力。储能式现代有轨电车按取得30％销售份额，对超级电容需求将达到40亿元左右。

地铁列车由于站间距较短，制动频繁，制动能量相当可观。目前，世界上已有55个国家的170座城市建有地铁，采用超级电容作为储能器件制成制动能量回收装置，替代制动电阻，储存制动能量，列车启动的时候再释放出来，对于地铁节能意义重大。

对于内燃机车，机车柴油机的启动是由铅酸蓄电池供电，驱动直流启动电机，从而带动柴油机至点火，柴油机正常运转，这时停止启动电机供电，柴油机启动完成。这种启动方式，在柴油机开始转动的瞬间，蓄电池要大电流深度放电，对蓄电池的使用寿命将产生很大影响，对蓄电池的容量要求较高。蓄电池的使用温度在−20℃以上、寿命低于 500 次，所以在环境温度比较低的情况下，单独蓄电池的电流释放能力下降，影响机车的启动。超级电容器因其使用温度较宽（40～65℃）、使用寿命超长（百万次），其低温启动系统可替换铅酸电池用于内燃机车启动系统，使用寿命长达 10 年，且可在低温条件下的频繁启动，减少了空载待机时间，实现"熄火待命"。中国中车研发的超级电容启动系统已应用于杭州机务段调车机，1h 节约燃油达 16L。目前全国有内燃机车约 40000 台，每年如安装 1000～1500 列启动系统，配套超级电容器年需求10 万～20 万只，内燃机启动系统产值有望达到 1 亿～1.5 亿元。2015 年 11 月15 日，装载着中国中车制造的超级电容储能系统的中国出口欧洲的首列动车组在马其顿成功开跑。

（4）军工领域的应用

超级电容具有功率密度高、充放电时间短、循环寿命长、工作温度范围宽等优良的特性非常适用于国防大功率电源，是新型武器装备不可或缺的重要组成部分，得到军工界的认可，使之成为增强国防力量不可缺少的核心力量。主要应用于：①电磁弹射，无人机、舰载机弹射，火箭炮、潜艇鱼雷等；②高功率脉冲电源，海基护卫舰、驱逐舰、航母防空和陆盾防空速射炮；③下一代新概念武器，激光武器、微波武器等。

总之，超级电容器作为一种高功率、宽使用温度、长循环寿命的高效能量转换器件，在工业节能、轨道交通、军工等民用和国防领域的突出优势逐渐展现，综合预测未来上述市场规模将达上万亿元。

8.2　产业领域创新方向与展望

超级电容器产业链包括上游原材料，主要涵盖电极材料、隔膜材料、电解液、结构件材料等四大主材，中游的器件制造及其储能系统集成等以及下游的应用市场。超级电容器已在有轨电车储能系统、无轨电车储能系统、储能式充电站、地铁线路储能系统、混合动力大巴等城市公共交通领域，石油机械储能系统、港机储能系统、矿石机械等工业节能领域，风力发电变桨系统、光伏发电等民用储能领域以及作为高功率脉冲电源的军工领域等得到广泛应用。具体见图 8-1。

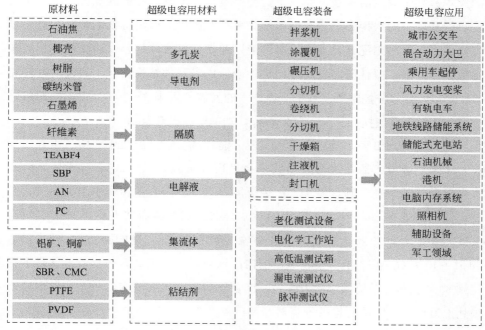

图 8-1　超级电容器产业链

从下游应用市场看，军工市场将发挥举足轻重的作用。近年来，以激光武器、电磁炮、粒子束武器、电磁弹射等为代表的新概念武器装备能够实现对军事目标的快速、精准致命打击，是非对称战略威慑性技术的重要组成部分，也是保障国家安全的核心军事技术。超高功率脉冲电源是这类新型武器装备的重要组成部分。超级电容器起源于美国的星球大战计划，具有高功率特性，已经应用于这类新型武器装备，例如电磁弹射和近程防空速射炮等。为了应对未来战争需求，保障国家安全，开发下一代以激光武器和微波武器为代表的新概念武器装备尤为迫切。现阶段的超级电容器储能系统的重量和体积都过于庞大，严重限制了新概念武器装备的小型化、轻型化以及机动作战能力。发展高比能、超高功率的超级电容器储能技术能有效提升新概念武器装备的作战效能，从而有助于新概念武器装备的应用推广以及我国战略威慑力的提升。

　　基于军工领域的发展及需求，未来超级电容器上游原材料的发展主要聚焦于新型电极材料的开发。例如具有代表性的多孔石墨烯电极材料已从产业化角度证明是一种理想的新型储能材料。但目前它并没有真正产业化，小规模制备的成本远高于商用活性炭。在未来，需要整合上下游产业链的优势资源，在政府政策及资金的扶持下，协同创新解决多孔石墨烯工程制备技术难题和进一步降低成本。其次匹配开发高电压电解液以及新型集流体材料（涂碳铝箔、泡沫铝集流体）等。器件研制发展方向集中于低内阻器件结构设计、高密度电极加工工艺以及低水分控制等。基于上述技术的发展，未来 3～5 年，双电层超级电容器功率密度有望提升至 30～50kW/kg，功率密度提升至 15～20W·h/kg。

　　另外在民用市场，轨道交通和工业节能领域。经过近几年的精心培育和推广，未来超级电容器在这两大领域将会呈现爆发式增长。2017 年 9 月工信部宣布启动相关研究、制订停止生产传统能源汽车时间表，预测中国全面禁止燃油车的时间表在 2040～2050 年。储能式公共交通车辆必将开启一种新型交通模式，预计至 2020 年全国 2000 公里有轨电车建成通车，新能源公交车需求量达 30 万～40 万台。在工业节能领域仅国内高铁总里程超高 2 万公里，地铁总里程达到 6000 公里，节能领域潜力巨大。综合预测未来超级电容器全产业链市场规模达上万亿元。但目前超级电容器能量密度较低，并不能完全满足上述市场的快速发展需求。未来在很长一段时间内，在双电层超级电容器能量密度难以大幅提升的前提下，混合型电容器会得到广泛的青睐。结合超高功率超级电容器结构设计技术和超快充电池技术发展下一代超快充混合型电容器是理想的发展方向。未来 3～5 年，混合型电容器能量密度有望提升至 40～60W·h/kg，功率密度＞3kW/kg，寿命大于 5 万次。

8.3　生命周期评价

8.3.1　影响超级电容器寿命的因素

　　超级电容器的一次充放电过程称为一个循环或者一个周期，其能够反映电容器电容的稳定性和实用性。理论上，基于双电层吸附理论的超级电容器，整个储存过程中不涉及任何化学反应，应该具有无限次循环使用寿命。但是实际情况下受材料及超级电容器使用环境的影响，使用寿命有一定程度的限制。双电层电容器的实际循环寿命一般会大于 10 万次，在特定工作条件（工作电压控制在 1.5～2.5V，工作温度维持在 25～35℃之间）下甚至可以做到 100 万次（即 10 年）。目前，根据国家《车用超级电容器》行业标准（QC/T 741—2014）中的规定，当电容器在长期使用后单体容量下降 30%、内阻上升 100% 即意味着该产品的实际使用寿命终结。

造成超级电容器的理论循环寿命与实际使用寿命存在差距的原因，首先是由于电极材料的选取、电极平衡工艺优化、电解液盐的消耗和工作环境的不同引起的。双电层电容器的电极材料主要由活性炭、黏结剂、导电剂、分散剂组成，由于各组分材料在制备过程中不可避免地存在一些表面官能团，使得电容器在长期的高工作电压条件下与电解质盐发生反应，进而使得活性炭孔隙表面产生大量绝缘性物质，最终导致产品容量衰减和电解液离子移动阻力增加。因此，制备长循环使用寿命双电层电容器单体需选用表面官能团含量低、电化学性能稳定的电极材料[9]。

其次，影响超级电容器寿命的还有外部应力，主要包括电应力（电压、电流）与热应力（温度）。这些外部应力如图 8-2 所示，源自用户的需求与产品本身特性。

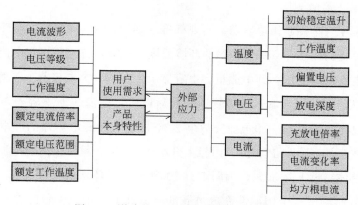

图 8-2　影响超级电容器寿命的外部应力

以电压为例，电解液分解电压制约超级电容器的最高工作电压，而工作电压反之影响电流密度、温度等与超级电容器电解液稳定性有关的参数。现有经验法则如碳酸丙烯酯电解液存在额定电压每上升 0.1V 或工作温度每升 10K 则寿命减半的规律，但其只能作粗略估计，这是因为试验验证低温时单体电压增加对老化的影响将远大于温度升高引发的老化作用，特别是当电压接近电解液分解电压时，老化会迅速加速。此外，老化与电压有关，这说明超级电容器部分电荷储能仍涉及电化学原理。

在温度方面，高温促进化学活性造成更快的老化，其加速热分解与电化学反应导致电解液离子浓度下降，分解产物阻塞隔膜，降低电极多孔可达性。同时，与均方根电流（I_{rms}）相关的稳定自发热温升、单体温度差异也将影响超级电容器的老化。

超级电容器在实际使用过程中，是若干个通过串并联组成超级电容器系统。系统温度分布不均匀，造成离热源近的超级电容器初始温度较高，这将加速其老化引起 ESR 增加，而电阻上升反之促使自身更快升温，从而形成正反馈；充电过程电压不均衡，造成老化最严重的超级电容器单体同时兼有最低容值与最高充电电压，同样形成正反馈。

8.3.2　超级电容器生命周期评价方法

（1）循环寿命测试

根据国家《车用超级电容器》行业标准（QC/T 741—2014），循环寿命测试方法如下：受测样品在（25±5）℃的环境温度下进行，首先用恒定电流 I 对电容器单体充电到额定电压，其中能量型电容器 $I=5I_1$（I_1 为电容器 1 倍率充放电电流），功率型电容器 $I=40I_1$，静置 5s；然后以恒定电流 I 对电容器单体放电到最低工作电压，静置 5s；恒电流充放电 2000 次后，检测电容器的静电容量和内阻，当单体容量下降小于 30%、内阻上升小于 100%，重复上述恒电流充放电测试，直至单体容量下降 30%、内阻上升 100% 终止循环寿命测试[10]。

循环寿命测试基于周期性充放电脉冲电流波形，记录参数随充放电次数的变化趋势，从而量化初始稳定温升、放电深度等因素的影响。该测试具备可面向大电流等级，工况针对性强的优点。但超级电容器具有 10 万次到 100 万次的使用寿命，使用循环寿命测试方法时间周期较长，长达数年，不具备普遍适用性。此外，超级电容器恒功率放电居多，而非循环测试的恒流放电；而且，即使恒流充放电，实际电流脉宽在充电与放电时并不完全等价。

（2）加速寿命测试

如上所述，超级电容器具有 10 万次以上的循环寿命，如果仍然按照全寿命实验（常温条件下恒流充放电）对于单体的循环稳定性进行测试，往往非常困难，在实际应用中一般采用加速寿命测试实验，具体测试方法为：将电容器置于 70℃的高温环境中，在一定电流条件下充电至额定电压，每隔 168h 对电容器进行一次容量、内阻检测，共测试 1008h。为此，中车新能源在结合日本松下公司和电容器单体容量的实际情况，提出了产品使用寿命的计算公式：

$$T(\theta,V)=t\times 2^{(70-\theta)/10}\times 1.5^{(2.7-V)\times 10} \tag{8-1}$$

式中，θ 为使用温度，℃；V 为使用电压，V；t 为单体恒温恒压的时间，h。

例如：当恒温恒压 5000h 后，20℃、2.63V 时的寿命计算时间有上述公式可知为 174850h，约为 19.96 年；30℃、2.63V 时的寿命时间为 87440h，约为 9.98 年。根据上述公式即可在一定温度和电压条件下预测最终产品的使用寿命，从而避免对最终产品的全寿命周期性能测试。

恒压浮充加速寿命测试方法具有电流需求小、自发热可以忽略不计，以及不受再生现象影响等优势，是一种估算超级电容器可用寿命的更加节能的方法。但在实际应用中超级电容器的恒压场合较少，并且该检测方法回避脉冲电流影响与需要极高检测精度等不足局限了其使用范围。

8.3.3 现有生命周期评价方法存在的问题及展望

尽管企业界和学术界很早提出了超级电容器生命周期检测方法，但目前绝大部分有关超级电容器可靠性的数据仍很难被超级电容器储能系统设计者所用。主要是现有超级电容器生命周期评测方法与超级电容器实际使用工况存在较大的差距。现有寿命测试普遍使用全新电容，并在实验室环境测得，使测试与实际存在一定差距；测试项目大多使用单体而非模块，在无形中又消去不一致性这一重要老化因素，加大了试验结果与实际应用之间的区别；超级电容器的实际使用往往还融合了多种寿命衰减因素，而现有测试又不能精确预报多因素混合下超级电容器模块的有效寿命，降低了寿命预测精度，不能准确给出系统设计者想要的超级电容器衰减特性。因此针对超级电容器寿命周期的测试问题还有待进一步研究，迫切需要一种能涵盖超级电容器多工况混合的优化模块测试方法。

此外，现有超级电容器生命周期评测方法偏向碳基对称型有机电解液双电层电容器，针对混合型超级电容器的老化测试项目与具体要求很少见。虽然混合型超级电容器兼有蓄电池与双电层电容双重特征，但其具体特性与两者仍存在较大区别，因此针对各类型超级电容器，综合现有测试方法，设计一种面向实际使用、测试耗时短、试验精度高的寿命检测方法有助于完善标准体系，为进一步开展大规模储能系统设计，实现其在大规模储能领域的推广具有深远意义。

综上，超级电容器的使用寿命是受工作电压、工作温度、充放电倍率、控制策略、制造工艺、选用材料等因素的综合影响。但各因素对其寿命的影响，特别是各因素相互关系的定量分析仍不清晰。展望未来，基于现有超级电容器生命周期测试数据，构建影响超级电容器各因素间的定量关系有利于进一步加强超级电容器寿命评估与可靠性的分析。其次，在现有大量测试的数据基础上，应发展超级电容器生命周期评测建模模拟技术。从系统层面考虑，综合多种影响因素，选择超级电容器的寿命特征参数，描述全寿命周期老化规律，推断其剩余寿命，从而建立超级电容器寿命特性模型[11]。

8.4 学科未来发展方向的预测与展望

近年来，超级电容器作为一种性能优异的能量存储与转换装置，在新能源、节能环保等战略性新兴产业以及特种电源领域发挥的作用日益显著，成为美国、日本、韩国、中国、俄罗斯及欧洲发达国家在材料、物理、化学、电子、机械、电气、电力多学科交叉领域研究的热点储能技术之一。新技术的突破往往在学科交叉的位置，未来超级电容器技术的进一步发展依托是不断地融合新学科，多学科相结合。

目前，超级电容器储能体系从双电层物理储能机制逐渐向双电层与锂电池协同储能机制的混合型电容器储能发展，未来涉及的电化学学科在超级电容器的发展中的作用日益显著；其次，在超级电容器研发方法方面，涉及仿真模拟的计算机学科将会得到广泛的应用，特别是在超级电容器安全性评估与全寿命周期失效机制分析等方面的应用更加突出；再次，随着我国"2025智能制造"发展规划的稳步推进，"互联网＋"技术的发展以及人工智能技术的发展使得超级电容器产业的发展更加精细化，产业链上下游逐渐呈现快捷、高效信息交互有机联合体，超级电容器产业向高端化、绿色化、智能化、服务化发展，超级电容器未来涉及的学科主要有信息、自动化、智能、网络＋等。

8.5　国内发展的分析与规划路线图

未来超级电容储能技术的发展可分为两个阶段，具体见图 8-3。

第一阶段：至 2025 年，研发出双电层电容器用的高储能碳材料，即开发出密度、高比表、高导电、耐高压、低表面含氧官能团含量的纳米碳材料，尤其是高密度、高比表多层石墨烯粉体的开发，同时研制出耐高低温、耐高压、高流动性、小尺寸离子的电解液、高强度、高电阻、低漏电流的超薄隔膜，实现电压为 3V、能量密度达到 30W·h/kg、功率密度大于 20kW/kg、循环寿命大于 100 万次的双电层电容器研制；结合双电层电容器和锂离子电池储能特性，研制电池电容新体系，实现能量密度大于 70W·h/kg、功率密度大于 5kW/kg、循环寿命大于 10 万次的电池电容研制；研究金属锂表面钝化技术和钝化金属锂与碳负极复合技术，实现能量密度大于 40W·h/kg、功率密度大于 15kW/kg、循环寿命大于 50 万次的锂离子电容器研制。

面临的问题及解决方案：在第一阶段面临的关键问题实现高储能碳材料的开发及低成本规模化制备。具有代表性的石墨烯纳米碳材料已经在实验室和产业界得到验证，是一种高性能储能材料。但目前，适用于超级电容器需求的石墨烯材料还没有量产，传统的制备工艺难以实现石墨烯超级电容器件的加工。石墨烯等新型储能材料的开发及应用涉及全石墨烯产业链的各要素，单凭超级电容器或石墨烯生产企业无法解决上述问题。未来几年，在政府从宏观层面的

超级电容器	2018年	2025年	2050年
双电层电容器体系	3V >10W·h/kg >15kW/kg 100万循环	3V >30W·h/kg >20kW/kg 100万循环	3.5V >60W·h/kg >60kW/kg 150万循环
电池电容体系	>40W·h/kg >3kW/kg 5万循环	>70W·h/kg >5kW/kg 10万循环	>120W·h/kg >10kW/kg 20万循环
锂离子电容器体系	>20W·h/kg >5kW/kg 10万循环	>40W·h/kg >15kW/kg 50万循环	>90W·h/kg >20kW/kg 100万循环

图 8-3　超级电容储能技术规划路线图

积极介入下，通过政策引导和资金的支持，有效整合技术链和产业链中的各创新要素与资源，保证石墨烯材料的规模化制备及应用。

第二阶段：至 2050 年，突破单层石墨烯粉体制备技术，开发出性能优良的离子液体，实现电压高于 3.5V、能量密度高于 60W·h/kg、功率密度大于 60kW/kg、循环寿命大于 150 万次的双电层电容器研制；研究高能量正极材料，解决界面副反应，实现高于 120W·h/kg、功率密度大于 10kW/kg、循环寿命大于 20 万次的电池电容体系研制；研究正极多孔石墨烯与超高富锂材料复合技术，实现能量密度大于 90W·h/kg、功率密度大于 20kW/kg、循环寿命大于 100 万次的锂离子电容器研制。

面临的问题及解决方案：在第二阶段要实现超级电容器性能大幅提升，最终获取具有"颠覆性"的先进超级电容器储能技术。主要措施是依托于新型储能体系创新，基于下一代纳米碳材料，提出"多相储能机制"，研发匹配新型高电压电解液，全面优化设计器件结构，实现高比能、高功率、长寿命的超级电容的研制及制造。

● 参考文献

[1]　Liu C G, Yu Z N, Neff D, et al. Graphene-based supercapacitor with an ultrahigh energy density. Nano Letter, 2010, 10 (12): 4863-4868.

[2]　Kim Y J , Yang C M , Park K C, et al. Edge-enriched, porous carbon-based, high energy

density supercapacitors for hybrid electric vehicles. ChemSusChem, 2012, 5（3）: 535-541.

［3］　Kim Y A, Hayashi T, Kim J H, et al. Important roles of graphene edges in carbon-based energy storage devices. Journal of Energy Chemistry, 2013, 22（2）: 183-194.

［4］　Yuan W, Zhou Y, Li Y, et al. The edge-and basal-plane-specific electrochemistry of a single-layer graphene sheet. Scientific Reports, 2013, 3: dol: 10. 1038/srep02248.

［5］　Ma L, Wang J L, Ding F. Recent progress and challenges in graphene nanoribbon synthesis. Chemphyschem, 2013, 14（1）: 47-54.

［6］　Zhang X Y, Xin J, Ding F. The edges of graphene. Nanoscale, 2013, 5（7）: 2556-2569.

［7］　Jia X, Campos-Delgado J, Terrone M, et al. Graphene edges: a review of their fabrication and characterization. Nanoscale, 2011, 3（1）: 86-95.

［8］　Zheng C, Zhou X F, Cao H L, et al. Edge-enriched porous graphene nanoribbons for high energy density supercapacitors. Journal of Materials Chemistry A, 2014, 2（20）: 7484-7490.

［9］　Chen Z, Ren W C, Gao L, et al. Three-dimensional flexible and conductive interconnected graphene networks grown by chemical vapor deposition. Nature Materials, 2011, 10（6）: 424-428.

［10］　Li W, Gao S, Qiu S, et al. High-density three-dimension graphene macroscopic objects for high-capacity removal of heavy metal ions. Scientific Reports, 2013, 3: 2125. DOI: 10. 1038/srep02125.

［11］　阮殿波. 石墨烯/活性炭复合电极超级电容器的制备研究. 天津: 天津大学, 2014.

第9章

飞轮储能

9.1 国内外发展现状

9.1.1 概况

　　飞轮储能在工程中早已得到大量应用，但与电机结合实现电能的存储则是始于 20 世纪 50 年代，飞轮储能在苏黎世的电动巴士中投入运行使用。

　　现代飞轮储能电源综合了先进复合材料转子技术、磁轴承技术、高速电机以及功率电子技术而极大提高了性能，在 2000 年前后，现代飞轮储能电源商业化产品开始推广，其中美国的飞轮储能技术处于领先地位。

　　美国飞轮储能技术进步依赖于能源部的超级飞轮计划、宇航局的航天飞轮计划等国家层面长期资助，加之 20 世纪 90 年代风险投资的大量介入，使得经历了 50 年研究开发的飞轮储能技术获得了成功应用。一些公司提供了 100kW/1kW·h 级的飞轮储能电源产品，如 Active Power 公司的 100～2000kW CleanSource 系列 UPS、Pentadyne（POWERTHRU）公司的 65～1000kV·A VSS 系列 UPS、Beacon Power 公司的 25MW Smart Energy Matrix，以及 SatCon Technology 公司的 315～2200kV·A 系列 Rotary UPS。这些产品已经应用于 IC 生产企业、精密仪器仪表制造业、航空航天、交通运输、医疗救生、信息数据中心以及电信和网络通信系统等，为高级用户提供对不间断、高质量和大容量的供电需求。

目前全球大约有上万套基于飞轮储能的大功率绿色电源安全运行了上千万小时。

飞轮储能系统在储能容量、自放电率等方面还有待进一步提高，这决定了飞轮储能目前更适合于电网调频、小型孤岛电网调峰、电网安全稳定控制、电能质量治理、车辆再生制动及高功率脉冲电源等领域；随着飞轮储能的单体并联技术及超导磁悬浮技术的逐渐成熟，将逐步克服其目前存在的储能容量低、自放电率高等缺点，其应用领域将逐步扩展到新能源电网储能领域。

飞轮储能应用于风力发电或太阳能发电是其重要的应用方向，因其功率大响应快，时间短和循环寿命长的特点，当前一般与柴油发电共用，作为风力或太阳能发电的调节补充能源，这个方向是欧洲新能源应用研发的一个热点[1,2]。

美国能源部支持建立了 3 个调频电站：Beacon Power 公司于 2008 年 12 月份在马萨诸塞州 Tyngsboro 建成了 0.5MW/100kW·h 调频电厂；2011 年 9 月在纽约州 Stephentown 建成了 20MW 飞轮储能调频电站；2014 年 7 月在宾夕法尼亚州 Hazle 建成了 20MW 飞轮储能调频电站[3]，见图 9-1。

图 9-1　美国 20MW 飞轮储能调频电厂

当前，提高飞轮储能的能量是研究的一个重要方向，美国 Texas University of Austin CEM 机构在先进机车牵引飞轮储能项目中，研制的复合材料飞轮能量高达 130kW·h（额定功率 2MW），若以 100kW 放电，可以工作 1h 以上，见图 9-2。

韩国 KEPRI 近年来研发了一套针对地铁供电安全性保障的高温超导磁悬

浮飞轮储能样机，能量达到 35kW·h，发电功率 350kW，若以 100kW 放电，可以工作 20min[4]。

  美国 Beacon Power 公司 2014～2016 年的研发项目计划中：应用于风电功率平滑的飞轮储能，能量 100kW·h，工作时间 1h，拟将传统的飞轮工作时间从分钟级延长到小时级。Amber Kinetic 公司推出 8kW/32kW·h 的飞轮电池单机，其特点是大能量合金钢飞轮、小功率磁阻电机，技术路线独特，可组成阵列达到 100kW/400kW·h 的较大规模，见图 9-3。

图 9-2 130kW·h 复合材料飞轮（美国）

图 9-3 Amber Kinetic 飞轮储能单机

9.1.2 我国飞轮储能技术研发现状

  国家自然科学基金自 20 世纪 90 年代后期开始，资助了 20 余项飞轮储能技术研究，包括 1 项重点基金；2012～2014 年科技部能源领域"863"计划课题"飞轮储能关键技术",课题承担单位为沈阳工业大学、哈尔滨工程大学等。北京奇峰聚能科技有限公司在863高性能物理储能项目中承担了磁悬浮储能飞轮技术研究课题研究工作(2012年2月1日~2014年1月31日)。2014~2016年科技部支撑计划课题"基于飞轮储能的钻机起升系统能量回收利用",课题承担单位为中石化中原石油工程有限公司、清华大学。在"十三五"中,清华大学牵头,联合15家单位,开展"MW级先进飞轮储能关键技术研究"重点研发项目研究,拟突破400kW单机研制、1.6MW阵列集成控制和应用关键技术。

飞轮储能研究力量主要分布在高校、研究院所和企业当中。高校包括清华大学、北京航空航天大学、浙江大学、沈阳工业大学、哈尔滨工业大学等;院所包括中国科学院电工研究所、国家电网中国电力科学研究院、中国航天科工集团有限公司;企业包括英利集团、冀东发展集团有限责任公司、中原油田等。

9.1.3 国内外技术水平对比分析

飞轮金属材料、电机材料国内能够自主,与国外无差距。飞轮用高性能碳纤维材料、电机控制器主功率器件材料主要依靠进口。飞轮储能系统设备集成设计制造安装调试,国内技术水平与国外2000年前后相近,差距在10年左右。国内外尚无技术标准。

国外已经实现商业生产、销售和较成熟的应用,产业链完备,但细分市场特征明显:成熟市场主要以飞轮储能+燃油发电系统保障高品质的供电安全;电网调频应用逐渐扩展。国内处于工业化示范应用研究阶段,应用包括:风力发电功率平滑、起重机能量回收利用、高品质供电和航天应用。

美国、德国、日本、韩国正在研究开发基于高温超导磁悬浮的飞轮储能技术,在突破系统损耗降低到1%~10%每天、增加储能容量到100~1000kW·h的技术瓶颈后,并将成本降低到充放电循环成本与其他技术成本接近后,可以实现在风力及太阳能发电中工业化应用,预计这还需要5~10年。

国外研究开发方向主要是高温超导磁悬浮飞轮储能技术,资金投入源于政府、大型企业、产业风投基金。传统的飞轮储能技术研究以企业围绕应用拓展市场。

国内资金投入依靠企业，并获得政府扶持，研究项目以工业应用示范工程为主。在今后的飞轮储能技术研究开发中，应当以企业为投资主体，但需要政府予以适当资金投入的引导。比如在能源局 2017 年 9 月发布的推进储能产业发展指导意见中，提出重点推进的装备技术"10MW/1000MJ 飞轮储能阵列"，就需要产学研多方协同，才能推动进步，实现示范应用。

9.1.4　应用领域现状

(1) 脉冲功率电源

托卡马克（Tokamak）是研究高温等离子体的产生、驱动、维持和约束等特性并最终实现受控热核聚变反应的大型电物理实验装置。为产生和维持磁场，向磁场线圈供电的系统是主体装置外最重要、最庞大的系统。供电系统的平均电源容量为数百兆瓦，由于容量大、工作时间短，一般采用大型飞轮储能发电机组实现供电，以减少对公共电网的冲击。

应用于托卡马克电源的飞轮储能发电系统是一种典型的高功率脉冲电源（典型脉冲宽度为毫秒到秒），其特点是电动机与发电机独立设置。

(2) 高品质不间断电源

97%交流电压闪变低于 3s，而备用发电机组启动时间少于 10s，过渡电源工作时间 20s 已经足够，因此采用短时工作的大功率飞轮储能系统完全可以替代传统电池储能，飞轮储能的初期投资较高，但寿命期内，使用成本低于电池储能。德国 Piller 公司为 Dresden 半导体工厂安装了 5MW/7kW·h 的飞轮储能系统，确保 5s 电源切换不停电。

飞轮储能不间断电源系统在国外已经是成熟的产品。供应商有 Active Power、Piller Power、Vycon 和 Power Thru。AP 公司采用 7700r/min 的磁阻电机飞轮一体；Piller 公司采用大质量金属飞轮和大功率同步励磁电机，工作上限转速为 3600～3300r/min。采用永磁电机和金属飞轮，Vycon 产品转速为 36000r/min，采用了电磁全悬浮。Power Thru 公司 FES 转速 53000r/min，采用同步磁阻电机和自持分子泵技术。当前飞轮储能系统产品的待机损耗为额定功率的 0.2%～2%。

（3）车辆动力能量回收储存与利用

混合动力车辆传动中，采用电池、电容和飞轮等 3 种储能方式，高速飞轮与内燃机通过无极变速器连接简单可靠，已经发展了数十年，已具备量产推广应用水平；另一种电动车用飞轮储能技术中，引入电机和功率控制器实现电力传动，飞轮燃油混合动力车的节油可达 35%。电动车技术局限于电池高功率特性不足，采用飞轮电池与化学电池混合动力是一个可行的解决方案。

飞轮储能作为电动车的辅助动力，早在 20 世纪 70 年代的石油危机期，在美国就兴起研究热潮，实施"车用超级飞轮电池"计划。飞轮储能容量为 500W·h，飞轮转速多在 20000～40000r/min 之间。欧盟 BMW 公司概念车研发计划研究了飞轮储能作为调峰动力或主动力两种模式。

近年来，车用飞轮储能技术仍然在继续发展，GKN 公司为伦敦公交系统开发 400W·h 飞轮储能系统，用于启动加速和刹车能量回收，预期混合动力公交车节能 20%～25%，年省油 5300L，碳排放少 14t。

（4）机车能量再生利用

轨道交通车辆因质量大，刹车动能很大，如引入制动回收和储能系统，则可实现节能减排目标。Radcliff 等分析 1MW 飞轮储能系统应用于伦敦地铁投资回收期为 5 年。使用储能 2.9kW·h、功率 725kW 飞轮储能系统的轻轨车辆节能可达到 31%。

（5）起重机械势能回收利用

得克萨斯大学机电研究中心与 VYcon 公司联合测试飞轮储能应用于集装箱起重机，燃料节省 21%，氮氧化物排放减少 26%，颗粒排放减少 67%。测试飞轮储能 300W·h，功率 60kW，双飞轮并联运行。清华大学与中原石油工程有限公司联合研制了 500～1000kW/16～60MJ 的两种飞轮储能系统，应用于钻机动力调峰和下钻势能回收，2016 年示范应用中，下钻回收能量 5MJ，占提升油车上行总需能的 26%，调峰运行使得柴油机的重载转速下降减少了 50%，大颗粒排放减少 70%。

(6) 电网调频

与众多储能方式对比，飞轮储能技术的经济优势应用领域在电能质量和调频，其放电时间为分秒量级，总投资约 900 欧元/kW，是锂电的 75％，年化循环（1000 次/年）成本为 200 欧元，为锂电的 50％。美国建立了两座20MW/15min 飞轮储能商业示范电站。随着波动新能源的更多并网，电网的频率波动问题更加突出，研究飞轮储能系统的优化调频控制策略，满足较长时间尺度和实时调频需求。

(7) 风电平滑

近年来飞速发展的风力发电、太阳能发电是清洁低碳能源。受自然条件影响，风力发电的频繁波动是突出的问题。引入储能技术环节，对风力发电功率平滑控制，改善其电压和频率特性，可实现更好的新能源应用[5]，并网飞轮储能风电控制系统见图 9-4。

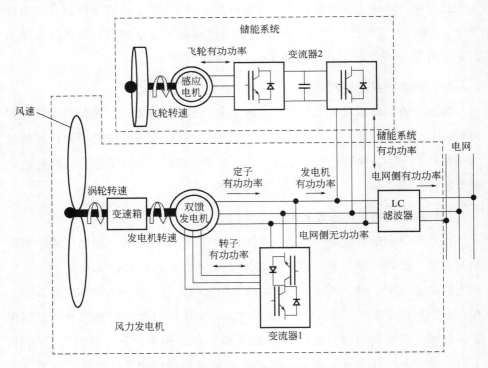

图 9-4　并网飞轮储能风电控制系统

双馈感应电机风力系统配合鼠笼感应电机飞轮储能系统，采用了三相交流并网方式，仿真分析中，飞轮储能系统在超频时吸收储存风力发电30%的功率，在双馈电机亚频状态下，释放的功率占电网额定30%的功率。

仿真对比表明，内燃发电/FES、光伏/内燃/FES、光伏/内燃/FES/Battery 三种发电模式，其中含有电池和飞轮储能的发电成本最低、CO_2 排放最少。

各种应用场合的飞轮储能技术参数见表9-1。

表9-1　飞轮储能技术应用参数

指标	电动车	轨道交通	过渡电源	电网质量	风力发电	电网调频
功率/MW	0.06～0.12	0.3～1.0	0.2～1.0	0.2～1.0	0.2～1.0	10～100
能量/(kW·h)	0.3～1.0	3～5	1～5	1～5	5～20	2500～25000
系统特征	高速	高速	低速、高速	低速、高速	低速、高速	低速、高速
技术成熟度	7～9	7～9	10	9	7～9	7～9

9.2　关键科学与技术问题

9.2.1　飞轮、轴承与电机关键问题

(1) 飞轮

飞轮是储能元件，需要高速旋转，主要利用材料的比强度性能，经过多年的发展，已有较成熟的设计优化方法。金属材料飞轮的结构设计内容为形状优化；复合材料飞轮则因为材料的可设计性、材料性能与工艺的相关性以及破坏机理的复杂性而显得不很成熟，一直是研究的热点问题。

到了20世纪90年代，复合材料飞轮设计的基本理论方法趋于成熟。Arnold给出了圆盘飞轮在过盈、边界压力、离心载荷下的弹性应力解析解，并讨论了厚度、厚径比、材料性能参数对应力的影响，提出了一种飞轮在恒定和循环载荷破坏极限速度的计算方法。Arvin用模拟退火算法优化求解二维平面应力各向异性弹性方程问题，设计出的5～8层过盈装配的圆环飞轮，其能量密度40～50W·h/kg，轮缘线速度800～900m/s。

除了采用多环套装、混杂材料、梯度材料、纤维预紧的纤维缠绕设计提高

飞轮的储能密度外，二维或三维强化是复合材料飞轮设计中另一条路径。以最大应变准则为失效判据，三维复合材料圆盘的理论爆破速度达到 1800m/s，储能密度 150W·h/kg。采用圆环型二维机织结构叠层复合材料实现飞轮径向强化是一种新尝试，理论预计储能密度可达到 53W·h/kg。

尽管复合材料飞轮的理论储能密度高达 200～400W·h/kg，但考虑到制造工艺、轴系结构设计、旋转试验等复杂制约因素，在实验或工程中，安全稳定运行的复合材料飞轮的储能密度通常不高于 100W·h/kg。

文献调研表明，单个复合材料飞轮总设计储能能量为 0.3～130kW·h。国内理论设计研究水平与国外相近，但在实验研究方面，差距较大，离工程应用有相当的距离。

(2) 轴承

飞轮轴系使用的轴承包括滚动轴承、流体动压轴承、永磁轴承、电磁轴承和高温超导磁悬浮轴承。为取长补短，采用 2～3 种轴承实现混合支撑。轴承损耗在飞轮储能系统损耗中，有较大贡献（几十瓦到几千瓦），因此轴承的研究设计目标主要为提高可靠性、降低损耗和延长使用寿命。

滚动轴承技术成熟，损耗大，成本低，高速承载力低，通常低于 10^4 r/min，一般与永磁轴承配合使用。电磁轴承技术较成熟、损耗小、系统复杂、成本高、转速范围 $(1～6)×10^4$ r/min。高温超导磁悬浮损耗最小、系统复杂、成本高、转速范围 $(0.1～2)×10^4$ r/min，是大容量飞轮储能轴系的首选，高温超导磁悬浮技术自 20 世纪 90 年代出现以来，一直处于实验室研发验证阶段，日本、韩国、美国和德国投入研究力量较大。目前尚未有高温超导磁悬浮飞轮储能系统工程应用的案例报道。

考虑到高转速轴系的稳定性问题、电磁系统损耗以及控制功率损耗与旋转频率相关，试验研究用高速轴系转速为 $(1～6)×10^4$ r/min，而工程应用中的飞轮储能轴系旋转最高转速限定在 $(1.5～3)×10^4$ r/min 比较合理。

超导磁悬浮（SMB）是最晚出现的轴承技术，近年来一直受到重视。Koshi-zuka 系统回顾了 NEDO 飞轮计划（2000～2004 年）超导磁悬浮技术进展，提出 100kW·h 级 FESS 的超导磁悬浮技术需求。波音公司曾研发 1 套 5kW·h/3kW 小型超导磁悬浮飞轮储能试验装置。

清华大学在 1997～2005 年的小型飞轮储能实验系统研制中，采用永磁上支承、流体油膜下轴承混合支撑方式，实现损耗功率（含风损）低于 60W 的悬浮，稳定转速达到 4.2×10^4 r/min。随后的 2006～2008 年期间，完成电磁悬浮飞轮（10kg）储能实验系统，稳定运行转速达到了 28500r/min。采用永磁、滚动轴承混合支撑方式，实现 100kg 转子 16500r/min 的稳定运行。2012～2016 年，在 500～1000kW 飞轮储能系统研制中，研制出了 5×10^4N 级重型永磁轴承，混合轴承损耗 6～9kW，占额定发电功率的 1% 左右[6]。

总的来看，机械轴承、永磁轴承和电磁轴承可以基本满足功率型飞轮储能系统的工业应用的需求，而大能量飞轮储能系统高速支撑技术还需要高温超导磁悬浮技术的突破。

(3) 电机

飞轮储能电机为双向变速运行模式，这与电动车辆或轻轨电动机的特性要求类似，根据功率和转速要求选用或定制。其电磁学设计理论是成熟的，优化设计的重点是高速转子结构以及通过电磁学设计优化减少损耗。高速电机的真空运行条件给电机的热控制提出了极高的要求。各种飞轮储能电机特性对比见表 9-2。

表 9-2 各种飞轮储能电机特性对比

参数	异步机	磁阻机	永磁
功率	中大	中小	中小
比功率	0.7	0.7	12
转子损耗	铜、铁	铁	无
旋转损耗	可去磁消除	可去磁消除	不可消除
效率	93%	93%	95%
控制	矢量	同步、矢量、开关、DSP	正弦、矢量、梯形、DSP
尺寸 W/L	2	3	2
转矩脉动	中	高	中
速度	中	高	低
失磁	无	无	有
费用	低	低	高

为解决高速电机转子的强度问题，采用磁化复合材料是一种新的技术途径，采用铁粉、磁粉体混入环氧树脂或磁化磁粉技术（GKN Hybrid Power 采用的技术）。

9.2.2 充放电控制及系统技术

（1）充放电控制

自 20 世纪 60 年代发展的功率电子技术，电压的幅度和频率可以得到方便的调控。于是含有变频驱动的电机与飞轮相连，发展出了电能的储存和释放变的新技术。双向变流器是交流-交流系列变频器的一种，通常应用于中压和大功率领域，多采用晶闸管开关技术。

飞轮储能采用 AC-DC-AC 的（back-to-back）结构，这种结构下，网侧变流器把交流电压转换成直流，然后交直流逆变为适当的交流变频电压驱动电机。在风电平滑或 UPS 应用中，FESS 通常与网侧变流器共用直流母线。FESS 也可与升压斩波器共用直流母线

（2）系统技术

飞轮的转速较高，为防止飞轮结构破坏引起二次灾害，需要将飞轮安置在密闭的容器内，密封容器的高密封性能为真空的获得提供了基础，之所以要获得真空，因为高速飞轮与空气的摩擦损耗是相当可观的，研究表明，10Pa 的真空环境对低速飞轮（300m/s 以下）的机械损耗贡献已经较小，而高速飞轮（400m/s 以上）的真空条件应达到 0.1Pa。为保证高速飞轮（400m/s 以上）飞轮的安全不良后果，应设计高可靠的防护装置或将飞轮电机系统安装于地坑内。

飞轮储能系统装置属于高速旋转机械范畴，其状态监控诊断仪表对系统的正常运行十分必要。监控的数据主要包括：转速、机组振动、轴承温度、电流、电压、绕组温度、主功率回路温度、密封壳体内压力等。

综上所述，高速飞轮、高速电机关键技术需求源于高能量密度和高功率密度的驱动，高速机电系统难点有：结构强度、轴承、转子动力学和电机控制 4 个，研究设计的理论是基本成熟的，需要重点解决技术问题。

大容量飞轮储能系统采用高温超导磁悬浮技术是发展的重要方向，日本、美国、韩国、德国都在建立试验装置，国内研究基础薄弱。

能量密度、轴承损耗难题突破后，飞轮储能系统从分秒级应用拓展到更为广阔的分时级应用，比如 Beacon 公司的 $100kW/100kW \cdot h$ 飞轮储能系统和 Amber 公司的 $8kW/32kW \cdot h$ 系统。

对于能量密度不敏感的工业应用环境，低成本金属飞轮储能系统在降低待机 1h 能量损耗在 2％以内，则有更好的应用前景。混合磁悬浮金属飞轮储能技术因技术成熟、效率高、成本低，存在特定的应用发展前景[7,8]。

9.3　学科未来发展方向的预测与展望

（1）复合材料高速结构力学技术

利用超高强新型碳纳米纤维材料，采用二维、三维强化新结构设计，研究微观结构与宏观力学性能关联。探索短切纤维径向强化新方法，探索纤维强化金属基复合材料应用可行性。研究复合材料飞轮结构寿命评价方法与技术。在实验研究中将复合材料飞轮圆周线速度提高 50％以上。

（2）超导磁悬浮/电磁悬浮技术

研究超导磁悬浮构型、超导材料、超导磁悬浮系统动力学性能，研究超导磁轴承悬浮力弛豫补偿技术，研究 $1 \times 10^4 N$ 级高承载比低功耗永磁偏置混合磁轴承优化设计，研究大型挠性轴系在复杂动力学条件下转子高稳定控制方法与控制器设计，解决 100MJ 级飞轮储能单机实验样机的设计问题。

（3）真空中的高速大功率电机与控制技术

研究高速电机的高效设计技术，特别是转子损耗降低技术。研究电机谐波治理的绕组及变流器新方案，精准分析高速电机的电磁场、建立电机转子损耗分析模型，发展降低损耗的转子设计技术，提出高速转子励磁新结构。研究高速电机的外转子及其励磁材料及结构新方案。

（4）阵列化控制与应用

构建电力系统-飞轮阵列-负载系统能量/功率模型，研究智能化源-储-荷能量流动管理技术，研究飞轮阵列控制规模由百台级提升到千台级的信息交换、传递和控制技术，研究飞轮储能-电网并网运行效能评价技术。

9.4 飞轮储能技术国内发展的分析与规划路线图

图 9-5 为我国飞轮储能技术中长期发展路线图建议。

飞轮指标	2018年	2025年	2050年
转子能量密度	40W·h/kg	100W·h/kg	200W·h/kg
转子储能	5kW·h	50kW·h	100kW·h
轴承构型	电磁	电磁+超导磁悬浮	超导磁悬浮+电磁悬浮
阵列容量	1MW/30MJ	10MW/1000MJ	10MW/6000MJ
循环效率	85%	92%	94%
自耗散率	2%	1%	0.5%
寿命	20万次循环	50万次循环	100万次循环

图 9-5 飞轮储能路线图

注：自耗散率＝系统待机消耗功率/额定功率

飞轮储能是一种功率型储能技术，比较适合电能质量、过渡电源、电网调频、车辆能量再生、电网大功率支撑以及风电功率平滑等领域。

国外已有 50 年的研究历程，在 UPS 领域实现商业化应用，市场稳定发展。呈现增加单机储能容量而将充放电时间由分秒扩展到分时级的发展趋势。在电网调频领域开展了中等规模的商业示范应用。在电动车、轨道交通、铁路、港口有大量的工程示范应用，处于商业化应用的临界点，还需要资本、市场的推动。在风电平滑领域，有少量的示范工程。

国内有 20 年的研究积累，在上述各个领域均有应用开发，处于工程样机开发、示范应用验证阶段。近 5～10 年是示范应用、推广发展的较好时间窗口。潜在国内市场规模为每年数亿到数十亿元。竞争技术为超级电容、功率型化学电池。

参考文献

[1] 戴兴建，魏鲲鹏，张小章，等. 飞轮储能技术研究五十年评述. 储能科学与技术，2018，7（5）：765-782.

[2] Amrouche S O, Rekioua A D, Rekioua T, et al. Overview of energy storage in renewable energy systems. International Journal of Hydrogen Energy, 2016, 41（45）：20914-20927.

[3] Perez-Aparicio J L, Ripoll L. Exact, integrated and complete solutions for composite flywheels. Composite Structures, 2011, 93（5）：1404-1415.

[4] Choi J H, Jang S M, Sung S Y, et al. Operating range evaluation of double-side permanent magnet synchronous motor/generator for flywheel energy storage system. IEEE Transactions on Magnetics, 2013, 49（7）：4076-4079.

[5] 韩永杰，任正义，吴滨，等. 飞轮储能系统在 1.5MW 风机上的应用研究. 储能科学与技术，2015，14（2）：198-202.

[6] 汪勇，戴兴建，李振智. 60MJ 飞轮储能系统转子芯轴结构设计. 储能科学与技术，2016，5（4）：503-508.

[7] 戴兴建，姜新建，王秋楠，等. 1MW/60MJ 飞轮储能系统设计与实验研究. 电工技术学报，2017，21：169-175.

[8] Rrppa Baier H, Mertiny P, et al. Analysis of a flywheel energy storage system for light rail transit. Energy, 2016, 107：625-638.

第10章

抽水蓄能技术

10.1 概述

抽水蓄能电站如图 10-1 所示。其能量转换过程如图 10-2 所示。

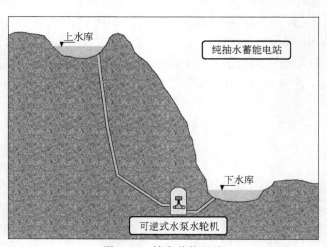

图 10-1 抽水蓄能电站

10.1.1 电站结构

抽水蓄能电站是一种特殊型式的水电站，它由上水库、下水库、水道系统、电站厂房及开关站等部分组成。

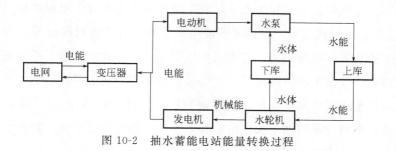

图 10-2　抽水蓄能电站能量转换过程

（1）上水库

抽水蓄能电站蓄存水量的工程设施，一般由挡水建筑物和泄水建筑物组成，纯抽水蓄能电站一般不设泄水建筑物。上水库选择有多种型式，可利用天然湖泊、已建水库等作为上水库，也可在垭口筑坝形成上水库，或在台地筑环形坝，开挖库盆形成上水库。垭口筑坝形成上水库时，一般选择高程较高、库盆封闭性比较好、库周边平顺、库岸山体雄厚、库周边垭口少、库区开阔、坝址河谷较窄的地方。

（2）下水库

抽水蓄能电站下水库一般由挡水建筑物和泄水建筑物组成，有时可利用已有的水库或天然湖海。对于纯抽水蓄能电站而言，其上水库一般集水面积较小，没有足够的来水进行初期蓄水及补充库水损失，下水库需考虑有一定的天然径流。若下水库建在河流上且泥沙含量较大，则需因地制宜采取防沙和拦沙措施。

（3）水道系统

水道系统连接上下水库，一般由上水库/进出水口、引水隧洞、引水调压室、高压管道、尾水调压室、尾水隧洞、下水库进/出水口等组成。输水系统一般沿着山体埋设在地下。根据装机台数，输水系统可以是单管道，也可以是多管道；可以是单管单机，也可以是单管多机或多管多机。

（4）电站厂房

厂房系统一般包括主厂房、副厂房、主变压器室、开关站及出线场，以及母线洞、出线洞、进厂交通洞、通风洞、排水廊道等附属洞室组成。主厂房、副厂房、主变压器室等常置于地下，开关站及出线场布置于地面或地下洞室都有。20 世纪 90 年代之前，在抽水蓄能电站发展较早的欧洲和美国，有一大部分大型的抽水蓄能电站采用地面式或半地下式（竖井式）厂房。近年来，随着地下工程设计和施工水平的提高，能够修建的地下洞室规模逐年增大，大型抽水蓄能电站基本采用地下式厂房。目前我国已在建装机容量 1000MW 以上的纯抽水蓄能电站均采用地下式厂房。日本的大型抽水蓄能电站，除奥清津抽水蓄能电站以外，也都采用地下式厂房。

10.1.2 效益及其作用

抽水蓄能电站不仅具有调峰填谷静态效益，而且由于其启动迅速，运行灵活，特别适宜在电力系统中承担调频、调相、负荷调整、负荷备用和事故备用等"动态"任务，满足系统运行上的需要，而产生经济效益——统称动态效益。另外，抽水蓄能电站运行减少了电网燃料消耗，也就相应减少了污染物排放及其治理费用，不仅自身清洁生产，而且具有一定的环境效益。可以说，抽水蓄能具备保安、节能、环保、经济等多重效益。

10.2 国内外研究现状

世界首座抽水蓄能电站 1882 年在瑞士问世，时至今日抽水蓄能已有 130 多年的历史，但是具有近代工程意义的建设则是近五六十年才出现的。20 世纪 60 年代，可逆式抽水蓄能机组已成为主要的机型，并得到广泛应用。20 世纪 70~80 年代是国外抽水蓄能电站发展最快的时期，在这一时期兴建抽水蓄能电站已由欧美日等工业发达国家扩展到世界各国。然而，抽水蓄能电站的开发程度与其经济发展水平直接相关，随着世界经济中心的逐步转移，亚洲成为新的蓄能电站建设中心。而且，随着核电、风电、光伏等清洁能源电源的进一步开发，近年来世界很多国家的抽水蓄能电站建设仍在快速发展，且总的趋势是兴建高水头、大容量的抽水蓄能电站，以提高电站的经济性和可靠性[1]。

　　我国抽水蓄能电站的发展，相比欧美日等发达国家起步较晚，20 世纪 60 年代起步，到 20 世纪 80 年代，我国经济步入高速发展阶段，电力负荷峰谷差越来越大，兴建抽水蓄能电站迫在眉睫。为了适应电力发展的需要，河北潘家口水电站从国外引进 3 台 90MW 抽水蓄能机组并相继投产，揭开了我国抽水蓄能大力发展建设的新篇章。1991 年以来，我国先后建成投运广州广蓄、北京十三陵、山西西龙池、河北张河湾、辽宁蒲石河、浙江天荒坪、安徽响水涧、福建仙游等 20 多座大中型抽水蓄能电站。截至 2016 年年底，我国已建抽水蓄能电站共计 32 座（统计不包括港澳台地区，下同），装机容量合计 2792.5 万千瓦；在建抽水蓄能电站共计 21 座，装机容量合计 2591 万千瓦。

　　从我国抽水蓄能电站的发展趋势来看，在时间上呈波浪式发展，在地区上呈从东部、中部经济较发达地区向东北（包括内蒙古自治区东部）、华北地区等能源基地发展的态势。

　　从时间上看，我国抽水蓄能电站建设发展大致可以分为 4 个发展阶段：起步阶段（20 世纪 60 年代后期～70 年代）、学习探索阶段（20 世纪 80 年代～90 年代末）、快速发展阶段（21 世纪最初 10 年）和全面发展阶段（2011 年至今）。我国抽水蓄能电站从引进国外抽水蓄能工程技术起步，到 20 世纪 80 年代末才开始第 1 座混流式大型抽水蓄能电站技术的研究工作，20 世纪 90 年代中期建成了第 1 批大型混流式抽水蓄能电站：广州抽水蓄能电站 1 期和十三陵抽水蓄能电站。21 世纪初期，我国抽水蓄能电站进入高速发展阶段，先后有沙河、桐柏、琅琊山、张河湾、西龙池等 14 座抽水蓄能电站共计 10290MW 投产，抽水蓄能电站由特大城市向东部、中部各省区布局推进。2011 年后，随着绿色、节能理念的深入，风电、核电、光伏发电等新能源大规模发展，常规水电开发速度放缓，智能电网的建设加快，我国抽水蓄能电站进入了新的全面发展阶段，2011～2016 年底，先后有蒲石河、惠州、响水涧、仙游、呼和浩特、清远、洪屏、仙居等 8 座抽水蓄能电站共计 10980MW 投产。此外，通过全国 22 个省（区、市）的蓄能选点规划工作，且通过国家能源局的批复的规划推荐站点有 59 个，总装机容量 7485 万千瓦。

从地理位置上看，我国第 1 批建设高峰主要分布在经济较为发达东部地区和以火电为主中部地区，如华南的广东省，华东的浙江省、江苏省、安徽省，华中的湖北省、湖南省，以及华北的北京市、河北省和山西省。然而，随着我国能源政策的调整，以风能资源为代表的诸如蒙东、蒙西、河北省等新能源电源基地的规划建设，迫切需要在发电端配套调峰能力强、储能优势突出、经济性好，且能提高输电线路经济性的抽水蓄能电站；此外，随着以首都北京为中心的华北地区辐射并引领中国经济、社会发展主方向的作用日益突出，以及我国振兴东北老工业基地的发展战略的贯彻执行，均对华北、东北地区的电网安全稳定运行提出更高的要求。

可以说，我国抽水蓄能电站建设虽然起步较晚，但基于大型水电建设所积累的技术和工程经验，加上引进和消化吸收国外先进技术，使得抽水蓄能电站建设具有较高的起点。通过一批大型抽水蓄能电站的建设实践，积累了设计、施工和运行管理的丰富经验，抽水蓄能机组设备的设计制造安装技术达到了国际先进水平，已建总装机规模和单个电站的装机规模均居世界前列[2,3]。

10.3 关键科学与技术问题

我国抽水蓄能电站建设虽然起步比较晚，但由于后发效应，起点却较高，已经建设的几座大型抽水蓄能电站技术已处于世界先进水平。例如：丰宁一、二期抽水蓄能电站总装机容量 3600MW，为世界上最大的抽水蓄能电站；天荒坪与广州抽水蓄能电站机组单机容量 300MW，额定转速 500r/min，额定水头分别为 526m 和 500m，已达到单级可逆式水泵水轮机世界先进水平；西龙池抽水蓄能电站单级可逆式水泵水轮机组最大扬程 704m，仅次于日本葛野川和神流川抽水蓄能电站机组。十三陵抽水蓄能电站上水库成功采用了全库钢筋混凝土防渗衬砌，渗漏量很小，也处于世界领先水平。天荒坪、张河湾和西龙池抽水蓄能电站采用现代沥青混凝土面板技术全库盆防渗，处于世界先进水平。

10.3.1　上、下水库关键技术问题

（1）防渗技术

抽水蓄能电站上、下水库防渗要求高，水量的损失即是电能的损失，上水库库盆防渗形式的选择是各工程设计中的重要技术问题。目前，我国已建和在建的抽水蓄能电站中，上、下水库库盆防渗形式主要有垂直防渗和表面防渗两种形式。

垂直防渗适用于地质条件相对优良、水库仅存在局部渗漏问题的水库，工程造价低，以灌浆帷幕为主，与常规水电站类似。表面防渗适用于库盆地质条件较差，库岸地下水位低于水库正常蓄水位，断层、构造带发育，全库盆存在较严重渗漏问题的水库。

（2）严寒地区冰冻防控技术

抽水蓄能电站运行过程中水位涨落频繁，在水面不能完全冰封的情况下，水体中产生的大量冰屑具有很强的黏附性，对接触的建筑物会产生较大的作用力，同时容易堵塞水道、电站进口拦污栅等。

经过十三陵、蒲石河、西龙池、呼和浩特等电站的研究与积累，目前严寒地区解决冰情问题的基本措施有两方面。一方面是控制水库运行方式，即保证一定数量的机组每天正常运行，阻止冰盖的形成，保护防渗层不受破坏；另一方面提高混凝土的抗冻标号、使用改性沥青等，改善结构对严寒的适应性。

（3）拦排沙技术

蓄能电站下水库通常是利用原河道拦河成库，大陆北方河流通常含沙量较高，泥沙问题较为突出。

由于抽水蓄能电站的工作特点，对下水库的入库泥沙含量有严格限制，水源泥沙太多，会淤积在库内，使有效库容减少，高泥沙含量的水流会对水轮机造成严重的磨损。对于多泥沙电站，可通过电站合理运行降低入库沙量，比如汛期降低水库运行水位，减少库容，达到提高排沙比、减少水库淤积的目的，科学避沙包括输沙高峰时短时间停机避沙。同时，在工程措施上，目前拦沙及

排沙工程设计措施主要包括新建拦沙坝和排沙洞，或拦沙潜坝及排沙孔的方式，岸边库也是比较常见的避沙措施[4,5]。

10.3.2　引水管道关键技术问题

（1）高水头大 HD 值钢岔管技术研究

目前国内抽水蓄能电站有装机容量越来越大、设计水头越来越高的趋势，因此高水头、大 HD 值高压钢岔管的设计、制造也逐渐成为普遍性的问题，由于其体型和结构受力的复杂性，使其成为水道系统设计中的一个关键性研究问题。

对于水头超过 500m 的高水头、大 HD 值的钢岔管以往均采用进口钢材、国外整体采购，工程投资大，工期较长。随着我国水电开发和大型抽水蓄能电站的建设，研究高水头大 HD 值钢岔管设计、选材、制造的国产化成为比较突出的问题。

（2）钢筋混凝土衬砌高压管道技术研究

随着抽水蓄能电站向着高水头、大容量方向发展，引水系统高压管道承受的内水压力越来越高，高压管道和高压岔管采用钢筋混凝土衬砌的技术经济可行性成为水道系统设计中的一个关键性技术问题。

目前，我国抽水蓄能电站设计方面，建立了高水头隧洞衬砌设计理论体系和方法，明确了围岩为高压隧洞承载和防渗的主体，提出了混凝土衬砌的作用主要是保护围岩、平顺水流，为高压灌浆提供条件的设计理念。对高水头抽水蓄能电站采用了世界上压力最高的 9MPa 高压灌浆技术，改善了围岩性态，建成了目前水头最高的大型钢筋混凝土衬砌输水管道和岔管。采用钢筋混凝土衬砌的压力管道围岩 Ⅰ、Ⅱ 类围岩一般要求占 80% 以上，同时满足挪威准则、最小地应力准则、围岩渗透准则等，衬砌按透水衬砌设计，配筋按限裂要求计算确定。高压输水隧洞中弄清岩体的渗透特性、渗透稳定性、衬砌结构型式、结构特性及防渗措施，对工程安全稳定运行至关重要。

（3）钢板衬砌高压管道技术研究

随着抽水蓄能电站向着高水头、大容量方向发展，引水系统高压管道承受的内水压力越来越高，如不能满足钢筋混凝土衬砌的条件就需要采用钢板衬砌。钢板衬砌压力管道的研究内容包括：钢衬结构设计、围岩分担内水压力研究、排水设计、灌浆设计、防腐设计、施工方法等。

目前，抽水蓄能电站设计方面，形成了一整套的钢板衬砌设计理论体系和方法。采用钢板衬砌的压力管道围岩一般以Ⅲ、Ⅳ类为主的地质条件下。钢板衬砌压力管道具有完全不透水、可以承担部分内水压力、过流糙率小、耐久性强、可经受较大水流等特点。根据工程地质条件，深入研究地下埋藏式压力钢管的围岩分担率，在保证结构内外压安全的前提下，优化管壁厚度，减小压力钢管制造安装难度。

10.3.3　地下厂房关键技术问题

（1）地下厂房洞室群布置

国内抽水蓄能电站通常采用地下厂房，地下洞室群空间纵横交错，规模庞大，主要包括三大洞室：地下主厂房，主变洞，尾水闸门洞；四大附属系统：交通系统，通风系统，排水系统，出线系统。

（2）地下洞室群围岩稳定

抽水蓄能电站地下洞室较多，交错布置，围岩稳定成为关键技术问题之一。随着抽水蓄能电站建设和岩体力学研究水平的发展，在设计和施工过程中，积累了丰富的经验和各种有效的手段，使地下洞室支护设计更加合理、安全、经济。

10.3.4　蓄能机组设计及自主制造能力

（1）高扬程大容量蓄能机组研发

随着世界抽水蓄能技术的进步，近年来抽水蓄能电站向着大容量、高水头、高转速的方向发展。目前世界上 700m 级以上的单级混流可逆式抽水蓄能机组只有日本有设计、制造经验，如最高扬程达到 778m、单机容量 412MW、额定转速 500r/min 的葛野川抽水蓄能电站；最高扬程为 728m、单机容量

480MW、额定转速为 500r/min 的神流川抽水蓄能电站。两厂相应地对 700m 级、单机容量 400MW 的技术研发工作，并于 2015 年 3 月顺利签订了敦化抽水蓄能电站机组的独立设计制造。该电站为目前国内水头最高的抽水蓄能电站，最高扬程达到 712m，机组额定转速 500r/min，单机容量为 350MW。两厂均已基本完成初步模型，主要关键性能指标达到日本设计制造的西龙池机组水平。

（2）变速蓄能机组研发

我国已开展了变速抽水蓄能新技术专题研究、研发与试验。丰宁抽水蓄能电站已成功引进 2 台变速机组，并有望在 2021 年投产发电。期待通过引进、吸收的方式，尽快掌握变速机组制造技术，提升我国大型装备制造能力。

10.4 学科未来发展方向的分析与规划路线图

10.4.1 抽水蓄能未来发展方向

目前，我国抽水蓄能储能技术无论在设计、施工、运行管理等方面均具有世界先进水平，高水头、高转速、大容量的蓄能机组成套设备处于技术攻坚阶段，变速机组技术研究处于起步阶段。从技术、设备和材料等方面来看，已经不存在制约我国抽水蓄能电站快速发展的因素。但从引领国际抽水蓄能技术水平的角度出发，仍需在提升机组制造水平、创新抽水蓄能建设型式等方面深入研究[6]。

（1）抽水蓄能科学规划、合理布局

抽水蓄能建设必须遵循适度规模、合理布局的基本原则进行科学规划，重点考虑安全性、经济性、清洁高效性及社会环境敏感性等因素科学发展。

从建设规模发展趋势来看，《水电发展"十三五"规划》中提出我国"十三五"时期，以电力需求为导向，加快抽水蓄能开发建设。2020 年抽水蓄能装机规模达到 3949 万千瓦，开工建设抽水蓄能电站 6000 万千瓦，2025 年抽水蓄能电站建成规模为 1 亿千瓦。此外，为了满足我国"十四五"抽水蓄能建设需要，我国已有 10 省（区）启动新一轮的抽水蓄能规划工作。未来 5～10 年，我国将在"统筹规划、合理布局"的原则下，加快抽水蓄能电站建设，研究试点海水抽水蓄能，攻关变速机组等先进设备制造技术。

从建设区域发展趋势来看，未来抽水蓄能电站合理布局主要考虑的是电网，包括负荷中心、新能源基地等送端、受端以及特高压输电线路交接出的安全、经济运行需求。

（2）提升机组设备制造水平

依托绩溪、敦化、仙居抽水蓄能电站建设，实现 500m 水头及以上、单机容量 40 万千瓦级高水头、大容量机组设计制造的自主化，目前绩溪、仙居均已顺利通过模型验收试验，性能指标优良。同时结合白山、响水涧、呼和浩特、丰宁、绩溪、敦化等项目积极推动励磁、调速器、变频装置等辅机设备国产化，着力提高主辅设备的独立成套设计和制造能力，深入变速机组设备制造自主研发。

变速机组的建设并不是新生事物，从 20 世纪 60 年代开始，国外水电行业就开始了变速抽水蓄能机组的研究及试验工作，日本早在 1990 年就投产了首台可变速机组（矢木泽抽水蓄能电站）。截至目前，国际上已采用可变速机组的蓄能电站约 11 座、20 台机组，在建约 7 座电站、17 台机组。而我国与国际上先进的国家相比，大容量连续调速的变速机组在中国电网中的应用和管理以及设备技术自主研发和制造方面还存在一定的差距。

为此，2014 年 11 月国家发展和改革委员会 2482 号文明确提出我国要积极推进可变速机组的国产化，提高主辅设备的独立成套设计和制造能力。2017 年 9 月 22 日，国家发展和改革委员会《关于促进储能技术与产业发展的指导意见》（发改能源〔2017〕1701 号）明确提出，要"集中攻关一批具有关键核心意义的储能技术和材料……重点包括变速抽水蓄能技术"等。

鉴于此，2013～2014 年，国网新源公司组织国内设计单位、相关设备制造厂开展了"大型抽水蓄能变速机组应用技术研究"科技项目实施工作，北京勘测设计研究院结合丰宁二期工程，完成了大型抽水蓄能变速机组技术工程应用必要性和经济性分析，论证了机组设备研制的关键技术及经济性。2015 年 10 月，受新源公司委托，北京勘测设计研究院启动了丰宁变速机组应用研究的相关工作，并于 2016 年 5 月向总院提交《河北丰宁抽水蓄能电站（二期）变速机组应用可行性研究报告》并通过审查。2017 年，丰宁抽水蓄能电站通过招投标程序，明确引进 2 台安德里兹提供的变速机组，我国有望通过引进、吸收的模式，中国自主创新的抽水蓄能设备制造再上新的台阶提供新的机遇和平台。

（3）海水抽水蓄能电站研究

冲绳海水（Okinawa Yanbaru seawater）抽水蓄能电站，位于日本冲绳岛北部，是世界上唯一一座海水抽水蓄能电站，但已于 2016 年关停。国内尚无此方面的实践。

我国拥有绵长的海岸线，具备优越的建设海水抽水蓄能电站的资源条件，同时我国沿海地区经济相对发达，在我国可再生能源大力发展、核电产业大规模发展、特高压、智能电网建设发展、国家节能减排、发展低碳经济的背景下，将对电力系统安全、稳定、经济运行提出更高的要求。海水抽水蓄能电站作为储能设施，是淡水抽水蓄能电站的有益补充，可有效缓解电网的调峰、填谷等问题。因此，海水抽水蓄能电站具有很大的发展前景。然而，由于海水的特殊性、海洋环境的复杂性，海水抽蓄发电技术研究在我国是比较薄弱的，理论研究和相关设备研发尚处于起步阶段，工程实践还未完全展开。《水电发展"十三五"规划》指出要"研究试点海水抽水蓄能，加强关键技术研究，推动建设海水抽水蓄能电站示范项目，填补我国该项工程空白，掌握规划、设计、施工、运行、材料、环保、装备制造等整套技术，提升海岛多能互补、综合集成能源利用模式"。

目前，国家能源局发布了海水抽水蓄能电站资源普查成果，批复同意将福建宁德浮鹰岛（拟装机 4.2 万千瓦）站点作为海水抽水蓄能电站试验示范项目站点，以填补我国该项工程空白。

（4）新的蓄能建设形式研究

抽水蓄能仍是应用最为广泛、寿命周期最长、容量最大的一种储能技术，但抽水蓄能电站的建设选址较为苛刻，需要具备合适的地形地质条件、水源条件，站址还应避开环境敏感因素。我国经过前几轮大规模抽水蓄能选点以及推荐站点的开工建设，开发条件优良的蓄能站点资源越来越少，蓄能选点的选择开始变得困难，经济指标也在不断变差。抽水蓄能站址资源的选择也到了转变思路的时刻。

在地下抽水蓄能电站的领域内，国外在利用废矿洞建设抽水蓄能电站方面已开展了相关研究，并实现了实际工程应用。

废弃矿洞是伴随着采矿活动结束而产生的人为遗迹。根据不同矿洞的不同特点，因地制宜地加以改造利用，是目前许多矿业大国所一贯推崇的革新式"资源再利用"途径。废弃矿洞可以有许多不同的用途，如储存液体燃料、武器、农副产品，堆存有毒的或放射性废料，改造成博物馆、研究中心、档案馆，进行旅游开发、坑塘养殖、矿洞土地复垦再利用等等，这样因"资源再利用"产生了新的经济效益，而使矿洞这一原本废弃的资源重获价值。长期以来由于缺乏相应的规划指引和推动，我国矿产资源开采后遗留下的大规模的工业废弃地多处于闲置的、被遗弃的消极状态。随着社会经济的发展，废弃矿洞的再利用，无论从环境保护的角度，还是资源综合利用的要求来讲，都是十分必要和有益的。利用废弃矿洞建设抽水蓄能，不仅能使废弃矿洞得到重新利用，而且可以节约土地资源，利用已有的矿洞空间还能减少工程土建方面投资，更有可能让抽水蓄能靠近负荷中心、新能源集中区域以获得更大的经济效益。目前，我国已经开始开展利用废弃矿洞建设抽水蓄能电站的前期技术研究[7]。

（5）建设及经营机制研究

根据国家能源局相关文件精神，我国将已放开抽水蓄能电站建设权，允许非电网企业经营、管理抽水蓄能电站。

从管理运营模式来说，我国现行制度仍存在诸多弊端，如难以体现"谁受益，谁分担"的市场经济原则，蓄能电站的动态效益难以得到合理补偿等，从某种程度上讲，管理体制和运行机制均制约了我国蓄能电站的发展。鉴于此，2014 年国务院、国家发展改革委分别发文明确在电力市场形成前的抽水蓄能电站电价核定原则，抽水蓄能电站由省级政府核准，并逐步建立引入社会资本的多元市场化投资体制机制，逐步健全管理体制机制等。

因此，电力市场化形成前，抽水蓄能电站价格机制采用两部制电价方式，电价按照合理成本加准许收益的原则核定，费用纳入当地省级电网（或区域电网）运行费用统一核算，并作为销售电价调整因素统筹考虑。

随着我国电力市场改革不断深化，在完全市场化下，抽水蓄能电站作为一个普通的市场成员参与竞争，通过市场上供求双方的博弈形成抽水蓄能电站的价格。抽水蓄能电站具有启停迅速、运行灵活、储能效率高等特性，必然通过辅助服务电价等途径得到回报。抽水蓄能电站通过市场这个"看不见的手"的配置作用，能够更好地引导其健康可持续发展。

10.4.2　抽水蓄能规划发展路线图

随着前期建设条件优良的站址优先完建，后续复杂地质条件及多元运行方式的站址已提到建设日程，我国抽水蓄能电站向高水头及低水头两个方向延伸，工程规模加大、工程区域内地质构造复杂、地震烈度高、更高转速及更低转速等考虑因素，工程技术难度大，更多技术问题有待进一步研究和突破。此外，水库筑坝及防渗技术、复杂地质条件下大型地下洞室群的围岩稳定、高水头及高转速机组特性、低水头机组的制造调试、大型地下洞群通风系统设计、电网对机组稳定性及快速响应要求的提高、与其他新能源的联合运行等，都具有较大挑战性，需要深入开展调查研究、科学试验和技术攻关，妥善解决复杂环境和条件下抽水蓄能资源开发面临的一系列工程技术问题[8]。

依托绩溪、敦化、仙居抽水蓄能电站建设，实现 500m 水头及以上、单机容量 40 万千瓦级高水头、大容量机组设计制造的自主化，目前绩溪、仙居均已顺利通过模型验收试验，性能指标优良。同时结合白山、响水涧、呼和浩特、丰宁、绩溪、敦化等项目积极推动励磁、调速器、变频装置等辅机设备国产化，着力提高主辅设备的独立成套设计和制造能力，深入变速机组设备制造自主研发。

此外，为践行低碳环保、承担更大的社会责任考虑，有必要加大新的建设形式研究，包括利用矿坑、海水等建设抽水蓄能。抽水蓄能发展路线图建议见图 10-3。

2025 年前，在做好抽水蓄能滚动规划、优化区域布局的基础上，重点开展矿洞、海水等新形式蓄能技术攻关；并根据电力市场改革进程深入开展电价

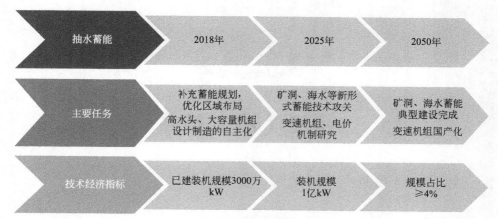

图 10-3 抽水蓄能发展路线图

机制等方面的研究，尤其重视抽水蓄能辅助服务效益定量化的研究；以我国首台变速机组投产运行为契机，开展变速机组设计及制造前期研究；实现建设规模 1 亿千瓦目标。

2050 年前，建设矿洞、海水蓄能试点工程，变速机组自主制造完成关键技术攻关，实现变速机组制造国产化，抽水蓄能电站在电源结构占比不低于 4%。

参考文献

［1］ 邱彬如.世界抽水蓄能电站新发展.北京：中国电力出版社，2006.

［2］ 中国电力出版社.抽水蓄能电站设计导则：DL/T 5208—2005.北京：中国电力出版社，2005.

［3］ 《中国电力百科全书》编辑委员会.中国电力百科全书·水力发电卷.北京：中国电力出版社，2014.

［4］ 王婷婷，张正平，赵杰君，等.变速机组对我国抽水蓄能规划选点的影响分析.水力发电，2018，44（4）：60-63.

［5］ 钱钢粮.我国海水抽水蓄能电站站点资源综述.水电与抽水蓄能，2017（5）：1-6.

［6］ 张皓天，吴世东，芮德繁，等.我国海水抽水蓄能电站示范项目选择及开发研究.水电与抽水蓄能，2017（5）：7-10.

［7］ 罗魁，石文辉，曹飞，等.利用废弃矿洞建设抽水蓄能电站初探.中国能源，2018，10：42-47.

［8］ 杨子强，王可，李伟.严寒地区抽水蓄能电站防冰害措施研究.水力发电，2018，44（6）：54-56.

第11章

储热（冷）技术

11.1　国内外发展现状

储热（冷）与抽水蓄能、压缩空气储能一样具有成本低、大容量、长寿命的特征，是一种可以大规模使用的储能技术，到 2018 年底储热装机容量达到 1400 万千瓦，是世界上第二大储能技术，装机量仅次于抽水蓄能[1-3]。

依据储热（冷）的原理来说，可以将储热（冷）技术分成三类。

11.1.1　显热储热（冷）技术

显热储热（冷）技术包括固体和液体显热储热（冷）技术。固体显热储热（冷）材料物质包括岩石、砂、金属、混凝土和耐火砖等，液体显热储热材料包括水、导热油和熔融盐等。水、土壤、砂石及岩石是最常见低温（＜100℃）显热储热（冷）介质，目前已在太阳能低温热利用、跨季节储能、压缩空气储热储冷、低谷电供暖供热、热电厂储热等领域得到广泛应用[3]。导热油、熔融盐、混凝土、蜂窝陶瓷、耐火砖是常用的中高温（120～800℃）显热储热材料[3]。混凝土、蜂窝陶瓷、耐火砖是价格较低的中高温显热储热材料，目前已在建筑领域得到广泛应用，在太阳能热发电、高温储热领域有一些示范装置[4,5]，但迫切需要解决储热体温度在放热时随时间不断下降的情况下如何保证取热流体温度和流量稳定的技术难题。导热油虽然具有更大的储热温差（120～300℃），但蒸汽压较高，蒸发严重且价格较贵，目前较少采用。熔融盐有很宽的液体温度范围、储热温差大、储热密度大、传热性能好、压力低、储放热工况稳定且可实现精准控制，是一种大容量（单机可实现 1000MW·h 以上的储热容量）、低成本和大容量的中高温储热技术，目前国际上已有二十多座商业化运行的太阳能热发电电站（总装机容量达到了 400 万千瓦以上）采用大容量的熔盐显热储热技术，最长的已有十年的运行时间[3]。目前广泛采用的太阳盐和 Hitec 盐配方存在熔点高、分解温度低的缺陷。因此研发低熔点、高分解温度的宽液体温度范围熔盐是国际研究的热点[6-7]。在混合熔盐中添加二氧化硅、碳等纳米粒子来提高混合熔盐的比热和储热密度也是国际的前沿研究领域[8,9]。为了满足超临界二氧化碳太阳能热发电的需求，研发 600～800℃高温混合熔盐配方成为近几年国际研究的前沿领域[10]。

11.1.2　相变储热技术

相变储热具有在相变温度区间内相变热焓大、储热密度高和系统体积小等优点，得到了国内外研究者的普遍重视。固-液相变材料在相变过程中转变热焓大而体积变化较小，过程可控，是目前的主要研究和应用对象。按工作温度范围可分为低温和中高温相变材料。低温相变材料主要包括聚乙二醇、石蜡和脂肪酸等有机物、水和无机水合盐等，冰蓄冷技术已经普遍用于建筑空调的蓄冷中[11]；有机相变材料的特点是相变热焓大、过冷度小，但高温稳定性差、导热系数低、成本较高等；水合盐的特点是容易相分离、过冷度大等。中高温相变材料主要包括无机盐、金属和合金等。无机盐特点是相变热焓高、性价比好，但导热系数较低、且大多数盐高温腐蚀性能严重[3,12]；金属合金的特点是导热系数高、密度大，但高温腐蚀性强、易被氧化、成本高昂等[3,12,13]。大容量相变蓄热需要解决导热系数低、蓄放热流体管路投资大等技术瓶颈。2016 年，新疆阿勒泰市风电清洁供暖国家示范项目采用了 6MW/36MW·h 的电热相变储能炉（共使用高温相变砖约 150 吨），利用当地的弃风风电和低谷电满足居民供暖，提升了风电消纳能力减少了燃煤带来的环境污染问题[13]。

11.1.3 化学储热技术（thermo-chemical energy storage，TCES）

反应热储存则是利用储能材料相接触时发生可逆的化学反应来储、放热能；如化学反应的正反应吸热，热能便被储存起来；逆反应放热，则热能被释放出去。热化学反应储热具有更大的能量储存密度，而且不需要保温，可以在常温下无损失地长期储存热能。但化学储热技术目前还很不成熟，离商业化应用还有一定的距离[14]。

三种不同的储热技术在价格，密度和存储期限上各有不同，表 11-1 对这三种技术的主要特征进行了比较分析。目前的应用情况来看，显热储热的因其价格较低且装置结构简单，所以应用范围较广，特别是在太阳能热发电中采用了大容量的熔盐蓄热，但固体显热蓄热存在温度波动大的缺陷。而相变储热技术可以较好地克服固体显热储热温度波动大的缺点，目前也有一些示范应用项目，但大容量储热还存在一些技术瓶颈。化学储热技术具有的储能密度高，储能周期长等优点，是目前储热技术研发工作的热点，但是还存在稳定性差，规模化难度高等问题，距离工业化推广应用尚远，还有大量的研究工作要做。

表 11-1　三种储热技术的特征比较[2]

储热技术	显热储热	潜热储热	化学储热
储能价格/（元/kW·h）	1～600	4～600	80～1000
单机储热容量/（MW·h）	0.001～4000	0.001～10	0.001～4
储能密度/(kJ/kg)	数十到近千	数百,甚至近千	上千
储能周期	10 分钟至数月	10 分钟至数周	几天至数年
技术优点	储热系统集成相对简单;储能成本低,储能介质通常对环境友好	在近似等温的状态下放热,有利于热控	储能密度最大,非常适用于紧凑装置;储热期间的散热损失可以忽略不计
技术缺点	系统复杂;蓄放热都需要很大的温差	储热介质与容器的相容性通常很差;热稳定性需强化;相变材料热导率低;相变材料较贵	储/释热过程复杂,不确定性大,控制难;循环中的传热传质特性通常较差

续表

储热技术	显热储热	潜热储热	化学储热
技术成熟度	高；工业、建筑、太阳能热发电领域已有大规模的商业运营系统	中；处于从实验室示范到商业示范的过渡期	低；处于储热介质基础测试、实验原理机验证阶段
未来研究重点	高性能低成本储热材料的开发，储热系统运行参数的优化策略创新；储/释热过程中不同热损的有效控制等	新型相变材料或复合相变蓄热材料的开发；已有相变材料的相容性改进；储/释热过程的优化控制等	新型储热介质对的筛选、验证；储/释循环的强化与控制；技术经济性的验证，以及适用范围的拓展

11.2 未来发展方向预测与展望

11.2.1 产业未来发展方向预测与展望

储热涉及的产业链如图 11-1 所示。上游主要是熔盐、混凝土、陶瓷、相变及复合相变等储热材料的生产和销售，属于材料和化学工业的一部分。中游主要是关键设备［蓄热罐、熔盐泵、换热器、电加热器、相变或固体储热（冷）单元等］设计制造、系统集成控制相关的行业，属于技术密集型的高端制造业，具有多学科、技术交叉等特性。下游主要是用户对储热（冷）系统的使用和需求，涉及常规电力、可再生能源、分布式能源系统、智能电网与能源互联网、工业余热、暖通空调等多个行业领域。

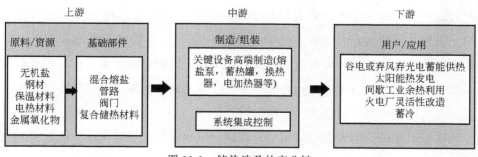

图 11-1　储热涉及的产业链

上游储热（冷）材料是科技创新的重点，主要围绕着材料的储能密度和功率密度的提高进行的。开发高热导、高热容的耐高温混凝土、陶瓷等固体储热（冷）材料，研发低熔点高分解温度混合熔盐配方和可提高混合熔盐比热容的熔盐纳米流体是显热储热材料的发展趋势；目前采用的多数相变储热（冷）材料导热系数比较低，制约了其储热（冷）/释热（冷）速率，影响了材料的功率密度，采用在相变储热（冷）材料中复合各种高导热添加剂是提升功率的有效途径，高导热添加剂包括有金属颗粒、石墨、纳米碳管等多种物质，而借助高导热的框架结构对相变储热材料进行封装，可以同时实现封装和导热性能提高，泡沫金属，泡沫碳和石墨烯都属于这一类技术。在储能系统提升的同时，降低材料的制备成本，实现可规模化制备，也是高性能储热（冷）材料发展的主要趋势，相较成熟的显热储热（冷）技术来说，潜热型的储热（冷）技术在材料成本上还有一定的劣势，发展廉价的原材料并可规模化的生产工艺也成为潜热储热（冷）材料推广应用的一个关键问题。

储热工质的工作温度范围向着超高温（800℃以上）和深冷方向（−100℃以下）热能（冷能）储存技术，通过提高储热温度与环境温度的温度差，实现能源的高品位热（冷）储存技术，热（冷）储存品位的提高可以改善热能释放时的能源转化效率，提升储热（冷）系统的应用范围，高品位的热能储存技术在太阳能光热发电系统和压缩空气储能系统中具有很好的应用前景。LNG 的大规模化开发利用，以及超临界压缩空气储能和液态空气储能技术的发展迫切需求高性能的深冷蓄冷材料[15,16]。

中游产业也是科技创新的重点，主要围绕储热（冷）设备的能效和可靠性开展研发。大容量储热材料电加热装置是目前煤改电对储热设备提出的新需求，目前主要的研发方向是 10～1000MW 大容量、万伏以上高电压的水、熔盐和固体电加热装置；大容量储热罐主要围绕高性能保温技术、地基防变形技术以及长寿命焊接技术等方面开展研发；长轴高温熔盐泵、大容量高温熔盐换热器等也是大容量熔盐储热的关键设备。对于相变和固体储热（冷）装置，主要是通过对单模块的性能分析和优化，研制出具有较好储热（冷）性能的储热（冷）模块，模块结构的优化和模块化系统装置的集成有利于装置的结构设计和放大[17]。针对大规模储热（冷）模块阵列，开发阵列化运行先进控制技术，通过对模块储释热（冷）过程的协调控制，有利于提高储热（冷）的效率和温度稳定性；开发新的热力学循环方案，结合储热装置的结构和运行特点，提出新的热力学循环方案，包括开发新型的系统传热工质，以获得更好系统循环效率，提高能源的利用率，提升储热技术商业应用前景；通过在现有固定床储热系统中采用高效喷淋分流结构，可大幅降低传热流体用量和储热成本，显著提高传热储热效率和稳定性[18]。

储热技术的下游产业主要是包括了前面所叙述的多种能源技术行业，涉及风能，太阳能，电网，热用户等多个领域和行业，整体来看，目前可再生能源（包括风电和太阳能）对储能技术的需求非常强烈，而作为一种较为成熟的能源储存技术，储热技术的应用对于消纳可再生能源和提高新能源的电能质量都有着积极的作用[19]，而对于电网和热用户来说，储热（冷）技术是一种有效的电能替代技术，通过合理的运营价格机制，可以部分替代传统的化石能源，实现用户侧的清洁用能，也为电网消峰平谷的主要手段之一。储热（冷）技术的应用提高了可再生能源的利用率，同时将清洁的可再生能源用于供暖空调的领域，或者可以提高工业企业的能源利用率，部分替代传统的化石能源，有利于节能减排工作，社会效益是正面的。储热技术的应用还可以降低以往电制热供暖的运营成本，有利于该技术方案的推广和应用，同样具有积极的作用，可再生能源的就地消纳和电网虚拟调峰也可以极大的提高目前电网对波动性较大的可再生能源的接纳能力，缓解风电上网的矛盾，具有很好的社会效益。

2016 年 4 月国家发展和改革委员会和国家能源局发布《能源技术革命创新行动计划（2016～2030 年）》，把研究太阳能光热高效利用高温储热技术、分布式能源系统大容量储热（冷）技术作为能源技术革命创新行动的重点任务，强调要研究高温（≥500℃）储热技术，开发高热导、高热容的耐高温混凝土、陶瓷、熔盐、复合储热材料的制备工艺与方法，研究 10MW·h 级以上高温储热单元优化设计技术。开展 10～100MW·h 级示范工程，示范验证 10～100MW·h 级面向分布式供能的储热（冷）系统和 10MW 级以上太阳能光热电站用高温储热系统，研究热化学储热等前瞻性储热技术，探索高储热密度、低成本、循环特性良好的新型材料配对机制等。2016 年 12 月国家发展和改革委员会和国家能源局发布《能源生产和消费革命战略 2016～2030》，文件中把发展可变速抽水蓄能技术，推进飞轮、高参数高温储热、相变储能、新型压缩空气等物理储能技术的研发应用作为推动能源技术革命，抢占科技发展制高点的重要方向。2017 年 9 月 22 日，国家发展改革委、财政部、科学技术部、工业和信息化技术部、国家能源局五部委联合发布《关于促进储能技术与产业发展的指导意见》，明确把相变储热材料与高温储热技术研发、大容量新型熔盐储热装置试验示范、推进风电储热试点示范工程建设作为重点任务。

储热技术在其应用中既可以作为一项单独的技术使用，实现电网用户侧的消峰平谷，同时也可以与其他能源技术（如太阳能光热和压缩空气储能技术等）相结合，以提升这些能源技术的调峰能力，同时也是这些能源技术提效的关键技术之一，针对不同的领域应用的情况，对其市场需求情况和预期规模进行分析如下[20-24]。

（1）可再生能源消纳及谷电加热蓄热供热

2019 年我国的弃风电量有约 169 亿千瓦时，弃光电量达到 46 亿千瓦时[25]，在电网用户侧建立起基于储热（冷）技术的虚拟调峰电站，可以有效地消纳这部分可再生能源[26]，并利用这部分能源进行供暖，实现可再生能源的清洁供暖需求。通过用户侧的储热（冷）能源站的建立，并提供一定的备用储能容量，满足电网的用户侧虚拟调峰的需求。利用散煤的供热供暖是造成我国大面积雾霾的主要原因之一，在居民采暖、工农业生产、交通运输等领域，因地制宜发展谷电加热蓄热式供热技术，是解决我国大面积雾霾的主要技术途径。自从 2013 年以来，我国大力推广实施煤改电工程，为大容量蓄热技术提供了巨大的市场空间。

（2）太阳能光热发电的需求

集成大容量熔盐蓄热的太阳能热发电可产生连续稳定可调的高品质电能，克服了光伏和风力发电不连续、不稳定和不可调度的缺陷，极大地提升光热电站的利用小时数，实现新能源的消纳，并可以承担电网的基础负荷，有望成为将来的主力能源。按照我国能源局的"十三五"规划，到 2020 年中国要建成 500 万千瓦的太阳能热电站，共需 150～300 万吨的熔盐。按照国际能源署的预测，到 2050 年，世界太阳能热发电的装机容量可达 10 亿千瓦以上，则未来 35 年内每年安装 2800 万千瓦以上，每年对熔盐的需求量在 840～1680 万吨左右。

（3）热电厂的灵活性改造

随着经济发展，社会对电能的需求不断增长，电网容量不断扩大，用电结构亦发生变化，各大电网的峰谷差日趋增大，电网目前的调峰能力和调峰需求之间的矛盾愈发尖锐，低谷时缺乏调峰手段的问题将更为突出。电力市场化改革的深入以及波动性可再生能源的增多，将使煤电机组逐步由提供电力、电量的主体性电源，向提供可靠电力、调峰调频能力的基础性电源转变。针对燃煤发电机组弹性运行控制的严峻形势、增加储热装置实现"热电解耦"，在调峰困难时段通过储热装置热量供热，降低供热强迫出力；在调峰有余量的时段，储存富裕热量。

（4）压缩空气储能的需求

目前我国正在开展压缩空气储能系统的示范工作，随着电力生产端对于大规模储能技术的需求增长，压缩空气储能技术也将得到进一步的发展和重视，储热（冷）系统作为压缩空气储能系统的关键部件之一，可以回收压缩过程的热能及膨胀过程中的冷能，因此其也是压缩空气储能系统循环效率提升的关键部分，因此随着压缩空气储能技术的发展，对于储热（冷）技术的需求也会相应增长。

（5）分布式能源的需求

预期到2020年，在全国规模以上城市推广使用分布式能源系统，装机规模达到5000万千瓦，并实现分布式能源装备产业化。分布式能源系统中将会依据应用需求的变化，包括多种储能形式，系统中的冷热联供也是分布式能源系统能源利用，通过储热（冷）装置解决生产者和用户间在时间空间上的不匹配问题，可以满足分布式能源系统大力发展需求。

（6）工业节能的需求

工业用能是目前我国能源消耗的主体（占社会总能耗的70%），每年的能源消费量近40亿吨标准煤，工业余热资源利用率低是造成工业能耗高能源资源浪费问题严重，能源产生端和消费端之间的匹配问题也是制约余热资源的利用，发展具有高储热密度的储热技术，实现余热资源在空间和时间上的有效调度，将为工业节能提供重要帮助。

（7）冷链运输技术的需求

农副产品及药品等运输过程中能够均匀稳定地释放冷量，温度波动小，且可集中利用夜间低谷电充冷。通过蓄冷剂携带的冷量来维持车厢内的贮藏温度，替代冷链车中的制冷压缩机，从而对农副产品及药品进行保鲜，并减少冷链运输过程中的油耗和电耗。

（8）储热发电技术

针对大容量储电发展起来的前沿技术，在该技术领域存在几种不同的路径，包括有 PHES（pumped heat electricity storage），该技术将电能储存为高品级的热能和冷能，以获得高的储能密度和循环效率，ETES（eletric thermal energy storage），是一种利用 CO_2 为循环工作的热能存储技术，也需要同时存储冷能和热能，并以 CO_2 为循环工作，其利用 CO_2 超临界态下的特殊性质[19,20]，提升系统循环效率，几种储热发电技术都没有特别的地理位置要求，对环境破坏小，被认为是一种容量大，适用于电网级的能量型储存技术。目前其主要问题在于减少系统的㶲（exergy）损失，由于系统每个循环需要经过多次膨胀压缩级传热换热过程造成能量的损失，热力循环的热力节点设计分析，这里也包括了研制高温和深冷储热（冷）技术，提高工质间换热效率，研制绝热的压缩膨胀技术等方面的工作。

11.2.2　学科未来发展方向预测与展望

储热涉及的重点学科是"动力工程及工程热物理"和"材料科学与工程"两个一级学科。"动力工程及工程热物理"是能源领域的重要支撑学科，主要学科方向有传热传质、热力循环理论与系统仿真、动力机械及工程、流体机械、燃烧、多相流、制冷空调等，注重能源与化工、生物、信息、环境等学科的交叉与结合。材料科学与工程是国民经济发展的三大支柱之一，是研究材料成分、结构、加工工艺与其性能和应用的学科，主要专业方向有金属材料、无机非金属材料、高分子材料、耐磨材料、表面强化、材料加工工程等等。此外，储热还与化学工程、机械工程和电气控制工程密切交叉，具体如下。

（1）开发宽液体温度范围、低凝固点、高比热、腐蚀性小的高温液体显热储热材料

通过在现有二元混合硝酸盐中添加新的组分，可降低混合熔盐的凝固点，提高混合熔盐的分解温度，拓宽熔盐的液体温度范围；通过在混合熔盐中添加纳米粒子，可提高比热 20% 以上，以进一步提高液体显热储热材料的蓄热密度，降低蓄热成本；研究熔盐储热材料的强化储热和腐蚀机理。

（2）研发高热导、高热容固体显热储热/储冷材料、潜热储热储冷材料及显热/潜热复合储热/储冷材料

研究开发高热导、高热容耐高温混凝土、陶瓷、氧化镁等固体储热储冷材料、高潜热高热导潜热储热/冷材料以及显热/潜热复合储热/储冷材料的制备工艺和制备方法。研究储热储冷材料抗热冲击性能及力学性能之间的关系，探究大温差热循环动态条件下材料性能演变规律，研究改性无机相变和固体显热蓄热蓄冷所构成的两类复合蓄热/蓄冷材料设计原理及微结构对储热性能的作用机理，研究储热材料的静态和动态腐蚀机理。

（3）开发新型的化学储热材料

开发新型的储热材料是进一步提高能源密度和功率密度的关键，也可以减少储热技术的能量损失，提高相应时间降低技术成本，这里要解决的关键问题包括：①力学性能衰减，循环使用过程中，因为材料体积随着吸附/解吸过程和化学反应过程而发生变化；②化学腐蚀，主要是由于传热工质或者包覆材料腐蚀储热材料的表明，以及由于反复化学反应循环；③对于储热材料的快速成像和测试技术[20,21]。

（4）储热单元和系统装置的研究

大部分传统的储热单元和储热系统都是采用了固定床，流化床和双罐系统的设计方案。这类系统或是响应比较慢（固定床和双罐系统）或者热能衰减大（流化床）[22,23]。热能衰减大就意味着系统㶲（exergy）损失高以及循环效率低。新的设计方案需要克服这些问题，这方面的研究工作需要解决的关键问题有：①单元装置的放大技术；②强化传热技术，减小储释热过程的换热温差可减小换热过程㶲（exergy）损失，③高效绝热材料和结构，采用低导热材料和结构可减小向环境的漏热损失；④开发出新的热力学过程，从而降低循环过程中传热传质的阻力损失提高热电能量转化效率。

（5）将储热系统与电网相集成

储热技术好处在于可以在电源侧和用户侧建立起与用能行为匹配的大容量分布式储能系统，可以提高电网系统效率等级，减少投资，并提升消峰平谷的容量[19,24]。要实现以上这些优势，储热技术在能源系统中的集成与优化是必不可少的，热网与电网的互联互通及其耦合储热装置的系统仿真模型。在这方面的研究工作需要解决的关键问题是发展一套基于大量关键特征参数建立起来的简单算法，以实现其在电网应用时快速计算分析和过程控制，并建立基于能源互联网的信息通讯网。

总的来说，储热属于新兴产业，涉及动力工程与工程热物理、材料科学、化学工程、机械工程、电气控制等多个学科的交叉领域，是交叉学科的新生长点。未来，储热技术的商业化推广将极大地激发传热传质、热物性、复合材料、高低温材料力学等学科方向上的新方法、新理论、新技术涌现，在提升交叉学科创新能力的同时，为学科的持续发展提供有力的支撑。

11.3 国内发展的分析与规划路线图

目前，国内中低温水、固体蓄热已在建筑空调、太阳能热利用、清洁能源供暖、热电厂储热等领域得到广泛的应用，已进入大规模商业化推广阶段。近年来，随着煤改电政策、火电厂灵活性改造和风电消纳工程的推进，固体蓄热技术在我国也得到了大规模的应用，以华能长春热电厂、丹东金山热电厂为代表的一批蓄热容量高达 1000MW·h 的数个大型固体蓄热电锅炉相继投入运行[27]，在北方地区也建成一批谷电加热固体蓄热供暖的示范工程[5]，固体蓄热式电暖气也在北方农村地区得到了大规模的推广应用。

近年来，高温熔盐蓄热在太阳能热发电和蓄热式供热领域的研究和应用在我国也得到了快速发展，也已进入示范和推广阶段。我国科研机构在高性能低成本熔盐材料配制、熔盐传热蓄热特性及其强化以及蓄热设备系统等方面开展了系统的研发工作，在国际上产生了重要的影响。在河北分别建成 37MW·h 和 20MW·h 的双罐熔盐蓄热谷电加热供暖示范系统，并建成了双罐熔盐传热蓄热槽式太阳能分布式单螺杆有机朗肯循环热电联供系统，此外一些企业在山西绛县、阜新市海州区韩家店镇等地也相继建成了小型熔盐蓄热供暖系统。我国 2018 年先后有青海德令哈 50MW 槽式、50MW 塔式和甘肃敦煌 100MW 塔式 3 个千兆瓦时大容量熔盐蓄热太阳能热电站相继投运[29]。

在相变蓄热方面，无论是中低温的相变储热材料，还是高温复合相变储热材料都取得了明显的进展，并有相应的示范应用工程。我国多个高校和研究机构均在相变储热材料的研制方面开展了大量的研究工作[12]，在相变储热装置的研制方面，在北京、天津和固安等地采用了相变储热装置实现了清洁能源供暖，高温复合相变储热技术也在风电消纳，用户侧清洁供暖等领域得到了应用示范，并我国的三北地区得到了较广泛的应用，包括在新疆、张家口等地建立的风电清洁供暖示范工程，青海果洛州高海拔地区的大容量电热蓄热工程等[5]。

蓄冷技术方面，中国从 20 世纪 90 年代初，开始建造水蓄冷和冰蓄冷空调系统，至今已有建成投入运行和正在施工的工程 833 项，分布在 4 个直辖市和 22 个省都建造了蓄冷空调系统，目前新型蓄冷技术的研究工作有水合物蓄冷技术和冰蓄冷技术。此外，基于相变储热等技术的低温蓄冷技术在食品和药品的冷链运输中开展了部分的应用，目前公路冷藏车和便携式储冷设备的研发和应用推广[11]。

为了推动我国储热（冷）技术与产业的快速发展，未来仍需解决两大层面的问题：一方面，要进一步地提升系统性能（储能效率）、降低系统成本；另一方面，储热（冷）完整产业链的构建，尤其是下游市场的培育与创新。针对储热（冷）系统进一步提效、降成本的问题，主要的解决方案为：将储热（冷）系统向大规模发展，并通过关键技术的突破来实现。具体来讲，就是突破低成本高性能储热（冷）材料的研发、大容量储热（冷）装置的性能强化与高可靠性设计制造技术、系统优化集成与控制技术，在深度挖掘系统性能潜力的同时通过规模化制造大幅度降低系统成本。针对储热（冷）系统产业链的构建与完善问题，主要的解决方案为：通过技术创新和技术标准化体系的建设，并积极借助于"工业4.0"主导的智能制造手段加速先进储热（冷）材料和大容量储热（冷）装置的规模化制备，进而完善中游产业；依托国家针对储能领域的部署及配套政策，积极推广储热（冷）系统在不同应用场景下的大规模商业应用，通过应用模式及盈利模式的创新与示范验证，不断完善下游产业。结合上述的分析，国内先进储热（冷）发展的规划路线如图11-2所示，具体为以下内容。

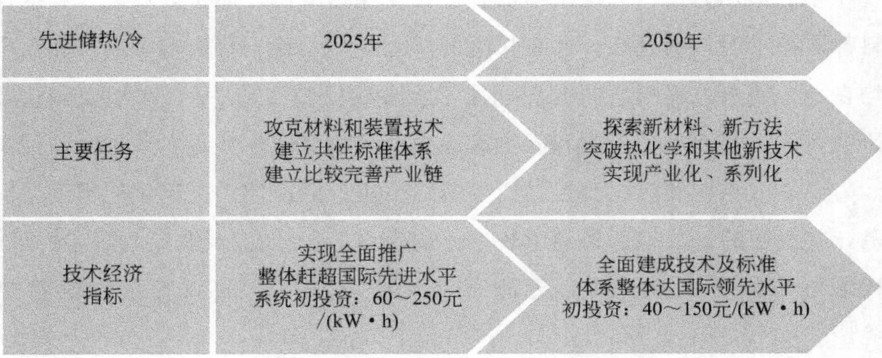

图 11-2　先进储热（冷）发展路线图

2025年前，攻克低成本高性能储热（冷）材料研发和大容量高可靠性长寿命储热（冷）装置的设计制造技术，初步建立储热共性技术标准体系，建立比较完善的储热（冷）技术产业链，实现绝大部分储热（冷）技术在其适用领域的全面推广，整体技术赶超国际先进水平；蓄热（冷）系统初投资降至60～250元/(kW·h)。

2050年前，积极探索新材料、新方法，实现具有优势的先进储热（冷）技术储备，突破高储能密度低保温成本热化学储热和其他新型储热（冷）技术，实现储热（冷）系统产业化、系列化和推广使用，力争完全掌握材料、装置与系统等各环节的核心技术，全面建成储热（冷）技术体系和标准化体系，整体达到国际领先水平，引领国际储热（冷）技术与产业发展，储热（冷）系统成本降至40～150元/(kW·h)。

参考文献

［1］ 李永亮，金翼，黄云，等.储热技术基础（I）—储热的基本原理及研究新动向.储能科学与技术，2013，2（1）：69-72.

［2］ 汪翔，陈海生，徐玉杰，等.储热技术研究进展与趋势.科学通报，2017，62（15）：1602-1610.

［3］ 丁玉龙，来小康，陈海生.储能技术及应用.北京：化学工业出版社，2018.

［4］ 刘冠杰，韩立鹏，王永鹏，江建忠.固体储热技术研究进展.应用能源技术，2018（3）：1-4.

［5］ 凌浩恕，何京东，徐玉杰，等.清洁供暖储热技术现状与趋势.储能科学与技术，2020，9（3）：861-868.

［6］ 吴玉庭，任楠，刘斌，等.熔盐传热蓄热及其在太阳能热发电中的应用.新材料产业，2012（7）：20-26.

［7］ 张灿灿，吴玉庭，鹿院卫.低熔点混合硝酸熔盐的制备及性能分析.储能科学与技术，2020，9（2）：435-439.

［8］ 武延泽，王敏，李锦丽，等.纳米材料改善硝酸熔盐传蓄热性能的研究进展.材料工程，2020，48（1）：10-18.

［9］ 陈虎，吴玉庭，鹿院卫，等.熔盐纳米流体的研究进展.储能科学与技术，2018，7（1）：48-55.

［10］ Mohan G, Venkataraman M B, Coventry J. Sensible energy storage options for concentrating solar power plants operating above 600℃. Renewable and Sustainable Energy Reviews, 2019, 107: 319-337.

［11］ 杨岑玉，张冲，金翼，等.不同应用场景下的蓄冷技术.制冷与空调技术，2017，17（9）：87-90.

［12］ 戴远哲，唐波，李旭飞，等.相变蓄热材料研究进展.化学通报，2019，82（8）：717-724.

［13］ 张叶龙，宋鹏飞，周伟，等.基于复合相变储热材料的电热储热系统.储能科学与技术，2017，6（6）：1250-1256.

［14］ 闫霆，王文欢，王程遥.化学储热技术的研究现状及进展.化工进展，2018，37（2）：4586-4594.

［15］ She Xiaohui, Peng Xiaodong, Zhang Tongtong, et al. Preliminary study of liquid air energy storage integrated with LNG cold recovery. Energy Procedia, 2019, 158: 4903-4908.

［16］ Sciacovelli A, Vecchi A, Ding Y. Liquid air energy storage（LAES）with packed bed cold thermal storage-From component to system level performance through dynamic modeling. Applied Energy, 2017, 190: 84-98.

［17］ 菅泳仿，白凤武，王志峰，等，太阳能热发电站中固体储热模块的优化设计.太阳能学报，2017

（2）：438-443.

[18] 谢宁宁，王亮，陈海生，等．一种喷淋式填充床储热系统及其运行方法与流程：201811023046. X.

[19] 李永亮，金翼，黄云，等.储热技术基础（Ⅱ）—储能技术在电力系统中的应用.储能科学与技术，2013, 2（2）：165-171.

[20] Masashi Haruki, Keita Saito, Keita Takai, et al. Thermal conductivity and reactivity of Mg（OH）$_2$ and MgO/expanded graphite composites with high packing density for chemical heat storage. Thermochimica Acta, 2019, 680: doi: 10. 1016/j. tca. 2019. 178338.

[21] Zheng H, Song C, Bao C, et al. Dark calcium carbonate particles for simultaneous full-spectrum solar thermal conversion and large-capacity thermochemical energy storage. Solar Energy Materials and Solar Cells, 2020, 207: doi: 10. 1016/j. solmat. 2019. 110364.

[22] Liao Zhirong, Zhao Guankun, Xu Chao, et al. Efficiency analyses of high temperature thermal energy storage systems of rocks only and rock-PCM capsule combination. Solar Energy, 2018, 162: 153-164.

[23] 金翼，王乐，杨岑玉，等.堆积床储冷系统循环性能分析.储能科学与技术，2017, 6（4）：708-718.

[24] 荆平，徐桂芝，赵波，等.面向全球能源互联网的大容量储能技术.智能电网，2015（6）：486-492.

[25] 能源局发布 2019 年可再生能源并网运行情况. http: //www. nea. gov. cn/2020-03/06/c_138850234. htm.

[26] Jin Y, Song P, Zhao B, et al. Enhance the wind power utilization rate with thermal energy storage system: Energy Solutions to Combat Global Warming. Springer International Publishing, 2017.

[27] 孙立本，张少成，许冰，等.66kV 固体电蓄热装置在火电机组深度调峰中的应用.华电技术，2018, 40（7）：38-39.

[28] 李传，葛志伟，金翼，等.基于复合相变材料储热单元的储热特性.储能科学与技术，2015, 4（2）：169-175.

[29] 童家麟，吕洪坤，李汝萍，等.国内光热发电现状及应用前景综述.浙江电力，2019, 38（12）：25-30.